제2판

MATHEMATICS

처음부터 배우는
대학기초수학

유주식 · 서태원 지음

KM 경문사

머리말

대부분의 대학에서 교양 과목 또는 전공 기초 과목으로 1학년 때 수학을 가르치고 있다. 그런데 근래에는 다양한 전형 방법을 통하여 신입생을 선발함에 따라 특히 학생들의 수학 실력에서 개인별 차이가 점점 커지고 있다. 공업계열 고등학교를 포함하여 중고등학교 때 수학을 공부할 기회가 적었던 학생들이 많이 진학함에 따라 수업이 어려운 경우도 많다. 이와 같은 점을 고려하여 이 책은 일차식과 인수분해 등의 아주 기초적인 내용부터 시작함으로써 수학적 기초가 부족한 학생들도 처음부터 수학을 배운다는 생각으로 공부할 수 있게 하였다. 가장 먼저 1장에서 수식에 대한 개념을 익힌 후에 '2장 방정식, 3장 부등식, 4장 함수와 그래프, 5장 수열, 6장 지수함수와 로그함수, 7장 삼각함수, 8장 행렬' 등을 공부한다.

책의 기본 구성과 특징은 다음과 같다.

(1) 중학교 과정의 수학부터 시작함으로써 기초가 부족한 학생들도 쉽게 배울 수 있게 하였다.
(2) 주요 내용을 간결하게 정리하여 핵심 내용을 알아보기 쉽게 하였다.
(3) 예제와 연습 문제는 모두 복잡한 응용문제는 지양하고 주요 개념 이해에 도움이 되는 기본적인 문제로 구성하였다.
(4) 연습문제의 해답을 모두 수록하였다.

아무쪼록 수학에 대한 자신감을 가지고 즐거운 대학 생활을 보낼 수 있게 되기를 바라는 바이다. 끝으로 책의 출판에 도움을 주신 도서출판 경문사 관계자들께 감사드린다.

2014년 1월
유주식 · 서태원

차례

제5장 | 수열

제6장 | 지수함수와 로그함수

제7장 | 삼각함수

제8장 | 행렬

제1장

수식 계산의 기초

1.1 일차식

수학에서는 문자를 사용한 식을 이용하여 문제를 해결하므로 문자로 표현된 식의 계산에 익숙해져야 한다. 먼저 여기에서는 식의 계산에서 가장 기본적인 일차식 계산법을 익히도록 한다.

1.1.1 문자식

수와 문자를 사용하여 수량 사이의 관계를 나타낸 식을 문자식 혹은 간단히 식이라 한다.

1.1.2 곱셈과 나눗셈 식을 쓰는 방법

'수×문자', '문자×문자'에서는 곱셈기호(×)를 생략한다.

(1) '수'와 '문자'를 곱할 경우 수를 문자 앞에 쓴다.

(2) '1' 또는 '-1'과 문자의 곱에서는 숫자 1을 생략한다.

(3) 다른 문자끼리의 곱은 알파벳 순서로 쓴다.

(4) 같은 문자의 곱은 지수를 써서 거듭제곱의 꼴로 나타낸다.

(5) 괄호에 문자 혹은 수를 곱할 때도 곱셈기호(×)를 생략하고 수는 괄호 앞에 쓴다.

(6) 나눗셈은 역수의 곱셈으로 고쳐서 분수 꼴로 나타낸다.

- 문자를 사용할 때 같은 문자의 곱은 다음과 같이 거듭제곱의 꼴로 나타낸다.
  $x\times x=x^2$, $a\times a\times a=a^3$, $a\times a\times b\times b\times b=a^2b^3$
- X^n에서 n을 지수라 한다. 예를 들어 x^2, x^4에서 지수는 각각 2, 4이다.
- 역수: 두 수를 곱한 값이 1이 될 때, 한 수를 다른 수의 역수라 한다. 예를 들어 $X\times\frac{1}{X}=1\ (X\neq 0)$이므로 X의 역수는 $\frac{1}{X}$이고 $\frac{1}{X}$의 역수는 X이다.

예

(1) $4\times x = x\times 4 = 4x$, $\quad (-7)\times x = x\times(-7) = -7x$

(2) $1\times x = x\times 1 = x$, $\quad (-1)\times x = x\times(-1) = -x$

(3) $m\times n = n\times m = mn$, $\quad z\times y\times x = xyz$

(4) $x\times x = x^2$, $\quad y\times y\times y\times y = y^4$

(5) $(x+y)\times 3 = 3(x+y)$, $\quad (x-y)\times(-3) = -3(x-y)$

(6) $x\div y = x\times \frac{1}{y} = \frac{x}{y}$, $\quad (x+y)\div 2 = (x+y)\times\frac{1}{2} = \frac{1}{2}(x+y)$

(7) $y\div z = \frac{y}{z}$ 이므로 $x\div(y\div z) = x\times\frac{z}{y} = \frac{xz}{y}$

- 일반적으로 다른 문자끼리의 곱은 알파벳 순서로 쓴다. 그러나 이 규칙을 반드시 지킬 필요는 없고 문제를 이해하기 쉽게 문자식으로 표현하면 된다. 문자를 나눌 때 나타나는 분수 꼴도 실제 계산에서는 지수로 표현하는 경우가 많다.

예

(1) $(a+b+c)^2 = a^2+b^2+c^2+2(ab+bc+ca)$

(2) 연립방정식 $\begin{cases} x+y=4 \\ y+z=5 \\ z+x=3 \end{cases}$

(3) 분수식의 지수 표현: $x^3\div y^4 = \frac{x^3}{y^4} = x^3y^{-4}$

(4) 뉴턴의 운동 제 2법칙: $F=ma$ (F: 힘, m: 질량, a: 가속도)

(5) 물체의 무게: $W=mg$ (m: 질량, g: 중력가속도)

1.1.3 용어의 정의

(1) 항 : 수 또는 문자의 곱으로만 이루어진 식.

(2) 상수항: 수만으로 이루어진 항.

(3) 단항식: 한 개의 항으로만 이루어진 식.

(4) 다항식: 단항식들의 합(또는 차)로 이루어진 식.

(5) 계수 : 단항식에서 문자에 곱해진 수.

(6) 차수 : 항에 포함된 어떤 문자의 곱해진 개수를 그 문자에 대한 차수라고 함.

(7) 일차식: 차수가 가장 큰 항의 차수가 1인 다항식.

(8) 동류항: 문자와 차수가 모두 같은 항.

예 1 $2x+3y+4$에서

① 항은 $2x$, $3y$, 4로 3개다.

② 4는 상수항이다.

③ x의 계수는 2, y의 계수는 3이다.

④ 3개의 항으로 구성된 다항식이다.

예 2 $4x$, $-3x^2y$, $2xyz$, $\cdots$등은 단항식이다.

예 3

- $3x^2$은 x를 2번 곱했으므로 차수는 2이다(2차).
- $-4x^3$은 x를 3번 곱했으므로 차수는 3이다(3차).
- $5x$는 x를 1번 곱했으므로 차수는 1이다(1차).

예 4 $3x+2+4x^2+5+7x$에서

① $3x$와 $7x$는 문자와 차수가 모두 같으므로 동류항이다.

② 2와 5는 동류항이다. (상수항끼리도 동류항이다.)

③ $3x$와 $4x^2$은 문자는 같지만, 차수가 다르므로 동류항이 아니다.

④ 최고차항의 차수가 2인 2차식이다.

예 5 [일차식] $4x-7$, $-2x+5$, $x-3y+2$ 등은 최고차항의 차수가 1인 일차식이다.

1.1.4 일차식의 덧셈과 뺄셈

(1) "(일차식)×(수), (일차식)÷(수)"는 분배법칙을 이용하여 각 항에 (수)를 곱하거나 나눈다.

- 분배법칙: $m(x+y)=mx+my$, $(x+y)m=mx+my$

(2) 괄호가 있는 식은 우선 괄호를 풀고 동류항끼리 간단히 한다.

예

(1) $2\times(3x-4)=2\times3x-2\times4=6x-8$

$$(4x+8)\div\frac{2}{3}=(4x+8)\times\frac{3}{2}=4x\times\frac{3}{2}+8\times\frac{3}{2}=6x+12$$

(2)
$$\begin{aligned}2(x+3)+(4x-5)&=2x+6+4x-5\\&=2x+4x+6-5\\&=(2+4)x+6-5\\&=6x+1\end{aligned}$$

예제 1.1.1

다음 식을 간단히 하여라.

(1) $(-4x)\times\left(-\frac{3}{2}\right)$ (2) $12x\div(-3)$

(3) $(5x-3)\times 2$ (4) $(12x-4)\div\left(-\frac{2}{3}\right)$

| 풀이 (1) $(-4x)\times\left(-\frac{3}{2}\right)=(-4)\times\left(-\frac{3}{2}\right)\times x=6x$

(2) $12x\div(-3)=12x\times\left(-\frac{1}{3}\right)=12\times\left(-\frac{1}{3}\right)\times x=-4x$

(3) $(5x-3)\times 2=5x\times 2-3\times 2=10x-6$

(4) $(12x-4)\div\left(-\frac{2}{3}\right)=(12x-4)\times\left(-\frac{3}{2}\right)$

$=12x\times\left(-\frac{3}{2}\right)-4\times\left(-\frac{3}{2}\right)=-18x+6$

예제 1.1.2

다음 일차식을 간단히 하여라.

(1) $2x-[3x-\{(2x-4)-(7x-6)\}]+1$

(2) $\frac{1}{2}x-\left\{-2x-\left(-\frac{3}{2}x+1\right)\right\}+4$

| 풀이 괄호가 있는 경우 ( ) → { } → [ ] 순으로 괄호를 풀어 계산한다.

(1) $2x-[3x-\{(2x-4)-(7x-6)\}]+1$

$=2x-[3x-\{2x-4-7x+6)\}]+1$

$=2x-[3x-\{-5x+2)\}]+1$

$=2x-[3x+5x-2]+1$

$=2x-[8x-2]+1$

$=2x-8x+2+1$

$=-6x+3$

(2) $\frac{1}{2}x-\left\{-2x-\left(-\frac{3}{2}x+1\right)\right\}+4=\frac{1}{2}x-\left\{-2x+\frac{3}{2}x-1\right\}+4$

$$= \frac{1}{2}x - \left\{-\frac{1}{2}x - 1\right\} + 4$$
$$= \frac{1}{2}x + \frac{1}{2}x + 1 + 4$$
$$= x + 5$$

예제 1.1.3

$A = 2x - 3$일 때 다음 식을 만족하는 상수 a, b의 값을 구하여라.

$$8A - 1 + 3(-4A + 5) = ax + b$$

| 풀이 먼저 주어진 식의 좌변을 A에 대하여 정리한 후 x에 대한 식으로 바꾼다.

$$\begin{aligned} 8A - 1 + 3(-4A + 5) &= 8A - 1 - 12A + 15 \\ &= -4A + 14 \\ &= -4(2x - 3) + 14 \quad (\leftarrow\ A = 2x - 3\text{를 대입}) \\ &= -8x + 12 + 14 \\ &= -8x + 26 \\ &= ax + b \end{aligned}$$

$\therefore\ a = -8,\ b = 26$

연습문제 1.1

01 다음 식을 간단히 하여라.

(1) $(12x)\times\left(-\frac{4}{3}\right)$　　(2) $(-28x)\div(-7)$

(3) $(-2x+3)\times 4$　　(4) $(30x-10)\div\left(-\frac{5}{6}\right)$

02 다음 일차식을 간단히 하여라.

(1) $2(x-3)-3(-2x+4)-5(x+1)$

(2) $\frac{6x-8}{-2}-\frac{12x+9}{3}+2(x-1)$

(3) $\frac{6x-1}{3}-6\left(\frac{-x-1}{3}-\frac{x-1}{2}\right)$

(4) $2-\frac{6-2x}{3}+\frac{1}{2}\left(\frac{2x}{3}-\frac{1-4x}{6}\right)$

(5) $-(4x-2)+\frac{3}{2}(2x-1)-2(-x+1)+\frac{1}{2}$

(6) $4x-2-\left\{\frac{1}{2}(6x-3)+2(3x-4)\right\}$

(7) $-4x-\{-9x+2-(3x-4)\}-8$

(8) $6x-3-[x-1+\{(4x-5)-3(x-2\}]$

03 $A=-3x+4$일 때 다음 식을 만족하는 상수 a, b의 값을 구하여라.

$$4A-2(-3A+1)+5=ax+b$$

04 다음 식을 만족하는 상수 a, b의 값을 구하여라.

$$\frac{5x+1}{3}-\frac{x+a}{2}=b(x-1)$$

1.2 일차방정식

1.2.1 등식

(1) 등식: 등호(=)를 사용하여 두 수나 식이 같음을 나타내는 식.
(2) 좌변: 등식에서 등호의 왼쪽 부분.
(3) 우변: 등식에서 등호의 오른쪽 부분.
(4) 양변: 등식에서 좌변과 우변을 통틀어 양변이라고 한다.

예 등식 $2x+3=5x-4$에서 $2x+3$은 좌변, $5x-4$는 우변이고, $2x+3$과 $5x-4$를 통틀어 양변이라 한다.

1.2.2 등식의 성질

$A=B$일 때

(1) 등식의 양변에 같은 수를 더하거나 빼도 등식은 성립한다.

$$A+C=B+C$$
$$A-C=B-C$$

(2) 등식의 양변에 같은 수를 곱하여도 등식은 성립한다.

$$A\times C=B\times C$$

(3) 등식의 양변을 0이 아닌 같은 수로 나누어도 등식은 성립한다.

$$\frac{A}{C}=\frac{B}{C}\quad(C\neq 0)$$

예 (1) $x-2=3$이면 $(x-2)+2=3+2$ $\quad\therefore x=5$

$x+4=5$이면 $(x+4)-4=5-4$ $\quad\therefore x=1$

(2) $\frac{1}{2}\times x=3$이면 $\left(\frac{1}{2}\times x\right)\times 2=3\times 2$ $\quad\therefore x=3\times 2=6$

(3) $2x=3$이면 $\frac{2x}{2}=\frac{3}{2}$ $\quad\therefore x=\frac{3}{2}$

1.2.3 방정식과 항등식

등식에서 (미지수가 x일 때),

(1) 방정식: 어떤 문자(x)가 특정한 값을 가질 때만 성립하는 등식을 그 문자(x)에 대한 방정식이라 한다. 방정식은 문자의 값에 따라 참, 거짓이 달라진다.

(2) 항등식: 어떤 문자(x)의 값과 관계없이 항상 성립하는 등식을 그 문자(x)에 대한 항등식이라 한다.

- 방정식을 성립시키는 x의 값을 그 방정식의 '해' 또는 '근', 해 전체의 집합을 방정식의 '해집합'이라 하고, 방정식의 해집합을 구하는 것을 '방정식을 푼다.'라고 한다.

예 (1) 방정식: $2x-4=6$, $4x=2x-5$, $3x-7=0$ 등.

(2) 항등식: $x+2x=3x$, $2(x+3)=2x+6$ 등.

1.2.4 이항

등식의 성질을 이용하여 등식의 한 변에 있는 항을 부호를 바꾸어 다른 변으로 옮기는 것을 이항이라 한다.

예 (1) $x-2=4 \rightarrow x=4+2$: 좌변의 -2를 우변으로 이항한다.

(2) $2x+3=7 \rightarrow 2x=7-3$: 좌변의 3을 우변으로 이항한다.

(3) $3x+2=x+4 \rightarrow 3x-x=4-2$: 좌변의 2를 우변으로 이항하고, 우변의 x를 좌변으로 이항한다.

1.2.5 일차방정식

$ax+b=0$ (a, b는 상수, $a\neq 0$)와 같이 미지수가 하나이고, 미지수 x의 최고차항의 차수가 일차인 방정식을 x에 대한 일차방정식이라고 한다.

예 $2x + a^2 + 3 = 4x + 5$ …… ①

식 ①은 x에 대한 일차방정식이지만 a에 대해서는 이차방정식이 되므로 여러 개의 문자가 포함된 방정식은 반드시 미지수를 명시해야 한다.

1.2.6 일차방정식의 풀이

미지수가 x일 때,

(1) x를 포함하는 항은 모두 좌변으로, 상수항은 우변으로 이항한 후 양변을 정리하여 $Ax = B$의 꼴로 만든다.

(2) $Ax = B$의 해

① $A \neq 0$이면 $x = \dfrac{B}{A}$

② $A = 0$인 경우, $B = 0$이면 해는 모든 수(부정)

$B \neq 0$이면 해가 없다(불능).

예 방정식 $2(4x-1) = 3(2x+5)$의 풀이.

$$2(4x-1) = 3(2x+5)$$
$$8x - 2 = 6x + 15$$
$$8x - 6x = 15 + 2$$
$$2x = 17$$
$$\therefore\ x = \frac{17}{2}$$

예 x에 대한 방정식 $ax = 3x + 4$의 풀이.

x를 포함하는 항을 좌변으로 이항하여 정리한다.

$$ax = 3x + 4$$
$$(a-3)x = 4$$

(i) $a \neq 3$이면 $x = \dfrac{4}{a-3}$

(ii) $a = 3$이면 해가 없다(불능).

예 x에 대한 방정식 $a(2x-3) + x = 3(x-1)$의 풀이.

x를 포함하는 항은 모두 좌변으로, 상수항은 우변으로 이항하여 정리한다.

$$a(2x-3)+x=3(x-1)$$
$$(2ax-3a)+x=3x-3$$
$$2ax+x-3x=-3+3a$$
$$2ax-2x=3a-3$$
$$2(a-1)x=3(a-1)$$

(i) $a \neq 1$이면 $x=\dfrac{3}{2}$

(ii) $a=1$이면 해가 모든 수(부정).

1.2.7 계수가 소수 또는 분수인 일차방정식의 풀이

(1) 계수가 소수인 경우: 양변에 10, 100, ⋯ 등을 곱하여 계수를 정수로 변환한다.

(2) 계수가 분수인 경우: 양변에 분모의 최소공배수를 곱하여 계수를 정수로 변환한다.

• 주어진 식을 그대로 계산해도 되지만 일반적으로 계수를 정수로 변환하여 계산하는 것이 편리하다.

1.2.8 방정식을 이용한 문제 풀이 순서

(1) 구하고자 하는 양을 정하여 미지수(x, y, ⋯)로 놓는다.

(2) 문제에서 주어진 조건에 맞게 방정식(미지수들의 관계식)을 세운다.

(3) 방정식을 풀어 미지수를 구한다.

(4) 구한 해가 문제의 뜻에 맞는지 확인한다.

예 연속한 세 홀수의 합이 45일 때 세 수를 구하기.

가운데 수를 x로 놓으면, 연속한 세 홀수는 $x-2$, x, $x+2$이므로

$$(x-2)+x+(x+2)=45$$
$$3x=45$$
$$\therefore\ x=\frac{45}{3}=15$$

따라서 구하는 세 홀수는 13, 15, 17이다.

예제 1.2.1

다음 방정식을 풀어라.

(1) $3x-5=-4x+9$

(2) $2(x-5)=-4(x+6)$

풀이 (1) $3x-5=-4x+9$

$$3x+4x=9+5$$

$$7x=14$$

$$\therefore\ x=\frac{14}{7}=2$$

(2) 먼저 괄호를 푼 다음 이항하여 정리한다.

$$2(x-5)=-4(x+6)$$

$$2x-10=-4x-24$$

$$2x+4x=-24+10$$

$$6x=-14$$

$$\therefore\ x=-\frac{14}{6}=-\frac{7}{3}$$

예제 1.2.2

다음 방정식을 풀어라.

(1) $\frac{1}{2}x=\frac{1}{3}x+2$

(2) $0.3x+0.4=0.1x-1.6$

풀이 (1) $\frac{1}{2}x=\frac{1}{3}x+2$: 양변에 분모 2와 3의 최소공배수 6을 곱하여 푼다.

$$6\times\left(\frac{1}{2}x\right)=6\times\left(\frac{1}{3}x+2\right)$$

$$3x=2x+12$$

$$\therefore\ x=12$$

(2) $0.3x+0.4=0.1x-1.6$: 양변에 10을 곱하여 푼다.

$$10\times(0.3x+0.4)=10\times(0.1x-1.6)$$

$$3x+4=x-16$$

$$2x=-20\quad\therefore\ x=-\frac{20}{2}=-10$$

예제 1.2.3

x에 대한 다음 방정식을 풀어라. 단, a, b는 상수이다.

$$2(ax+3)=4x+b-1$$

풀이 괄호를 푼 다음 x를 포함하는 항은 모두 좌변으로, 상수항은 우변으로 이항하여 정리한다.

$$\begin{aligned}
&2(ax+3)=4x+b-1\\
&2ax+6=4x+b-1\\
&2ax-4x=b-1-6\\
&(2a-4)x=b-7\\
&2(a-2)x=b-7
\end{aligned}$$

(i) $a\neq 2$이면 $x=\dfrac{b-7}{2(a-2)}$

(ii) $a=2$일 때,

- $b=7$이면 모든 수(부정).
- $b\neq 7$이면 해가 없다(불능).

예제 1.2.4

[항등식] x에 대한 방정식 $4(x-2)=ax+b$의 해가 모든 수라고 할 때 $a+b$의 값을 구하여라.

풀이 준 식을 전개하면

$$4x-8=ax+b$$

이다. 이 식이 항등식이 되기 위해서는 좌변과 우변이 같아야 하므로

$$4=a,\ -8=b$$
$$\therefore\ a+b=4-8=-4$$

이다.

• [항등식] x에 대한 방정식 $Ax=B$의 해가 모든 수가 될 조건은 $A=B=0$이므로, 방정식

$$Ax+B=Cx+D$$

가 항등식이 될 조건은 다음과 같다.

$$(A-C)x+(B-D)=0$$
$$A-C=0,\ B-D=0$$
$$\therefore\ A=C,\ B=D$$

예제 1.2.5

가로가 2m 이고 세로가 3m 인 직육면체의 부피가 24m^3이면 높이는 얼마인가?

| 풀이 높이를 x(m)로 놓으면, 직육면체의 부피는 가로×세로×높이이므로

$$2\times3\times x=24$$
$$6x=24$$
$$\therefore\ x=\frac{24}{6}=4\ (\text{m})$$

예제 1.2.6

가로가 세로보다 3m 더 긴 직사각형의 둘레가 26m 일 때 세로를 구하여라.

| 풀이 세로를 x(m)로 놓으면, 가로는 $x+3$(m)이므로

$$2x+2(x+3)=26$$
$$4x=20$$
$$\therefore\ x=\frac{20}{4}=5\ (\text{m})$$

연습문제 1.2

01 다음 일차방정식을 풀어라.

(1) $3x-5=-2x+10$ (2) $-4x+8=5x+17$

(3) $3(2x-4)=-2(-x+7)$ (4) $2(x-3)-4(x+1)=x-7$

(5) $4(-x+1)-x=x+5$ (6) $2\{2x-3(-x+1)\}=x+4$

02 [분수] 다음 일차방정식을 풀어라.

(1) $\frac{x-3}{5}+\frac{x}{2}=2$ (2) $\frac{x-2}{3}-\frac{x}{2}=\frac{x}{6}-1$

(3) $-\frac{2(x+1)}{3}+2x=\frac{x-1}{2}+\frac{(-x-4)}{6}+2$

03 [소수] 다음 일차방정식을 풀어라.

(1) $1.2x-2=1.4x-0.6$

(2) $0.2(x+1)=0.4x-0.8$

(3) $1.3(x+1)-0.2(x-5)=0.4(-2x+3)-0.7$

04 [분수+소수] 다음 일차방정식을 풀어라.

(1) $\frac{3}{2}(x-4)-\frac{1}{3}(x-2)+0.5x=-x+2$

(2) $0.25x-\frac{1}{4}(2x-6)+1=\frac{3}{2}(1-0.4x)+x$

05 연속한 세 짝수의 합이 42일 때 세 수를 구하여라.

06 가로가 세로보다 7m 더 길고, 둘레가 30m인 직사각형의 변의 길이를 구하여라.

07 가로가 세로보다 4m 더 긴 직사각형의 둘레가 40m일 때, 이 직사각형의 넓이를 구하여라.

1.3 지수법칙

1.3.1 지수

(1) 거듭제곱: 같은 수나 문자를 거듭하여 곱한 것.

(2) 지수: 거듭제곱에서 거듭하여 곱한 횟수.

(3) 밑: 거듭제곱에서 거듭하여 곱한 수나 문자.

예 A^4에서 A를 밑, 4를 지수라 한다.

(1) $4 \times 4 \times 4 = 4^3$

$2 \times 2 \times 2 \times 2 \times 3 \times 3 = 2^4 \times 3^2$

(2) $x \times x \times x \times x \times x = x^5$

$x \times x \times x \times y \times y \times y \times y = x^3 \times y^4 = x^3 y^4$

1.3.2 지수법칙

m, n이 자연수일 때 다음 지수법칙이 성립한다.

(1) $a^m \times a^n = a^{m+n}$

(2) $(a^m)^n = a^{mn}$

(3) $a^m \div a^n = \begin{cases} a^{m-n} & (m > n) \\ \dfrac{1}{a^{n-m}} & (m < n) \end{cases}, \; a^0 = 1 \; (a \neq 0)$

(4) $(ab)^m = a^m b^m, \; \left(\dfrac{a}{b}\right)^m = \dfrac{a^m}{b^m} \; (b \neq 0)$

예 (1) $4^3 \times 4^5 = 4^{3+5} = 4^8$

$x \times x^2 \times x^3 = x^{1+2+3} = x^6$

(2) $(5^2)^4 = 5^{2\times 4} = 5^8$

$(x^3)^2 \times (x^4)^3 = (x^{3\times 2}) \times (x^{4\times 3}) = x^6 \times x^{12} = x^{6+12} = x^{18}$

(3) $4^7 \div 4^5 = 4^{7-5} = 4^2$

$x^5 \div x^3 = x^{5-3} = x^2$

$x^3 \div x^7 = \dfrac{1}{x^{7-3}} = \dfrac{1}{x^4}$

(4) $(xy)^3 = x^3y^3$

$(2xy^2)^3 = 2^3x^3y^{2\times 3} = 8x^3y^6$

$\left(\dfrac{2}{3}\right)^4 = \dfrac{2^4}{3^4} = \dfrac{16}{81}$

예제 1.3.1

[지수법칙 (1)] 다음 식을 간단히 하여라.

(1) $4^2 \times 4^5$

(2) $(-2)^4 \times (-2)^3$

(3) $x^2 \times x^6$

(4) $x^2 \times x^3 \times x^5$

풀이 거듭제곱끼리의 곱은 지수끼리 더한다.

(1) $4^2 \times 4^5 = 4^{2+5} = 4^7$

(2) $(-2)^4 \times (-2)^3 = (-2)^{4+3} = (-2)^7$

(3) $x^2 \times x^6 = x^{2+6} = x^8$

(4) $x^2 \times x^3 \times x^5 = x^{2+3+5} = x^{10}$

예제 1.3.2

[지수법칙 (2)] 다음 식을 간단히 하여라.

(1) $(x^2)^4$

(2) $(x^3)^2 \times (-x)^4$

(3) $(2^3)^5$

(4) $4^2 \times (4^3)^5$

풀이 거듭제곱의 거듭제곱은 지수끼리 곱한다.

지수가 짝수일 때, $(-a)^{2n} = a^{2n}$ $(n = 1, 2, \cdots)$이다.

(1) $(x^2)^4 = x^{2\times 4} = x^8$

(2) $(x^3)^2 \times (-x)^4 = x^{3\times 2} \times x^4 = x^6 \times x^4 = x^{6+4} = x^{10}$

(3) $(2^3)^5 = 2^{3\times 5} = 2^{15}$

(4) $4^2 \times (4^3)^5 = 4^2 \times 4^{3\times 5} = 4^2 \times 4^{15} = 4^{2+15} = 4^{17}$

예제 1.3.3

[지수법칙 (3)] 다음 식을 간단히 하여라.

(1) $x^8 \div x^3$

(2) $x^4 \div x^4$

(3) $x^3 \div x^4$

(4) $x^7 \div x^5 \div x^4$

풀이 (1) $x^8 \div x^3 = x^{8-3} = x^5$

(2) $x^4 \div x^4 = x^{4-4} = x^0 = 1$

(3) $x^3 \div x^4 = \dfrac{1}{x^{4-3}} = \dfrac{1}{x}$

(4) $x^7 \div x^5 \div x^4 = x^{7-5} \div x^4 = x^2 \div x^4 = \dfrac{1}{x^{4-2}} = \dfrac{1}{x^2}$

예제 1.3.4

[지수법칙 (4)] 다음 식을 간단히 하여라.

(1) $(x^2y^4)^3$

(2) $(2x^3y^2)^4$

(3) $\left(\dfrac{x^2}{y^3}\right)^4$

(4) $\left(-\dfrac{2y}{3x^2}\right)^3$

풀이 (1) $(x^2y^4)^3 = x^{2\times 3} \times y^{4\times 3} = x^6y^{12}$

(2) $(2x^3y^2)^4 = 2^4x^{3\times 4} \times y^{2\times 4} = 16x^{12}y^8$

(3) $\left(\dfrac{x^2}{y^3}\right)^4 = \dfrac{x^{2\times 4}}{y^{3\times 4}} = \dfrac{x^8}{y^{12}}$

(4) $\left(-\dfrac{2y}{3x^2}\right)^3 = -\dfrac{2^3y^3}{3^3x^{2\times 3}} = -\dfrac{8y^3}{27x^6}$

연습문제 1.3

01 [지수법칙 (1)] 다음 식을 간단히 하여라.

(1) $4^4 \times 4^3 \times 4$ (2) $a^4 \times b^3 \times a \times b^2$

(3) $(-x)^2 \times (-x)^4$ (4) $(-x)^2 \times (-y)^3 \times x^5 \times y^4$

02 [지수법칙 (2)] 다음 식을 간단히 하여라.

(1) $(x^2)^4 \times (x^3)^2$ (2) $(x^3)^2 \times (x^4)^3 \times x^2$

(3) $2^4 \times (2^2)^3 \times (2^3)^2$ (4) $(3^2)^4 \times 4^4 \times 3^4 \times (4^3)^2$

03 [지수법칙 (3)] 다음 식을 간단히 하여라.

(1) $x^8 \div x^4 \div x^2$ (2) $x^2 \div x^3 \div x^4$

(3) $(x^3)^5 \div x^4 \div (x^2)^3$ (4) $8^4 \div 4^2 \div (2^3)^2$

04 [지수법칙 (4)] 다음 식을 간단히 하여라.

(1) $(x^3y^4)^2$ (2) $(-3x^4y^3)^2$

(3) $\left(-\dfrac{2x^4}{3y^2}\right)^3$ (4) $\left(-\dfrac{3y^2}{2x^4}\right)^2$

05 $27^x \div 9^3 = 81$일 때 x를 구하여라.

06 $x = 2$일 때 $(x^x)^{x^x} = x^k$가 되는 k의 값을 구하여라.

07 $\left\{\left(-\dfrac{9}{2}\right)^x\right\}^2 = \dfrac{3^8}{y}$일 때, 정수 x, y의 값을 구하여라.

1.4 | 단항식

1.4.1 단항식의 곱셈

(1) 곱셈에 대한 교환법칙과 결합법칙을 이용하여 계수는 계수끼리, 문자는 문자끼리 곱하여 계산한다.

(2) 같은 문자끼리 곱할 때는 지수법칙을 이용하여 간단히 정리한다.

(3) 괄호가 있는 단항식의 곱셈은 지수법칙을 이용하여 괄호를 푼 다음 계산한다.

예 (1) $2x \times 4y = (2 \times 4) \times (x \times y) = 8xy$

(2) $(-2x^2y) \times (-3x^3y^2) = (-2) \times (-3) \times (x^2 \times x^3) \times (y \times y^2)$

$= 6 \times (x^{2+3}) \times (y^{1+2})$

$= 6x^5y^3$

(3) $2x^3y^2 \times (3x^2y^3)^2 = 2x^3y^2 \times (3^2 \times x^4 \times y^6)$

$= (2 \times 9) \times (x^{3+4}) \times (y^{2+6})$

$= 18x^7y^8$

1.4.2 단항식의 나눗셈

(1) 역수를 이용하여 나눗셈을 곱셈으로 고친다.

(2) 괄호가 있는 나눗셈은 지수법칙을 이용하여 괄호를 푼 다음 계산한다.

(3) 곱셈에 대한 교환법칙과 결합법칙을 이용하여 계수는 계수끼리, 문자는 문자끼리 곱하여 계산한다.

예 (1) $8x^4 \div 2 = 8x^4 \times \frac{1}{2} = \frac{8}{2} \times x^4 = 4x^4$

(2) $12x^4 \div 3x = 12x^4 \times \frac{1}{3x} = \frac{12}{3} \times \frac{x^4}{x} = 4x^3$

(3) $4x^2y^3 \div (2xy^2)^4 = \dfrac{4x^2y^3}{(2xy^2)^4} = \dfrac{4x^2y^3}{2^4x^4y^8}$

$= \dfrac{4}{16} \times \dfrac{x^2}{x^4} \times \dfrac{y^3}{y^8}$

$= \dfrac{1}{4x^2y^5}$

1.4.3 단항식의 곱셈과 나눗셈의 혼합계산

(1) 괄호가 있으면 지수법칙을 이용하여 괄호를 푼 다음 계산한다.

(2) 나눗셈은 역수를 이용하여 곱셈으로 바꾸거나, 나누는 항을 분모로 하여 분수의 꼴로 바꾼다.

(3) 계수는 계수끼리, 문자는 문자끼리 계산한다.

예 (1) $16x^5 \div 2x^3 \times x^2 = 16x^5 \times \dfrac{1}{2x^3} \times x^2$

$= \dfrac{16}{2} \times x^5 \times \dfrac{1}{x^3} \times x^2$

$= 8x^{5-3+2}$

$= 8x^4$

(2) $3x^4y \div 2x^3y^2 \times (2x^2y^3)^2 = 3x^4y \div 2x^3y^2 \times 4x^4y^6$

$= 3x^4y \times \dfrac{1}{2x^3y^2} \times 4x^4y^6$

$= \left(3 \times \dfrac{1}{2} \times 4\right) \times \left(x^4 \times \dfrac{1}{x^3} \times x^4\right) \times \left(y \times \dfrac{1}{y^2} \times y^6\right)$

$= 6x^5y^5$

예제 1.4.1

[단항식의 곱셈] 다음 식을 간단히 하여라.

(1) $2x^2y \times (-3x^3y^5)$

(2) $3x^4 \times (2xy^2)^3$

풀이 (1) $2x^2y \times (-3x^3y^5) = 2 \times (-3) \times x^2 \times x^3 \times y \times y^5$

$= -6x^5y^6$

(2) $3x^4 \times (2xy^2)^3 = 3x^4 \times 8x^3y^6 = 3 \times 8 \times x^4 \times x^3 \times y^6$

$= 24x^7y^6$

예제 1.4.2

[단항식의 나눗셈] 다음 식을 간단히 하여라.

(1) $24x^2y^3 \div 6x^3y^2$　　(2) $18x^4y^3 \div \dfrac{3}{4}x^2y^5$

풀이 (1) $24x^2y^3 \div 6x^3y^2 = 24x^2y^3 \times \dfrac{1}{6x^3y^2}$

$$= 24 \times \frac{1}{6} \times x^2 \times \frac{1}{x^3} \times y^3 \times \frac{1}{y^2}$$

$$= \frac{4y}{x}$$

(2) $18x^4y^3 \div \dfrac{3}{4}x^2y^5 = 18x^4y^3 \times \dfrac{4}{3x^2y^5}$

$$= 18 \times \frac{4}{3} \times x^4 \times \frac{1}{x^2} \times y^3 \times \frac{1}{y^5}$$

$$= \frac{24x^2}{y^2}$$

예제 1.4.3

[단항식의 곱셈과 나눗셈의 혼합계산] 다음 식을 간단히 하여라.

(1) $12x^4y^2 \div 6x^2y \times (5xy^3)$　　(2) $(2x^2y^3)^2 \times 3xy^2 \div 6xy^5$

풀이 (1) $12x^4y^2 \div 6x^2y \times 5xy^3 = 12x^4y^2 \times \dfrac{1}{6x^2y} \times 5xy^3$

$$= \left(12 \times \frac{1}{6} \times 5\right) \times \left(x^4 \times \frac{1}{x^2} \times x\right) \times \left(y^2 \times \frac{1}{y} \times y^3\right)$$

$$= 10x^3y^4$$

(2) $(2x^2y^3)^2 \times 3xy^2 \div 6xy^5 = 4x^4y^6 \times 3xy^2 \times \dfrac{1}{6xy^5}$

$$= \left(4 \times 3 \times \frac{1}{6}\right) \times \left(x^4 \times x \times \frac{1}{x}\right) \times \left(y^6 \times y^2 \times \frac{1}{y^5}\right)$$

$$= 2x^4y^3$$

예제 1.4.4

밑면 반지름의 길이가 $4a$인 원뿔의 부피가 $32\pi a^3 b$일 때 원뿔의 높이를 구하여라.

풀이 밑면 반지름 R, 높이 h인 원뿔의 부피

$$V = \frac{1}{3}\pi R^2 h$$

이다. 따라서

$$\frac{1}{3}\pi \times (4a)^2 \times h = 32\pi a^3 b$$

$$\frac{16}{3}\pi a^2 h = 32\pi a^3 b$$

$$\therefore\ h = \frac{32\pi a^3 b}{16\pi a^2/3} = 3 \times 2ab = 6ab$$

연습문제 1.4

01 [단항식의 곱셈] 다음 식을 간단히 하여라.

(1) $4ab^2 \times (-3a^2b)$ (2) $(-3b)^3 \times (-2a^3b^2)^2$

(3) $ab^2 \times (-2a^2b)^3$ (4) $(ab^2)^3 \times (2a^2b)^2 \times ab^3$

02 [단항식의 나눗셈] 다음 식을 간단히 하여라.

(1) $8x^3y^2 \div 6xy$ (2) $(-2x^2y)^3 \div 4x^2y^2$

(3) $\frac{4}{5}x^3y^4 \div \left(\frac{3}{2}xy^2\right)$ (4) $12x^3y^2 \div 2x^2y \div (xy)^2$

03 [단항식의 곱셈과 나눗셈의 혼합계산] 다음 식을 간단히 하여라.

(1) $3x^2y^3 \times (-2x^2y)^2 \div 6x^2y^3$ (2) $15x^2y^3 \div 3xy^2 \times 2x^2y^4$

(3) $(x^2y)^3 \times (2xy^2)^2 \div (3xy)^3$ (4) $3x^2 \times (-x^2)^3 \div (3x^2)^2$

04 $2^5 = a$일 때 $\frac{1}{8^{15}}$을 a를 사용하여 나타내어라.

05 $3^{x+1} \times 9^x = 81^{x-1}$일 때, x의 값을 구하여라.

06 $8^{2x-3} = \left(\frac{1}{2}\right)^{x+4}$일 때, x의 값을 구하여라.

07 밑변이 길이가 $2xy^2$이고 높이가 $3x^2y$인 삼각형의 넓이를 구하여라.

08 $16^2 \div 8^3 \div 4^x = 32$일 때, x의 값을 구하여라.

1.5 다항식

1.5.1 다항식의 덧셈과 뺄셈

(1) 동류항끼리 모아서 정리한다.

(2) 괄호가 있으면 분배법칙[$c(x+y)=cx+cy$]을 이용하여 괄호를 푼 다음 동류항끼리 모아서 정리한다.

(3) 여러 가지 괄호가 섞여 있을 때는 소괄호 ( ), 중괄호 { }, 대괄호 [ ]의 순서로 괄호를 풀어 계산한다.

(4) 괄호를 풀 때마다 동류항을 정리한 후 다음 괄호를 푼다.

예 (1) $(2x-3y)+(4x+5y)=2x-3y+4x+5y$

$$=(2x+4x)+(-3y+5y)$$

$$=6x+2y$$

(2) $2(x+3y)+3(x+y)=(2x+6y)+(3x+3y)$

$$=(2x+3x)+(6y+3y)$$

$$=5x+9y$$

(3) $5x+\{x-2y-(3x+4y)\}=5x+(x-2y-3x-4y)$

$$=5x+(-2x-6y)$$

$$=5x-2x-6y$$

$$=3x-6y$$

1.5.2 단항식과 다항식의 곱셈

(1) 전개: 단항식과 다항식의 곱을 하나의 다항식으로 나타내는 것.

(2) 단항식과 다항식의 곱셈: 다음과 같은 분배법칙을 이용하여 단항식을 다항식의 각 항에 곱하여 계산한다.

$$A(B+C)=AB+AC,\ (A+B)C=AC+BC$$

예

(1) $2x(x-3y+5)=2x\cdot x+2x\cdot(-3y)+2x\cdot 5$

$=2x^2-6xy+10x$

(2) $x(-2x+3)-2x(x-4)=x\cdot(-2x)+x\cdot 3-2x\cdot x-2x\cdot(-4)$

$=-2x^2+3x-2x^2+8x$

$=-4x^2+11x$

1.5.3 다항식과 단항식의 나눗셈

(1) 역수를 이용하여 곱셈으로 바꾼 다음 분배법칙을 이용하여 계산한다.

(2) 분수 꼴로 바꾼 다음 분배법칙을 이용한다.

예 (1) $(16x^3+4x^2y^3)\div 2x=(16x^3+4x^2y^3)\times\dfrac{1}{2x}$

$=16x^3\times\dfrac{1}{2x}+4x^2y^3\times\dfrac{1}{2x}$

$=8x^2+2xy^3$

(2) $(16x^3+4x^2y^3)\div 2x=\dfrac{16x^3+4x^2y^3}{2x}$

$=\dfrac{16x^3}{2x}+\dfrac{4x^2y^3}{2x}$

$=8x^2+2xy^3$

1.5.4 덧셈, 뺄셈, 곱셈, 나눗셈이 혼합된 식의 계산

(1) 거듭제곱이 있으면 거듭제곱을 먼저 계산한다.

(2) 곱셈과 나눗셈을 먼저 계산하고 덧셈과 뺄셈을 계산한다.

예 (1) $(2x^2-3x^4)\times(-2x)^2=(2x^2-3x^4)\times 4x^2$
$$=2x^2\cdot 4x^2-3x^4\cdot 4x^2$$
$$=8x^4-12x^6$$

(2) $(10x^3+4x^2)\div 2x-3x(x-4)=\dfrac{10x^3+4x^2}{2x}-3x\cdot x-3x\cdot(-4)$
$$=5x^2+2x-3x^2+12x$$
$$=2x^2+14x$$

예제 1.5.1

[다항식의 덧셈과 뺄셈] 다음 식을 간단히 하여라.

(1) $(2x-3y)-(-4x+y)$

(2) $(-4x+3y-2)+(x-2y+5)$

풀이 괄호를 풀고 동류항끼리 계산한다.

(1) $(2x-3y)-(-4x+y)=2x-3y+4x-y$
$$=(2x+4x)+(-3y-y)$$
$$=6x-4y$$

(2) $(-4x+3y-2)+(x-2y+5)=-4x+3y-2+x-2y+5$
$$=(-4x+x)+(3y-2y)+(-2+5)$$
$$=-3x+y+3$$

예제 1.5.2

[단항식과 다항식의 곱셈과 나눗셈] 다음 식을 전개하여라.

(1) $2x(3x^2-4x+5)$

(2) $(16x^3y^2-4xy^2)\div\dfrac{2}{3}xy$

풀이 나눗셈은 곱셈으로 고친 후 분배법칙을 이용한다.

(1) $2x(3x^2-4x+5)=2x\cdot 3x^2+2x\cdot(-4x)+2x\cdot 5$
$$=6x^3-8x^2+10x$$

(2) $(16x^3y^2-4xy^2)\div\dfrac{2}{3}xy=(16x^3y^2-4xy^2)\times\dfrac{3}{2xy}$
$$=16x^3y^2\times\frac{3}{2xy}-4xy^2\times\frac{3}{2xy}$$
$$=24x^2y-6y$$

예제 1.5.3

[덧셈, 뺄셈, 곱셈, 나눗셈이 혼합된 식] 다음 식을 간단히 하여라.

(1) $(12xy^2 - 4x^2) \div 2x - 3x(-4x+5)$

(2) $(8x^2y - 12y^3) \div 4y + 3x(x+y)$

풀이 분배법칙을 이용하여 괄호를 푼 후 계산한다.

(1) $(12xy^2 - 4x^2) \div 2x - 3x(-4x+5)$

$$= \frac{12xy^2 - 4x^2}{2x} - 3x \cdot (-4x) - 3x \cdot 5$$

$$= 6y^2 - 2x + 12x^2 - 15x$$

$$= 12x^2 - 17x + 6y^2$$

(2) $(8x^2y - 12y^3) \div 4y + 3x(x+y) = \dfrac{8x^2y - 12y^3}{4y} + 3x \cdot x + 3x \cdot y$

$$= 2x^2 - 3y^2 + 3x^2 + 3xy$$

$$= 5x^2 + 3xy - 3y^2$$

예제 1.5.4

[여러 가지 괄호가 있는 식의 계산] 다음 식을 간단히 하여라.

(1) $2x + y - \{3x - (5x - 4y)\}$

(2) $-5x + \{4x - y - (2x - 3y - 1)\}$

풀이 ( ), { }, [ ]의 순서로 괄호를 풀어서 계산한다.

(1) $2x + y - \{3x - (5x - 4y)\} = 2x + y - (3x - 5x + 4y)$

$$= 2x + y - (-2x + 4y)$$

$$= 2x + y + 2x - 4y$$

$$= 4x - 3y$$

(2) $-5x + \{4x - y - (2x - 3y - 1)\} = -5x + (4x - y - 2x + 3y + 1)$

$$= -5x + (2x + 2y + 1)$$

$$= -5x + 2x + 2y + 1$$

$$= -3x + 2y + 1$$

예제 1.5.5

$(x-2y)$의 3배에서 어떤 식 A의 2배를 더하면 $(7x+4y)$가 된다고 할 때 식 A를 구하여라.

풀이 주어진 조건에서

$$3(x-2y)+2A=7x+4y$$
$$3x-6y+2A=7x+4y$$
$$2A=7x+4y-(3x-6y)$$
$$2A=4x+10y$$
$$\therefore\ A=2x+5y$$

예제 1.5.6

$\frac{3x-y}{2x+y}=\frac{5}{4}$일 때 $\frac{x}{y}$의 값을 구하여라.

풀이 주어진 식의 양변에 $4(2x+y)$를 곱하여 x와 y의 관계를 구한다.

$$\frac{3x-y}{2x+y}=\frac{5}{4}$$
$$4(3x-y)=5(2x+y)$$
$$12x-4y=10x+5y$$
$$2x=9y$$
$$\therefore\ \frac{x}{y}=\frac{9}{2}$$

연습문제 1.5

01 다음 식을 간단히 하여라.

(1) $(-2x+3y-4)-(-x-y+5)$

(2) $(2x^2-3x-1)-(-x^2-4x+5)$

(3) $-3x(-x^2+2x-4)-x^2(x-1)$

(4) $(9x^2y-6xy^2+3xy)\div\dfrac{3}{2}xy$

(5) $(12xy+6xy^2)\div 3y-2x(3-5y)$

(6) $(8x^2y-6xy^2)\div(2xy)^3\times 4x^2y^3$

(7) $(x-y)-4\{-2(x-y)+(-x+y)\}$

(8) $-3[2x-2\{-3(4x-2)+y\}-5(2y-1)]+2(x-y)$

02 $x=2,\ y=5$일 때 $x^2y^3\times(2x^2y^4)\div 10x^3y^6$의 값을 구하여라.

03 $x=a+b,\ y=a-b$일 때 $3x-2y$를 $a,\ b$에 관한 식으로 나타내어라.

04 $A=2x+3y,\ B=x-2y$일 때 $2A-\{3B-(A+B)\}$를 $x,\ y$에 관한 식으로 나타내어라.

05 $(2x-3y+1)(-4x+5y-6)$을 전개하였을 때 xy항의 계수를 구하여라.

06 $2x=3y$일 때 $\dfrac{x}{x+y}-\dfrac{y}{x-y}$의 값을 구하여라.

07 $x=2a-1,\ y=3a-4,\ z=6a-5$일 때, 다음 식을 a에 관한 식으로 나타내어라.

$$12\left(\frac{x-y}{2}-\frac{y-z}{3}-\frac{z-x}{4}\right)$$

1.6 곱셈공식

1.6.1 곱셈공식

(1) $(x+a)(x+b)=x^2+(a+b)x+ab$

(2) $(ax+b)(cx+d)=acx^2+(ad+bc)x+bd$

(3) $(a+b)^2=a^2+2ab+b^2$, $(a-b)^2=a^2-2ab+b^2$

(4) $(a+b)(a-b)=a^2-b^2$

(5) $(a+b+c)^2=a^2+b^2+c^2+2ab+2bc+2ca$

(6) $(a+b)^3=a^3+3a^2b+3ab^2+b^3=a^3+b^3+3ab(a+b)$

$(a-b)^3=a^3-3a^2b+3ab^2-b^3=a^3-b^3-3ab(a-b)$

(7) $(a+b)(a^2-ab+b^2)=a^3+b^3$

$(a-b)(a^2+ab+b^2)=a^3-b^3$

(8) $(a+b+c)(a^2+b^2+c^2-ab-bc-ca)=a^3+b^3+c^3-3abc$

(9) $(a^2+ab+b^2)(a^2-ab+b^2)=a^4+a^2b^2+b^4$

- 식을 전개하는 기본법칙은 다음과 같은 분배법칙이지만 곱셈공식을 이용하면 보다 더 쉽게 식을 전개할 수 있다.

$$(a+b)(x+y)=ax+ay+bx+by$$

예 [곱셈공식 이용]

(1) $(x-2)(x+5)=x^2+3x-10$

(2) $(2x+3)(4x+5)=8x^2+22x+15$

(3) $(2x+3)^2=4x^2+12x+9$, $(2x-5)^2=4x^2-20x+25$

(4) $(2x-3y)(2x+3y)=4x^2-9y^2$

(5) $(x-2y+3z)^2=x^2+4y^2+9z^2-4xy-12yz+6zx$

(6) $(2x+1)^3 = 8x^3+12x^2+6x+1$, $(x-2)^3 = x^3-6x^2+12x-8$

(7) $(2x+y)(4x^2-2xy+y^2) = 8x^3+y^3$

$(x-2y)(x^2+2xy+4y^2) = x^3-8y^3$

(8) $(x-y+1)(x^2+y^2+xy-x+y+1) = x^3-y^3+3xy+1$

(9) $(x^2+2xy+4y^2)(x^2-2xy+4y^2) = x^4+4x^2y^2+16y^4$

예제 1.6.1

[분배법칙] 다음 식을 전개하여라.

(1) $(2x-3y)(x+4)$　　　(2) $(x+2)(3y-4)$

풀이 식을 전개하는 데 있어서 기본법칙은 분배법칙이다.

(1) $$(2x-3y)(x+4) = 2x\cdot x+2x\cdot 4-3y\cdot x-3y\cdot 4 = 2x^2+8x-3xy-12y$$

(2) $$(x+2)(3y-4) = x\cdot 3y+x\cdot(-4)+2\cdot 3y+2\cdot(-4) = 3xy-4x+6y-8$$

예제 1.6.2

[곱셈공식 (1), (2)] 다음 식을 전개하여라.

(1) $(x+2)(x+3)$　　　(2) $(2x+3)(5x+4)$

풀이 (1) 곱셈공식 $(x+a)(x+b) = x^2+(a+b)x+ab$를 이용한다.

$$(x+2)(x+3) = x^2+(2+3)x+2\cdot 3 = x^2+5x+6$$

(2) 곱셈공식 $(ax+b)(cx+d) = acx^2+(ad+bc)x+bd$를 이용한다.

$$(2x+3)(5x+4) = 2\cdot 5x^2+(2\cdot 4+3\cdot 5)x+3\cdot 4 = 10x^2+23x+12$$

예제 1.6.3

[곱셈공식 (3)] 다음 식을 전개하여라.

(1) $(x+4)^2$ (2) $(2x+3)^2$

풀이 곱셈공식 $(a+b)^2=a^2+2ab+b^2$을 이용한다.

(1) $(x+4)^2 = x^2+2\cdot 4x+4^2$
$= x^2+8x+16$

(2) $(2x+3)^2 = (2x)^2+2\cdot 2x\cdot 3+3^2$
$= 4x^2+12x+9$

예제 1.6.4

[곱셈공식 (3)] 다음 식을 전개하여라.

(1) $(x-3y)^2$ (2) $(3x-4y)^2$

풀이 곱셈공식 $(a-b)^2=a^2-2ab+b^2$을 이용한다.

(1) $(x-3y)^2 = x^2-2\cdot x\cdot 3y+(3y)^2$
$= x^2-6xy+9y^2$

(2) $(3x-4y)^2 = (3x)^2-2\cdot 3x\cdot 4y+(4y)^2$
$= 9x^2-24xy+16y^2$

예제 1.6.5

[곱셈공식 (4)] 다음 식을 전개하여라.

(1) $(x+3)(x-3)$ (2) $(2x+3y)(2x-3y)$

풀이 곱셈공식 $(a+b)(a-b)=a^2-b^2$을 이용한다.

(1) $(x+3)(x-3) = x^2-3^2$
$= x^2-9$

(2) $(2x+3y)(2x-3y) = (2x)^2-(3y)^2$
$= 4x^2-9y^2$

예제 1.6.6

[곱셈공식 활용] $x-\dfrac{1}{x}=3$일 때 $x^2+\dfrac{1}{x^2}$의 값을 구하여라.

| 풀이 곱셈공식 $(a-b)^2=a^2-2ab+b^2$을 이용하면

$$\begin{aligned}\left(x-\frac{1}{x}\right)^2 &= x^2-2\cdot x\cdot\frac{1}{x}+\left(\frac{1}{x}\right)^2\\ &= x^2-2+\frac{1}{x^2}\end{aligned}$$

$$\begin{aligned}\therefore\ x^2+\frac{1}{x^2} &= \left(x-\frac{1}{x}\right)^2+2\\ &= 3^2+2\\ &= 11\end{aligned}$$

예제 1.6.7

[곱셈공식 활용] $x+y=3$, $xy=-5$일 때 다음 식의 값을 구하여라.

(1) x^2+y^2 (2) $(x-y)^2$

| 풀이 (1) 곱셈공식 $(x+y)^2=x^2+2xy+y^2$에서 $2xy$를 좌변으로 이항하면

$$(x+y)^2-2xy=x^2+y^2$$

$$\begin{aligned}\therefore\ x^2+y^2 &= (x+y)^2-2xy\\ &= 3^2-2\cdot(-5)\\ &= 9+10\\ &= 19\end{aligned}$$

(2)

$$\begin{aligned}(x-y)^2 &= x^2-2xy+y^2\\ &= (x^2+2xy+y^2)-4xy\\ &= (x+y)^2-4xy\\ &= 3^2-4\cdot(-5)\\ &= 9+20\\ &= 29\end{aligned}$$

연습문제 1.6

01 다음 식을 전개하여 정리하여라.

(1) $(2x-3)(4x+5)$　　(2) $(2x-y)(-3x+4y)$

(3) $(x+3)(x-7)$　　(4) $(2x-3)(4x+1)$

(5) $(3x+5)^2$　　(6) $(4x-3)^2$

(7) $(4x+5y)^2$　　(8) $(x-7y)^2$

(9) $\left(3x+\frac{1}{2}\right)^2$　　(10) $\left(-2x+\frac{1}{3}\right)^2$

(11) $(3x+7y)(3x-7y)$　　(12) $\left(\frac{1}{2}x+\frac{3}{4}\right)\left(\frac{1}{2}x-\frac{3}{4}\right)$

02 $x+\frac{1}{x}=4$일 때 다음 식의 값의 값을 구하여라.

(1) $x^2+\frac{1}{x^2}$　　(2) $x^4+\frac{1}{x^4}$

03 $x^2=3$일 때 $\left(x-\frac{1}{x}\right)^2$의 값을 구하여라.

04 곱셈공식을 이용하여 다음을 계산하여라.

(1) 99^2　　(2) 105^2

05 $x+y=-1,\ xy=-5$일 때 x^2+y^2의 값을 구하여라.

06 $x+y=3,\ xy=-2$일 때 다음 식의 값을 구하여라.

(1) $(x-y)^2$　　(2) $\frac{y}{x}+\frac{x}{y}$

1.7 인수분해

1.7.1 인수분해

(1) 인수분해: 하나의 다항식을 두 개 이상의 단항식이나 다항식의 곱으로 나타내는 것을 인수분해라 한다.

(2) 인수: 인수분해를 했을 때 곱해진 각각의 단항식 또는 다항식을 인수라 한다.

• 인수분해의 기본적인 방법은 공통인수를 찾는 것이다.

1.7.2 공통인수에 의한 인수분해

(1) $ax+ay=a(x+y)$

(2) $a(x+y)+b(x+y)=(a+b)(x+y)$

예 (1) $a+2ab=a(1+2b)$

(2) $2x^2+4x=2x(x+2)$

(3) $3x^2y+6xy^2=3xy(x+2y)$

(4) $ax+2x+3a+6=x(a+2)+3(a+2)=(a+2)(x+3)$

(5) $(x+y)^2+2(x+y)=(x+y)(x+y+2)$

(6) $c(a+b)+d(a+b)=(a+b)(c+d)$

1.7.3 인수분해 공식

(1) $a^2+2ab+b^2=(a+b)^2$, $a^2-2ab+b^2=(a-b)^2$

(2) $a^2-b^2=(a+b)(a-b)$

(3) $x^2+(a+b)x+ab=(x+a)(x+b)$

(4) $acx^2+(ad+bc)x+bd=(ax+b)(cx+d)$

(5) $a^2+b^2+c^2+2ab+2bc+2ca=(a+b+c)^2$

(6) $a^3+3a^2b+3ab^2+b^3=(a+b)^3$

$a^3-3a^2b+3ab^2-b^3=(a-b)^3$

(7) $a^3+b^3=(a+b)(a^2-ab+b^2)$

$a^3-b^3=(a-b)(a^2+ab+b^2)$

(8) $a^3+b^3+c^3-3abc=(a+b+c)(a^2+b^2+c^2-ab-bc-ca)$

(9) $a^4+a^2b^2+b^4=(a^2+ab+b^2)(a^2-ab+b^2)$

- 특정 형태의 다항식은 인수분해 공식을 이용하면 편리하다.

예 (여기에서 $A \cdot B = A \times B$ 를 나타낸다.)

(1) $x^2+6x+9=x^2+2\cdot x\cdot 3+3^2=(x+3)^2$

(2) $4x^2-9y^2=(2x)^2-(3y)^2=(2x+3y)(2x-3y)$

(3) $x^2+5x+6=x^2+(2+3)x+2\times 3=(x+2)(x+3)$

(4) $3x^2+10x+8=1\cdot 3x^2+(1\cdot 4+2\cdot 3)x+2\cdot 4=(x+2)(3x+4)$

예제 1.7.1

[공통인수 인수분해] 다음 식을 인수분해하여라.

(1) $ax+4a$

(2) $bx-by+bz$

(3) $2x^2+4x$

(4) $2x^2y-4xy^2+5x^2y^2$

풀이 공통인수를 찾아 인수분해한다.

(1) $ax+4a=a(x+4)$

(2) $bx-by+bz=b(x-y+z)$

(3) $2x^2+4x=2x(x+2)$

(4) $2x^2y-4xy^2+5x^2y^2=xy(2x-4y+5xy)$

예제 1.7.2

[인수분해 공식 (1) 이용] 다음 식을 인수분해하여라.

(1) $x^2+10x+25$

(2) $x^2-6xy+9y^2$

(3) $2x^2-16x+32$

(4) $4x^2+12xy+9y^2$

풀이 공식 $a^2+2ab+b^2=(a+b)^2$, $a^2-2ab+b^2=(a-b)^2$을 이용한다.

(1) $x^2+10x+25=(x+5)^2$

(2) $x^2-6xy+9y^2=(x-3y)^2$

(3) $2x^2-16x+32=2(x^2-8x+16)=2(x-4)^2$

(4) $4x^2+12xy+9y^2=(2x+3y)^2$

예제 1.7.3

[인수분해 공식 (2) 이용] 다음 식을 인수분해하여라.

(1) x^2-9　　(2) $4x^2-9y^2$

풀이 공식 $a^2-b^2=(a+b)(a-b)$를 이용한다.

(1) $x^2-9=x^2-3^2=(x+3)(x-3)$

(2) $4x^2-9y^2=(2x)^2-(3y)^2=(2x+3y)(2x-3y)$

예제 1.7.4

[인수분해 공식 (3), (4) 이용] 다음 식을 인수분해하여라.

(1) x^2+5x+6　　(2) x^2-2x-3

(3) $2x^2-5x-3$　　(4) $6x^2+17x+12$

풀이 다음 인수분해공식을 이용한다.

$$x^2+(a+b)x+ab=(x+a)(x+b)$$
$$acx^2+(ad+bc)x+bd=(ax+b)(cx+d)$$

(1) $x^2+5x+6=x^2+(2+3)x+2\cdot 3=(x+2)(x+3)$

(2) $x^2-2x-3=x^2+(-3+1)x+(1)\cdot(-3)=(x+1)(x-3)$

(3) $2x^2-5x-3=(2x+1)(x-3)$

(4) $6x^2+17x+12=(2x+3)(3x+4)$

1.7.4 복잡한 식의 인수분해

(1) 공통인수를 이용한 인수분해: 공통인수를 묶어내고 인수분해 공식을 이용한다.
(2) 변수치환을 이용한 인수분해: 식의 같은 부분 또는 식의 일부를 다른 문자로 치환하여 식을 간단히 한 후 인수분해한다.

예 (1) 공통인수를 이용한 인수분해

- $x^2+2xy=x(x+2y)$
- $ax^2+7ax+12a=a(x^2+7x+12)=a(x+3)(x+4)$

(2) 변수치환을 이용한 인수분해

- $a(x+y)+b(x+y)$에서 $x+y=X$로 치환하면

$$\begin{aligned} a(x+y)+b(x+y) &= aX+bX \\ &= X(a+b)=(x+y)(a+b) \end{aligned}$$

- $(a+b)^2+5(a+b)+6$에서 $a+b=X$로 치환하면

$$\begin{aligned} (a+b)^2+5(a+b)+6 &= X^2+5X+6 \\ &= (X+2)(X+3) \\ &= (a+b+2)(a+b+3) \end{aligned}$$

1.7.5 항이 4개인 식의 인수분해

적당한 식끼리 묶어서 공통인수를 찾거나 A^2-B^2의 형태로 변형하여 인수분해한다. $A^2-B^2=(A+B)(A-B)$이다.

예 (1) $\begin{aligned} xy+y+x+1 &= y(x+1)+(x+1) \\ &= (x+1)(y+1) \end{aligned}$

(2) $\begin{aligned} x^2+4x+4-y^2 &= (x+2)^2-y^2 \\ &= (x+2+y)(x+2-y) \\ &= (x+y+2)(x-y+2) \end{aligned}$

1.7.6 인수분해의 활용

(1) 수의 계산: 인수분해 공식을 이용하여 수를 계산하는 것이 편리한 경우가 있다.
(2) 식의 값 구하기: 주어진 식에 직접 수를 대입하여 계산하는 것보다 인수분해를 한 후 수를 대입하여 계산하는 것이 편리한 경우가 있다.

예 (1) $950^2-50^2=(950+50)(950-50)=1000\times900=900,000$

(2) $a=4+\sqrt{5}$ 일 때 $a^2-8a+19$의 값 구하기

$$\begin{aligned}a^2-8a+19&=(a-4)^2+3\\&=(4+\sqrt{5}-4)^2+3\\&=(\sqrt{5})^2+3\\&=8\end{aligned}$$

예제 1.7.5

다음 식을 인수분해하여라.

(1) $ab-2b+a-2$　　(2) $(x-4)^2+9(x-4)+14$

풀이 (1) $ab-2b+a-2=b(a-2)+(a-2)$
$=(a-2)(b+1)$

(2) $x-4=X$로 하면

$$\begin{aligned}(x-4)^2+9(x-4)+14&=X^2+9X+14\\&=(X+2)(X+7)\\&=(x-4+2)(x-4+7)\\&=(x-2)(x+3)\end{aligned}$$

예제 1.7.6

다음 식을 인수분해하여라.

(1) a^2-b^2-4a+4　　(2) $x^2+9y^2+6xy-25$

풀이 (1) $a^2-b^2-4a+4=(a^2-4a+4)-b^2$
$=(a-2)^2-b^2$

$$= (a-2+b)(a-2-b)$$
$$= (a+b-2)(a-b-2)$$

(2) $x^2+9y^2+6xy-25 = (x^2+6xy+9y^2)-25$
$$= (x+3y)^2-5^2$$
$$= (x+3y+5)(x+3y-5)$$

예제 1.7.7

인수분해를 이용하여 다음을 계산하여라.

(1) $65.85^2-34.15^2$ (2) $3.14\times 55^2-3.14\times 45^2$

| 풀이 (1) $65.85^2-34.15^2 = (65.85+34.15)(65.85-34.15)$
$$= 100\times 31.7$$
$$= 3170$$

(2) $3.14\times 55^2-3.14\times 45^2 = 3.14\times(55^2-45^2)$
$$= 3.14\times(55+45)(55-45)$$
$$= 3.14\times 100\times 10$$
$$= 3140$$

예제 1.7.8

인수분해를 이용하여 다음 식을 계산하여라.

(1) $\dfrac{2005^2-1995^2}{205^2-195^2}$

(2) $\left(1-\dfrac{1}{2^2}\right)\left(1-\dfrac{1}{3^2}\right)\times\cdots\times\left(1-\dfrac{1}{9^2}\right)\left(1-\dfrac{1}{10^2}\right)$

| 풀이 인수분해 공식 $a^2-b^2=(a-b)(a+b)$를 이용한다.

(1) 주어진 식$= \dfrac{(2005+1995)(2005-1995)}{(205+195)(205-195)}$
$$= \frac{4000\times 10}{400\times 10} = 10$$

(2) 주어진 식$= \left(1-\dfrac{1}{2}\right)\left(1+\dfrac{1}{2}\right)\left(1-\dfrac{1}{3}\right)\left(1+\dfrac{1}{3}\right)\times\cdots$
$$\cdots\times\left(1-\frac{1}{9}\right)\left(1+\frac{1}{9}\right)\left(1-\frac{1}{10}\right)\left(1+\frac{1}{10}\right)$$

$$= \frac{1}{2} \times \frac{3}{2} \times \frac{2}{3} \times \frac{4}{3} \times \frac{3}{4} \times \frac{5}{4} \times \cdots \times \frac{8}{9} \times \frac{10}{9} \times \frac{9}{10} \times \frac{11}{10}$$

$$= \frac{1}{2} \times \frac{11}{10} = \frac{11}{20}$$

예제 1.7.9

$x^2 + x + 1 = 0$일 때 $x^{100} + \frac{1}{x^{100}}$의 값을 구하여라.

풀이 인수분해 공식 $a^3 - b^3 = (a-b)(a^2 + ab + b^2)$을 이용한다.

$x \neq 1$이므로 $x^2 + x + 1 = 0$의 양변에 $(x-1)$을 곱하면

$$(x-1)(x^2+x+1) = 0$$
$$x^3 - 1 = 0$$
$$\therefore\ x^3 = 1$$

이다. 이 결과를 이용하면 다음과 같이 준 식의 값이 구해진다.

$$x^{100} + \frac{1}{x^{100}} = (x^3)^{33} \cdot x + \frac{1}{(x^3)^{33} \cdot x}$$
$$= x + \frac{1}{x}$$
$$= \frac{x^2+1}{x} \quad (\leftarrow x^2 + x + 1 = 0\text{에서 } x^2 + 1 = -x)$$
$$= \frac{-x}{x} = -1$$

연습문제 1.7

01 다음 식을 인수분해하여라.

(1) $3x^2+12xy$

(2) $xy-2x^2y^2+3xy^2$

(3) $x^2-ax-x+a$

(4) $4x^2y-8xy^2$

(5) $x^2-14x+49$

(6) $3x^2+12x+12$

(7) $3x^2-48y^2$

(8) $-x^2+36$

(9) x^2-2x-8

(10) $x^2+7x+12$

02 $(2x+3)^2-(7x+15)$를 인수분해하면 $(4x+a)(x+b)$가 된다고 할 때 $a+b$의 값을 구하여라.

03 $9x^2+(k-4)x+16$이 완전제곱식이 되도록 하는 상수 k의 값을 구하여라.

• $(a+b)^2$의 형태를 완전제곱식이라 한다.

04 다음 식을 인수분해하여라.

(1) $x^2+2ax+x-2a-2$

(2) $x^2+2y^2+3xy-x-2y$

• 여러 개의 문자가 포함된 식: 한 문자에 대하여 정리한 후 인수분해한다.
① 차수가 가장 낮은 문자에 대해 내림차순으로 정리한다.
② 차수가 같을 때는 어느 한 문자에 대하여 내림차순으로 정리한다.

05 다음 식을 인수분해하여라.

(1) $ab-2b-a+2$

(2) $ab-ac+b-c$

(3) $a(x-y)+b(y-x)$

(4) x^3+x^2-x-1

(5) $x^2-ax-x+a$

(6) $x^2-xz+xy-yz$

(7) $(x-2y)^2+8(x-2y)+15$

(8) $(2x+3)^2-(x+2)^2$

(9) x^2-9y^2-2x+1

(10) $4x^2+12xy+9y^2-16$

06 $a-b=9$일 때 $a^2+b^2-2ab-4a+4b$의 값을 구하여라.

07 $x^2-5x+1=0$일 때 $x^2+x+\frac{1}{x}+\frac{1}{x^2}$의 값을 구하여라.

08 인수분해를 이용하여 다음을 계산하여라.

(1) 1005^2-995^2　　　(2) $\frac{2014^2-1}{2013}$

09 인수분해를 이용하여 다음 식을 계산하여라.

$$\left(1-\frac{1}{2^2}\right)\left(1-\frac{1}{3^2}\right)\times\cdots\times\left(1-\frac{1}{19^2}\right)\left(1-\frac{1}{20^2}\right)$$

10 $x-y=4$일 때 $x^2-2xy+y^2-4x+4y+5$의 값을 구하여라.

11 $(2x+3y+4)(2x+3y-5)+8$을 인수분해하여라.

- $2x+3y=A$로 치환한 후 식을 전개하고 인수분해한다.

12 $\frac{1}{4}x^2-\frac{1}{3}xy+\frac{1}{9}y^2=0$일 때 $\frac{x-y}{x+y}$의 값을 구하여라.

13 $x+\frac{1}{x}=3$일 때 $x^4-\frac{1}{x^4}$의 값을 구하여라.

- $a^4-b^4=(a^2)^2-(b^2)^2=(a^2-b^2)(a^2+b^2)=(a-b)(a+b)(a^2+b^2)$

14 $2x+3y=2$, $xy=1$일 때 $8x^3+27y^3$의 값을 구하여라.

- $a^3+3a^2b+3ab^2+b^3=(a+b)^3$ $\therefore\ a^3+b^3=(a+b)^3-3ab(a+b)$

제2장

방정식

2.1 연립방정식 | 2.2 연립방정식의 활용 |
2.3 제곱근, 복소수 | 2.4 이차방정식 | 2.5 이차방정식의 활용

2.1 연립방정식

2.1.1 연립일차방정식

(1) 두 개 이상의 미지수를 포함하는 방정식을 연립방정식이라 하고, 미지수가 두 개이고 차수가 일차인 방정식을 이원 연립일차방정식이라고 한다.

(2) 이원 연립일차방정식: $\begin{cases} ax + by = c & \cdots\cdots \text{①} \\ a'x + b'y = c' & \cdots\cdots \text{②} \end{cases}$

2.1.2 연립방정식의 풀이(Ⅰ): 가감법

(1) 두 방정식에 적당한 수를 곱하여 두 식을 서로 빼거나 더하여 한 미지수를 소거한 후 남은 미지수의 값을 구한다.

(2) 구한 값을 주어진 식 중의 하나에 대입하여 다른 미지수의 값을 구한다.

- 연립방정식에서 두 일차 방정식을 변끼리 서로 더하거나 빼어서 한 미지수를 소거하여 연립방정식의 해를 구하는 방법을 가감법이라 한다.
- 소거: 두 식에서 주어진 관계식을 이용하여 한 미지수를 없애는 것.

예 연립방정식 $\begin{cases} 3x - 2y = 4 & \cdots\cdots \text{①} \\ 4x + 3y = 11 & \cdots\cdots \text{②} \end{cases}$ 에서

y를 소거하기 위해 $3 \times$①$+ 2 \times$②를 하면

$$9x + 8x = 12 + 22$$

$$17x = 34$$

$$\therefore\ x = 2$$

$x = 2$를 ①에 대입하면

$$3 \times 2 - 2y = 4$$

$$-2y=-2$$
$$\therefore\ y=1$$

따라서 연립방정식의 해는 $x=2,\ y=1$이다.

2.1.3 연립방정식의 풀이 (Ⅱ) : 대입법

(1) 한 방정식을 한 미지수(x 혹은 y)에 대하여 푼 후, 그것을 다른 방정식에 대입하여 남은 미지수의 값을 구한다.
(2) 구한 값을 한 미지수에 대하여 푼 식에 대입하여 다른 미지수의 값을 구한다.

예 연립방정식 $\begin{cases} 2x+y=3 & \cdots\cdots ① \\ x-2y=4 & \cdots\cdots ② \end{cases}$에서

식 ①에서 $y=3-2x$이므로 이 식을 ②에 대입하면

$$x-2(3-2x)=4$$
$$5x=10$$
$$\therefore\ x=2$$
$$\therefore\ y=3-2x=3-2\times2=-1$$

따라서 연립방정식의 해는 $x=2,\ y=-1$이다.

예제 2.1.1

연립방정식 $\begin{cases} 2x+4y=2 & \cdots\cdots ① \\ 3x-y=-11 & \cdots\cdots ② \end{cases}$을 가감법으로 풀어라.

풀이 주어진 식에서 y를 소거하기 위해 ①$+4\times$②를 하면

$$2x+12x=2-44$$
$$14x=-42$$
$$\therefore\ x=-3$$

$x=-3$를 ②에 대입하면

$$3\times(-3)-y=-11$$
$$-y=-2$$
$$\therefore\ y=2$$

따라서 연립방정식의 해는 $x=-3,\ y=2$이다.

예제 2.1.2

연립방정식 $\begin{cases} 2x = 3y & \cdots\cdots ① \\ 4x - y = 10 & \cdots\cdots ② \end{cases}$을 대입법으로 풀어라.

| 풀이 식 ①에서 $x = \dfrac{3y}{2}$이므로 이 식을 ②에 대입하면

$$4 \times \frac{3y}{2} - y = 10$$
$$5y = 10$$
$$\therefore\ y = 2$$
$$\therefore\ x = \frac{3y}{2} = \frac{3 \times 2}{2} = 3$$

따라서 연립방정식의 해는 $x = 3,\ y = 2$이다.

예제 2.1.3

연립방정식 $\begin{cases} 0.4x - 0.1y = 0.8 & \cdots\cdots ① \\ \dfrac{x+3}{2} - \dfrac{y-2}{4} = 5 & \cdots\cdots ② \end{cases}$의 해를 구하여라.

| 풀이 분수나 소수 계수를 갖는 방정식은 적당한 수를 곱하여 계수를 정수로 변환한 후 방정식을 푼다. 식 ①에 10을 곱하고 식 ②에 4를 곱하면 방정식은 다음과 같이 된다.

$$\begin{cases} 4x - y = 8 & \cdots\cdots ①' \\ 2(x+3) - (y-2) = 20 & \cdots\cdots ②' \end{cases}$$

이 식을 정리하면

$$\begin{cases} 4x - y = 8 & \cdots\cdots ③ \\ 2x - y = 12 & \cdots\cdots ④ \end{cases}$$

이다. 여기에서 ③−④를 하면

$$2x = -4$$
$$\therefore\ x = -2$$

이고, 이 값을 ③에 대입하면

$$4\times(-2)-y=8$$
$$\therefore\ y=-16$$

이 구해진다.

예제 2.1.4

연립방정식 $\begin{cases}\dfrac{3}{x}+\dfrac{1}{y}=11 & \cdots\cdots ① \\ \dfrac{2}{x}-\dfrac{1}{y}=4 & \cdots\cdots ②\end{cases}$ 의 해를 구하여라.

| 풀이 $\dfrac{1}{x}=a$, $\dfrac{1}{y}=b$로 치환하면 준 식은

$$\begin{cases}3a+b=11 & \cdots\cdots ① \\ 2a-b=4 & \cdots\cdots ②\end{cases}$$

가 된다. 여기에서 ①+②를 하면

$$5a=15$$
$$\therefore\ a=3,\ b=2$$

이므로 $x=\dfrac{1}{a}=\dfrac{1}{3}$, $y=\dfrac{1}{b}=\dfrac{1}{2}$이다.

예제 2.1.5

[$X=Y=C$꼴인 연립방정식의 풀이] 다음 연립방정식을 만족하는 x, y를 구하여라.

$$2x-y=3x-y-4=7$$

| 풀이 $X=Y=C$꼴의 연립방정식은 $\begin{cases}X=C \\ Y=C\end{cases}$를 이용하여 푼다.

$$\begin{cases}2x-y=7 & \cdots\cdots ① \\ 3x-y-4=7 & \cdots\cdots ②\end{cases}$$

위 식에서 미지수가 포함된 항을 좌변에, 상수항을 우변에 모아 정리하면 주어진 연립방정식 ①, ②는 다음과 같이 된다.

$$\begin{cases} 2x - y = 7 & \cdots\cdots ①' \\ 3x - y = 11 & \cdots\cdots ②' \end{cases}$$

여기에서 ②$'$ − ①$'$을 하면

$$x = 4$$

이고, 이 값을 ①$'$에 대입하면

$$2 \times 4 - y = 7$$

$$\therefore\ y = 1$$

이다.

연습문제 2.1

01 다음 연립방정식을 풀어라.

(1) $\begin{cases} x-2y=3 \\ 2x+3y=6 \end{cases}$　　(2) $\begin{cases} 3x-2y=-2 \\ 3x-4y=2 \end{cases}$

(3) $\begin{cases} x+y=3 \\ 2x-3y=6 \end{cases}$　　(4) $\begin{cases} 12+y=2(x-y) \\ 3x+4y=1 \end{cases}$

(5) $\begin{cases} 3x-2y-7=4x+2y+7 \\ 10x+8=-7y \end{cases}$　　(6) $\begin{cases} 0.2x+0.1y+\dfrac{1}{2}=0 \\ \dfrac{x}{4}-\dfrac{y}{3}+2=0 \end{cases}$

(7) $\begin{cases} \dfrac{3}{x}-\dfrac{2}{y}=1 \\ \dfrac{5}{x}-\dfrac{2}{y}=2 \end{cases}$　　(8) $\begin{cases} \dfrac{x}{2}-y=-\dfrac{1}{2} \\ 0.3x+0.2y=\dfrac{1}{2} \end{cases}$

02 연립방정식 $2x-y-8=x+2y+5=3$을 풀어라.

03 연립방정식 $\begin{cases} 3x+2y=1 \\ 2x-y=-4 \end{cases}$의 해가 일차방정식 $kx+2y+3=0$의 해일 때 상수 k의 값을 구하여라.

04 연립방정식 $\begin{cases} 4x-y=2 \\ 3x+2y=3a \end{cases}$를 만족하는 x와 y의 값의 비가 $1:3$일 때 상수 a의 값을 구하여라.

05 x, y에 대한 연립방정식 $\begin{cases} 2x-y=a \\ x-2y=6-a \end{cases}$의 해의 합이 4일 때 상수 a의 값을 구하여라.

06 자연수 m, n에 대하여 $\dfrac{4^m}{2^m\times 2^n}=8$, $\dfrac{9^m\cdot 9^n}{3^{5n}}=243$을 만족하는 m, n의 값을 구하여라.

2.2 연립방정식의 활용

2.2.1 연립방정식을 이용한 문제 풀이

(1) 무엇을 미지수로 나타낼 것인가를 정한다.

(2) 문제의 뜻에 맞는 방정식(미지수들의 관계식)을 세운다.

(3) 방정식을 풀어 미지수를 구한다.

(4) 구한 해가 문제의 뜻에 맞는지 확인한다.

예제 2.2.1

아랫변의 길이가 윗변의 길이의 2배이고 높이가 4(cm)인 사다리꼴의 넓이가 30 (cm^2)일 때 윗변과 아랫변의 길이를 구하여라.

| 풀이 윗변과 아랫변의 길이를 각각 x(cm), y(cm)라 하면

$$\begin{cases} y = 2x \\ \frac{1}{2}(x+y) \times 4 = 30 \end{cases}$$

$$\therefore \begin{cases} y = 2x \\ x+y = 15 \end{cases}$$

연립방정식을 풀면 $x=5$, $y=10$이다. 따라서 윗변과 아랫변의 길이는 각각 5(cm), 10(cm)이다.

예제 2.2.2

각 자리의 숫자의 합이 7인 두 자리의 자연수가 있다. 일의 자리의 숫자와 십의 자리의 숫자를 서로 바꾼 수는 처음 수보다 9만큼 크다고 할 때 처음 자연수를 구하

여라.

풀이 처음 두 자리의 자연수에서 십의 자리와 일의 자리의 숫자를 각각 x, y라고 하면, 각 자리의 숫자의 합은 $x+y$이고, 처음 수는 $10x+y$이며 일의 자리의 숫자와 십의 자리의 숫자를 서로 바꾼 수는 $10y+x$이다. 따라서

$$\begin{cases} x+y=7 \\ 10y+x=10x+y+9 \end{cases}$$

$$\begin{cases} x+y=7 \\ -9x+9y=9 \end{cases}$$

$$\therefore \begin{cases} x+y=7 \\ -x+y=1 \end{cases}$$

연립방정식을 풀면 $x=3$, $y=4$이다. 따라서 처음 자연수는 34이다.

예제 2.2.3

두 자연수가 있다. 두 수의 합은 201이고, 큰 수를 작은 수로 나누면 몫은 10이고 나머지가 14일 때, 두 수를 구하여라.

풀이 큰 수를 x, 작은 수를 y로 하면

$$\begin{cases} x+y=201 \ (\leftarrow \text{두 수의 합}=201) & \cdots ① \\ x=10y+14 \ (\leftarrow x\text{를 } y\text{로 나눌 때 몫은 } 10,\ \text{나머지는 } 14) & \cdots ② \end{cases}$$

이다. 여기에서 ②를 ①에 대입하면

$$(10y+14)+y=201$$
$$11y=187$$
$$\therefore\ y=17 \quad \cdots ③$$

이고, ③을 ①에 대입하면 $x=201-17=184$가 구해진다. 따라서 큰 수는 184이고, 작은 수는 17이다.

예제 2.2.4

2% 소금물과 6% 소금물을 섞어서 5% 소금물 600g을 만들려고 한다. 이때 필요한 2% 소금물과 6% 소금물의 양을 구하여라.

풀이 2% 소금물과 6% 소금물의 양을 각각 x(g), y(g)라고 하면 전체 소금물의

양

$$x+y=600 \quad \cdots ①$$

이고, 소금의 양은 변함이 없으므로

$$\frac{2}{100}x+\frac{6}{100}y=\frac{5}{100}\times 600$$
$$\therefore \ x+3y=1500 \quad \cdots ②$$

①, ②를 연립하여 풀면

$$x=150, \ y=450$$

이다. 따라서 필요한 2% 소금물과 6% 소금물의 양은 각각 150(g), 450(g) 이다.

예제 2.2.5

8 km/hr의 속력으로 뛰어 가다가 4 km/hr의 속력으로 걸어서 2시간 30분 만에 16 km의 순환 도로를 한 바퀴 돌았다. 뛰어간 거리와 걸어 간 거리는 각각 몇 km인가?

풀이 뛰어간 거리를 x(km), 걸어간 거리를 y(km)라고 하면,

- 전체 거리: $x+y=16 \quad \cdots ①$
- 소요 시간: $\frac{x}{8}+\frac{y}{4}=2+\frac{30}{60}$ $\left(\because \ 시간=\frac{거리}{속도}\right)$

$$x+2y=20 \quad \cdots ②$$

식 ①, ②를 연립하여 풀면

$$x=12(\text{km}), \ y=4(\text{km})$$

이다.

연습문제 2.2

01 볼트 1개와 너트 3개를 사면 1300원이고, 볼트 1개와 너트 1개를 사면 700원이라고 한다. 볼트 1개와 너트 1개의 값을 각각 구하여라.

02 총 길이가 10km인 등산로가 있다. 처음에는 2km/hr의 속력으로 가다가 다음에는 4 km/hr의 속력으로 걸었더니 완주하는 데 총 3시간이 걸렸다. 2km/hr의 속력으로 간 거리와 4km/hr의 속력으로 간 거리를 구하여라.

03 각 자리의 숫자의 합이 8인 두 자리의 자연수가 있다. 일의 자리의 숫자와 십의 자리의 숫자를 서로 바꾼 수는 처음 수보다 36만큼 크다고 할 때 처음 자연수를 구하여라.

04 닭과 토끼가 여러 마리 섞여 있다. 머리의 총 수는 27이고, 다리의 총 수는 78이면 닭과 토끼는 각각 몇 마리인가?

05 둘레가 36인 직사각형이 있다. 가로는 세로의 2배보다 6이 적다고 할 때 직사각형의 넓이를 구하여라.

06 5% 소금물과 8% 소금물을 섞어서 6% 소금물 150g을 만들었다. 이때 필요한 5% 소금물과 8% 소금물의 양을 구하여라.

07 두 자연수의 합이 40이고, 큰 수를 작은 수로 나누면 몫이 5이고 나머지가 4이다. 두 자연수를 구하여라.

08 둘레가 16m인 직사각형이 있다. 이 직사각형의 가로를 1m 줄이고 세로를 2배로 늘렸더니 둘레가 20m가 되었다. 처음 직사각형의 가로를 구하여라.

09 두 자연수의 차이가 28이고, 큰 수가 작은 수의 3배보다 4만큼 더 크다고 할 때 두 자연수를 구하여라.

2.3 | 제곱근, 복소수

2.3.1 실수의 분류

- 실수
  - 유리수
    - 정수
      - 양의 정수(자연수) : $1,\ 2,\ 3,\ \cdots$
      - 영(0)
      - 음의 정수 : $-1,\ -2,\ -3,\ \cdots$
    - 정수가 아닌 유리수
      - 유한소수 : $\pm 0.2,\ \pm 0.25,\ \cdots$
      - 순환소수 : $\pm 0.\dot{2},\ \pm 0.\dot{2}\dot{5},\ \cdots$
  - 무리수 : 비순환 무한소수$(\pm\sqrt{2},\ \pm\pi,\ \pm e,\ \cdots)$

(1) 유리수: 정수 $m, n(m \neq 0)$을 써서 $\dfrac{n}{m}$인 분수 꼴로 나타낼 수 있는 수.

(2) 무리수: 순환하지 않는 무한소수$(\sqrt{2} = 1.414213\cdots,\ \pi = 3.14159\cdots)$.

2.3.2 양의 실수의 제곱근

어떤 수를 제곱하여 $A(A \geq 0)$가 될 때, 즉 $x^2 = A$가 되는 수 x를 A의 제곱근이라 한다. 양수 A의 제곱근은 양수$(\sqrt{A})$와 음수$(-\sqrt{A})$의 두 개가 있고, 0의 제곱근은 0이다 $(\sqrt{0} = 0)$.

(1) $(\sqrt{A})^2 = A,\ (-\sqrt{A})^2 = A$

(2) $\sqrt{B^2} = |B| = \begin{cases} B & (B \geq 0) \\ -B & (B \leq 0) \end{cases}$

예 (1) $x^2 = 4$이면 $x = \pm 2$

(2) $(\sqrt{3})^2 = 3,\ (-\sqrt{3})^2 = 3$

(3) $\sqrt{5^2} = 5,\ \sqrt{(-5)^2} = -(-5) = 5 \quad (\because\ -5 < 0)$

2.3.3 제곱근의 곱셈과 나눗셈

$a>0,\ b>0$일 때

(1) $\sqrt{a}\sqrt{b}=\sqrt{ab}$ (2) $\sqrt{a^2b}=a\sqrt{b}$

(3) $\dfrac{\sqrt{a}}{\sqrt{b}}=\sqrt{\dfrac{a}{b}}$ (4) $\sqrt{\dfrac{a}{b^2}}=\dfrac{\sqrt{a}}{b}$

예 (1) $\sqrt{2}\times\sqrt{3}=\sqrt{6}$

(2) $\sqrt{12}=\sqrt{2^2\times 3}=2\sqrt{3}$

(3) $\dfrac{\sqrt{10}}{\sqrt{2}}=\sqrt{\dfrac{10}{2}}=\sqrt{5}$

(4) $\sqrt{\dfrac{3}{4}}=\sqrt{\dfrac{3}{2^2}}=\dfrac{\sqrt{3}}{2}$

2.3.4 분모의 유리화

(1) $\dfrac{a}{\sqrt{b}}=\dfrac{a\sqrt{b}}{(\sqrt{b})^2}=\dfrac{a\sqrt{b}}{b}$

(2) $\dfrac{1}{\sqrt{a}+\sqrt{b}}=\dfrac{(\sqrt{a}-\sqrt{b})}{(\sqrt{a}+\sqrt{b})(\sqrt{a}-\sqrt{b})}=\dfrac{\sqrt{a}-\sqrt{b}}{a-b}\quad (a\neq b)$

(3) $\dfrac{1}{\sqrt{a}-\sqrt{b}}=\dfrac{(\sqrt{a}+\sqrt{b})}{(\sqrt{a}-\sqrt{b})(\sqrt{a}+\sqrt{b})}=\dfrac{\sqrt{a}+\sqrt{b}}{a-b}$

- 분모의 유리화: 식의 값이 변하지 않게 하고 분모를 유리수로 고치는 것.

예 (1) $\dfrac{2}{\sqrt{6}}=\dfrac{2\sqrt{6}}{6}=\dfrac{\sqrt{6}}{3}$

(2) $\dfrac{2}{\sqrt{5}+\sqrt{3}}=\dfrac{2(\sqrt{5}-\sqrt{3})}{5-3}=\sqrt{5}-\sqrt{3}$

(3) $\dfrac{4}{\sqrt{7}-1}=\dfrac{4(\sqrt{7}+1)}{7-1}=\dfrac{2(\sqrt{7}+1)}{3}$

2.3.5 허수단위

제곱하여 -1이 되는 수를 생각하여 이것을 기호 i로 나타내기로 한다. 즉, $i^2=-1$로 정의하며, 이때 i를 허수단위(imaginary unit)라 한다.

- 자연수 n에 대하여 $i^{4n}=1,\ i^{4n+1}=i,\ i^{4n+2}=-1,\ i^{4n+3}=-i$

2.3.6 음의 실수의 제곱근

(1) $A>0$일 때 $-A$의 제곱근은 $\pm\sqrt{A}\,i$이다.

(2) 음의 실수 $-A$ $(A>0)$에 대해 $\sqrt{-A}=\sqrt{A}\,i$로 정의한다.

(3) $A<0,\ B<0$이면 $\sqrt{A}\sqrt{B}=-\sqrt{AB}$

(4) $A>0,\ B<0$이면 $\dfrac{\sqrt{A}}{\sqrt{B}}=-\sqrt{\dfrac{A}{B}}$

예 (1) $x^2=-4$를 만족하는 $x=\pm\sqrt{4}\,i=\pm 2i$

(2) $\sqrt{-9}=\sqrt{9}\,i=3i,\ -\sqrt{-9}=-\sqrt{9}\,i=-3i$

(3) $\sqrt{-2}\sqrt{-3}=(\sqrt{2}\,i)(\sqrt{3}\,i)=\sqrt{2\times 3}\,i^2=-\sqrt{6}$

(4) $\dfrac{\sqrt{3}}{\sqrt{-2}}=\dfrac{\sqrt{3}}{\sqrt{2}\,i}=\sqrt{\dfrac{3}{2}}\times\dfrac{1}{i}=\sqrt{\dfrac{3}{2}}\times\dfrac{i}{i^2}=-\sqrt{\dfrac{3}{2}}\,i=-\sqrt{\dfrac{3}{-2}}$

2.3.7 복소수

$a,\ b$가 실수(real number)일 때 $a+bi$로 나타나는 수를 복소수라 한다. 복소수 중에서 $b\neq 0$인 수를 허수(imaginary number)라 하고, $a=0,\ b\neq 0$ 인 수를 순허수라고 한다.

$$\text{복소수}(a+bi)\begin{cases}\text{실수 } a\ (b=0)\\ \text{허수 } (b\neq 0)\end{cases}$$

$$\begin{cases}\text{순허수 } bi\ \ (a=0,\ b\neq 0)\\ \text{순허수가 아닌 허수 } (a\neq 0,\ b\neq 0)\end{cases}$$

(1) X가 실수이면 $X^2\geq 0$

(2) X가 순허수이면 $X^2<0$

예 (1) $2^2=4\ (>0),\ (-2)^2=4\ (>0)$

(2) $(2i)^2=2^2\times i^2=4\times(-1)=-4\ (<0)$

$(-2i)^2=(-2)^2\times i^2=4\times(-1)=-4\ (<0)$

2.3.8 켤레복소수

a, b가 실수일 때 복소수 $z=a+bi$에 대하여 순허수 부분의 부호를 바꾼 복소수 $a-bi$를 z의 켤레복소수(complex conjugate number)라 하고, $\bar{z}$로 나타낸다.

$$z=a+bi \iff \bar{z}=\overline{a+bi}=a-bi$$

예 (1) $z=-1+i \iff \bar{z}=-1-i$

(2) $z=5i \iff \bar{z}=-5i$

(3) $z=8 \iff \bar{z}=8$

2.3.9 복소수의 상등

a, b, c, d가 실수일 때 $a+bi=c+di \iff a=c,\ b=d$

예 (1) $2+3i=a+bi$이면 $a=2,\ b=3$

(2) $2+ai=-b+3i$이면 $a=3,\ b=-2$

2.3.10 복소수의 사칙연산

a, b, c, d가 실수일 때

(1) 덧셈: $(a+bi)+(c+di)=(a+c)+(b+d)i$

(2) 뺄셈: $(a+bi)-(c+di)=(a-c)+(b-d)i$

(3) 곱셈: $(a+bi)\times(c+di)=(ac-bd)+(ad+bc)i$

(4) 나눗셈: $\dfrac{(a+bi)}{(c+di)}=\dfrac{ac+bd}{c^2+d^2}+\dfrac{-ad+bc}{c^2+d^2}i$ (단, $c+di\neq 0$)

예 (1) $(4+3i)+(-2+5i)=2+8i$

(2) $(3+5i)-(1-2i)=2+7i$

(3) $(1+2i)(3-4i)=3-4i+6i-8i^2=11+2i$

(4) $\dfrac{2+3i}{1-2i}=\dfrac{(2+3i)(1+2i)}{(1-2i)(1+2i)}=\dfrac{2+4i+3i+6i^2}{1+2^2}=-\dfrac{4}{5}+\dfrac{7i}{5}$

$$\frac{1}{\sqrt{3}+\sqrt{2}i}=\frac{(\sqrt{3}-\sqrt{2}i)}{(\sqrt{3}+\sqrt{2}i)(\sqrt{3}-\sqrt{2}i)}=\frac{(\sqrt{3}-\sqrt{2}i)}{3+2}$$

$$=\frac{1}{5}(\sqrt{3}-\sqrt{2}i)$$

예제 2.3.1

다음을 계산하여라.

(1) $\sqrt{(-2)^4}-\sqrt{16}$

(2) $\sqrt{0.1}\times\sqrt{0.4}\times\sqrt{25}$

풀이 (1) $\sqrt{(-2)^4}-\sqrt{16}=\sqrt{4^2}-\sqrt{4^2}$

$$=4-4=0$$

(2) $\sqrt{0.1}\times\sqrt{0.4}\times\sqrt{25}=\sqrt{\frac{1}{10}}\times\sqrt{\frac{4}{10}}\times\sqrt{5^2}$

$$=\frac{1}{\sqrt{10}}\times\frac{2}{\sqrt{10}}\times 5=\frac{10}{10}=1$$

예제 2.3.2

$x=\sqrt{2}-1$일 때 $2x^4+4x^3+4x+5$의 값을 구하여라.

풀이 $x=\sqrt{2}-1$에서 $x+1=\sqrt{2}$이므로

$$(x+1)^2=(\sqrt{2})^2$$

$$\therefore\ x^2+2x=1$$

$$\begin{aligned}\therefore\ 2x^4+4x^3+4x+5&=2x^2(x^2+2x)+4x+5\\&=2x^2+4x+5=2(x^2+2x)+5\\&=2+5=7\end{aligned}$$

예제 2.3.3

다음을 계산하여라.

(1) $\dfrac{1-\sqrt{-4}}{1+\sqrt{-4}}$

(2) $1+i^2+i^3+i^4+i^5+i^6$

풀이 (1) $\dfrac{1-\sqrt{-4}}{1+\sqrt{-4}}=\dfrac{1-\sqrt{4}\,i}{1+\sqrt{4}\,i}=\dfrac{1-2i}{1+2i}$

$$=\frac{(1-2i)(1-2i)}{(1+2i)(1-2i)}=\frac{(1-2i)^2}{1^2+2^2}=\frac{-3-4i}{5}$$

(2) $1+i^2+i^3+i^4+i^5+i^6=1-1-i+1+i-1=0$

예제 2.3.4

$z=\dfrac{1-i}{\sqrt{2}}$일 때, $z^6+z^4+4z^2=a+bi$가 되는 실수 a, b의 값을 구하여라.

풀이 $z^2=\left(\dfrac{1-i}{\sqrt{2}}\right)^2=\dfrac{-2i}{2}=-i$이므로

$$z^4=(-i)^2=-1$$
$$z^6=z^4\times z^2=(-1)\times(-i)=i$$
$$\therefore\ z^6+z^4+4z^2=i-1+4(-i)=-1-3i$$
$$\therefore\ a=-1,\ b=-3$$

연습문제 2.3

01 다음을 간단히 하여라. (단, a는 실수이다.)

(1) $\sqrt{(3-\sqrt{10})^2}$

(2) $\sqrt{(-5)^2}$

(3) $\sqrt{(a^2+3a+3)^2}$

(4) $\sqrt{(-2+\sqrt{2})^2}$

02 다음을 계산하여라.

(1) $\dfrac{1}{\sqrt{3}}-\sqrt{3}(-1+\sqrt{3})-\dfrac{1}{9}\sqrt{27}+\sqrt{12}$

(2) $\sqrt{18}-6\sqrt{\dfrac{2}{9}}-5\sqrt{0.02}$

03 다음 각 수의 분모를 유리화하여 나타내어라.

(1) $\dfrac{5}{-\sqrt{7}+\sqrt{2}}$

(2) $\dfrac{4}{4-\sqrt{10}}$

04 다음을 계산하여라.

(1) $2(-3+4i)-(1-i)+3(-2-3i)$

(2) $2-i-(1-2i)-(-3+i)$

(3) $2(1+i)(1-2i)+(1+i)(-2-i)$

(4) $(-1+i)(2-i)-(3-\sqrt{2}i)(3+\sqrt{2}i)$

(5) $(1+2i)^2(1-2i)^2$

(6) $\dfrac{2+3i}{-1+2i}+\dfrac{2-3i}{-1-2i}$

05 $a\sqrt{3}+\sqrt{8}+b(\sqrt{27}+\sqrt{2})=\sqrt{3}+\sqrt{2}$일 때 유리수 a, b의 값을 구하여라.

06 $\alpha=2+3i$, $\beta=1-3i$일 때 $\alpha^2\beta+\alpha\beta^2$을 계산하여라.

07 $(\sqrt{2}+i)(\sqrt{2}-i)(a+bi)=6-9i$를 만족하는 실수 a, b의 값을 구하여라.

08 $\frac{a}{2+i}+\frac{b}{2-i}=2-3i$일 때 실수 a, b의 값을 구하여라.

09 $z=\frac{1+i}{\sqrt{2}}$일 때, $z^8+z^6=a+bi$가 되는 실수 a, b의 값을 구하여라.

10 $a=\frac{1}{\sqrt{2}}$일 때 $\frac{\sqrt{1+a}}{\sqrt{1-a}}+\frac{\sqrt{1-a}}{\sqrt{1+a}}$의 값을 구하여라.

11 $\sqrt{-2}\sqrt{-2}+\sqrt{-3}\sqrt{27}-\frac{\sqrt{27}}{\sqrt{-3}}$을 $a+bi$의 꼴로 나타내어라.

12 $(3-i)a+(1+3i)b=-2+4i$를 만족하는 실수 a, b의 값을 구하여라.

13 $\alpha=1+\sqrt{2}i$, $\beta=1-\sqrt{2}i$일 때 $\alpha^2+\beta^2$의 값을 구하여라.

14 $\left(\frac{1+i}{\sqrt{2}}\right)^{10}+\left(\frac{1-i}{\sqrt{2}}\right)^{10}$을 간단히 하여라.

15 $\frac{3}{i^3}+\frac{6}{i^6}+\frac{9}{i^9}=a+bi$를 만족하는 실수 a, b의 값을 구하여라.

- $i^2=-1$, $i^3=-i$, $i^4=1$이다.

16 [이중근호] 다음 수를 간단하게 나타내어라.

(1) $\sqrt{5+2\sqrt{6}}$　　(2) $\sqrt{3-2\sqrt{2}}$

- 이중근호를 가지는 수는 다음 식을 이용하여 간단하게 표현할 수 있다.
  ① $a>0$, $b>0$일 때, $\sqrt{a+b+2\sqrt{ab}}=\sqrt{a}+\sqrt{b}$
  ② $a>b>0$일 때, $\sqrt{a+b-2\sqrt{ab}}=\sqrt{a}-\sqrt{b}$

2.4 | 이차방정식

2.4.1 이차방정식

미지수 x의 최고차항이 2차인 방정식 $ax^2+bx+c=0$ ($a \neq 0$, a, b, c는 상수)를 x에 대한 이차방정식이라 한다.

2.4.2 인수분해에 의한 풀이 방법

x에 대한 이차방정식이 $(ax-b)(cx-d)=0$ (단, $a \neq 0$, $c \neq 0$)로 인수분해되면 방정식의 근은 $x=\frac{b}{a}$ 또는 $x=\frac{d}{c}$

예 $2x^2-7x+6=(2x-3)(x-2)$

$\therefore$ 방정식 $2x^2-7x+6=0$의 근은 $x=\frac{3}{2}$ 또는 $x=2$

2.4.3 제곱근을 이용한 풀이 방법

(1) $x^2=q$이면 $x=\pm\sqrt{q}$

(2) $(x+p)^2=q$이면 $x=-p\pm\sqrt{q}$

예 (1) $x^2-4=0$, $x^2=4$ $\quad \therefore x=\pm\sqrt{4}=\pm 2$

(2) $x^2+9=0$, $x^2=-9$ $\quad \therefore x=\pm\sqrt{-9}=\pm\sqrt{9}\,i=\pm 3i$

(3) $x^2-4x-2=0$

$x^2-4x+4=2+4$

$\therefore (x-2)^2=6 \quad \therefore x=2\pm\sqrt{6}$

(4) $x^2-2x+3=0$

$x^2-2x+1=-2$

$\therefore\ (x-1)^2=-2 \quad \therefore\ x=1\pm\sqrt{-2}=1\pm\sqrt{2}\,i$

2.4.4 근의 공식에 의한 풀이 방법

(1) $ax^2+bx+c=0\ (a\neq 0)$의 근은 $x=\dfrac{-b\pm\sqrt{b^2-4ac}}{2a}$

(2) $Ax^2+2Bx+C=0\ (A\neq 0)$의 근은 $x=\dfrac{-B\pm\sqrt{B^2-AC}}{A}$

증명 (1) $ax^2+bx+c=0\ (a\neq 0)$

$$ax^2+bx+c=a\left\{x^2+\frac{b}{a}x+\left(\frac{b}{2a}\right)^2-\left(\frac{b}{2a}\right)^2\right\}+c$$

$$=a\left(x+\frac{b}{2a}\right)^2-\frac{b^2-4ac}{4a}=0$$

$$\therefore\ a\left(x+\frac{b}{2a}\right)^2=\frac{b^2-4ac}{4a}$$

$$\therefore\ \left(x+\frac{b}{2a}\right)=\pm\frac{\sqrt{b^2-4ac}}{2a}$$

$$\therefore\ x=-\frac{b}{2a}\pm\frac{\sqrt{b^2-4ac}}{2a}=\frac{-b\pm\sqrt{b^2-4ac}}{2a}$$

(2) $Ax^2+2Bx+C=0\ (A\neq 0)$의 근은 위 식의 a, b, c에 A, $2B$, C를 각각 대입하면 유도된다.

예 (1) $x^2-5x+2=0$의 근

$$x=\frac{-(-5)\pm\sqrt{(-5)^2-4\times1\times2}}{2\times1}=\frac{5\pm\sqrt{17}}{2}$$

(2) $x^2+4x-3=0$의 근

$$x=\frac{-(2)\pm\sqrt{2^2-1\times(-3)}}{1}=-2\pm\sqrt{7}$$

(3) $x^2-x+1=0$의 근

$$x=\frac{-(-1)\pm\sqrt{(-1)^2-4\times1\times1}}{2}=\frac{1\pm\sqrt{-3}}{2}=\frac{1\pm\sqrt{3}\,i}{2}$$

예제 2.4.1

[인수분해] 다음 이차방정식을 풀어라.

(1) $x^2-4x-21=0$

(2) $2x^2-3x-5=0$

(3) $4x^2-9=0$

(4) $x^2+12x+36=0$

풀이 (1) $x^2-4x-21=(x-7)(x+3)=0$

$\therefore\ x=7,\ -3$

(2) $2x^2-3x-5=(2x-5)(x+1)=0$

$\therefore\ x=\frac{5}{2},\ -1$

(3) $4x^2-9=(2x+3)(2x-3)=0$

$\therefore\ x=-\frac{3}{2},\ \frac{3}{2}$

(4) $x^2+12x+36=(x+6)^2=0$

$\therefore\ x=-6$

예제 2.4.2

[인수분해] 다음 이차방정식을 풀어라.

$$(x-5)^2-(x-5)-12=0$$

풀이 $(x-5)$를 한 문자로 보고 인수분해한다.

$$\begin{aligned}(x-5)^2-(x-5)-12 &= \{(x-5)+3\}\{(x-5)-4\}\\ &= (x-2)(x-9)=0\end{aligned}$$

$\therefore\ x=2,\ 9$

예제 2.4.3

[근의 공식] 다음 이차방정식을 풀어라.

(1) $x^2+5x+3=0$

(2) $2x^2-4x-3=0$

풀이 (1) 근의 공식에 $a=1,\ b=5,\ c=3$을 대입한다.

$$x=\frac{-5\pm\sqrt{5^2-4\times1\times3}}{2\times1}=\frac{-5\pm\sqrt{13}}{2}$$

(2) 근의 공식에 $A=2$, $B=-2$, $C=-3$을 대입한다.

$$x=\frac{-(-2)\pm\sqrt{(-2)^2-2\times(-3)}}{2}=\frac{2\pm\sqrt{10}}{2}$$

또는, 근의 공식에 $a=2$, $b=-4$, $c=-3$을 대입하면

$$\begin{aligned}x&=\frac{-(-4)\pm\sqrt{(-4)^2-4\times2\times(-3)}}{2\times2}\\&=\frac{4\pm\sqrt{40}}{4}=\frac{4\pm2\sqrt{10}}{4}\\&=\frac{2\pm\sqrt{10}}{2}\end{aligned}$$

예제 2.4.4

$x^2-\sqrt{5}x+1=0$의 한 근이 α일 때 $\alpha^2+\frac{1}{\alpha^2}$의 값을 구하여라.

풀이 α는 방정식 $x^2-\sqrt{5}x+1=0$의 근이므로

$$\alpha^2-\sqrt{5}\alpha+1=0$$

이고 이 식의 양변을 α로 나누면

$$\alpha-\sqrt{5}+\frac{1}{\alpha}=0$$

$$\therefore\ \alpha+\frac{1}{\alpha}=\sqrt{5}$$

이다. 따라서 준 식의 값은 다음과 같다.

$$\alpha^2+\frac{1}{\alpha^2}=\left(\alpha+\frac{1}{\alpha}\right)^2-2=(\sqrt{5})^2-2=3$$

예제 2.4.5

[연립이차방정식] 다음 연립방정식의 해를 구하여라.

(1) $\begin{cases} x-y=4 & \cdots ① \\ x^2+xy+y^2=7 & \cdots ② \end{cases}$　　(2) $\begin{cases} x^2-4y^2=0 & \cdots ① \\ x^2-3xy+y^2=-3 & \cdots ② \end{cases}$

| 풀이 (1) ①에서 $y=x-4$이므로 이 식을 ②에 대입하면

$$x^2+x(x-4)+(x-4)^2=7$$
$$3x^2-12x+9=0$$
$$3(x-1)(x-3)=0$$
$$\therefore\ x=1,\ 3$$

여기에서 $x=1$일 때 $y=1-4=-3$, $x=3$일 때 $y=3-4=-1$이므로 방정식의 해는 $\begin{cases} x=1 \\ y=-3 \end{cases}$ 또는 $\begin{cases} x=3 \\ y=-1 \end{cases}$이다.

(2) ①에서 $(x-2y)(x+2y)=0$이므로 $x=2y$ 또는 $x=-2y$이다.

(i) $x=2y$를 ②에 대입하면

$$(2y)^2-3(2y)y+y^2=-3$$
$$y^2=3$$
$$\therefore\ y=\pm\sqrt{3}$$

이때 $x=2y=\pm 2\sqrt{3}$ 이다.

(ii) $x=-2y$를 ②에 대입하면

$$(-2y)^2-3(-2y)y+y^2=-3$$
$$11y^2=-3$$
$$\therefore\ y=\pm\sqrt{\frac{3}{11}}\,i$$

이때 $x=-2y=\mp 2\sqrt{\frac{3}{11}}\,i$이다.

(i), (ii)로부터 방정식의 해는 다음과 같다.

$$\begin{cases} x=\pm 2\sqrt{3} \\ y=\pm\sqrt{3} \end{cases} \text{ 또는 } \begin{cases} x=\mp 2\sqrt{\frac{3}{11}}\,i \\ y=\pm\sqrt{\frac{3}{11}}\,i \end{cases} \text{ (복호동순)}$$

연습문제 2.4

01 다음 이차방정식을 풀어라.

(1) $x^2-11x+24=0$

(2) $x^2+14x+49=0$

(3) $2x^2-7x-15=0$

(4) $12x^2+28x-5=0$

(5) $4x^2-25=0$

(6) $\frac{3}{4}x^2-\frac{5}{2}x+1=0$

(7) $\frac{1}{2}x^2-0.4x-\frac{1}{5}=0$

(8) $(x+4)^2-7(x+4)+12=0$

(9) $2x^2-3x-4=0$

(10) $x^2-10x+2=0$

02 이차방정식 $2x^2-13x+k=0$의 한 근이 5일 때 상수 k의 값을 구하여라.

03 이차방정식 $4(x-3)^2-5=0$을 풀어라.

04 이차방정식 $2x^2+8x-1=0$을 $(x+A)^2=B$로 나타낼 때 $A+2B$의 값을 구하여라.

05 $x^2-\sqrt{3}x-1=0$의 한 근이 α일 때 $\alpha^2+\frac{1}{\alpha^2}$의 값을 구하여라.

06 $x^2-4x+2k=0$의 한 근이 k일 때 k의 값을 구하여라.

07 이차방정식 $2x^2-8x+3=0$을 $(x-a)^2=b$로 나타낼 때 a, b의 값을 구하여라.

08 다음 연립방정식의 해를 구하여라.

(1) $\begin{cases} x+y=5 & \cdots ① \\ x^2+y^2=13 & \cdots ② \end{cases}$

(2) $\begin{cases} x^2+xy-6y^2=0 & \cdots ① \\ x^2+3xy-2y^2=8 & \cdots ② \end{cases}$

2.5 이차방정식의 활용

2.5.1 판별식 (Ⅰ)

계수 a, b, c가 실수인 이차방정식 $ax^2+bx+c=0$에서 $D=b^2-4ac$라고 하면 D에 따라 다음과 같은 근을 갖는다.

(1) $D>0 \Leftrightarrow$ 서로 다른 두 실근

(2) $D=0 \Leftrightarrow$ 중근(서로 같은 두 실근)

(3) $D<0 \Leftrightarrow$ 서로 다른 두 허근

2.5.2 판별식 (Ⅱ)

$Ax^2+2Bx+C=0$이면 $\frac{D}{4}=B^2-AC$를 사용하면 편리하다.

(1) $D/4>0 \Leftrightarrow$ 서로 다른 두 실근

(2) $D/4=0 \Leftrightarrow$ 중근(서로 같은 두 실근)

(3) $D/4<0 \Leftrightarrow$ 서로 다른 두 허근

설명 근의 공식에서 $x=\dfrac{-b\pm\sqrt{b^2-4ac}}{2a}$이므로 근호 안의 값 $D=b^2-4ac$의 부호에 따라 서로 다른 실근, 중근, 또는 허근을 갖는다.

예 (1) $2x^2-3x-1=0$

$$D=(-3)^2-4\times2\times(-1)=17>0$$

$\therefore$ 서로 다른 두 실근

(2) $x^2+6x+9=0$

$$D=6^2-4\times1\times9=0\ (\text{또는 } D/4=3^2-1\times9=0)$$

∴ 중근

(3) $x^2-2x+3=0$

$$D=2^2-4\times1\times3=-8<0\ (\text{또는 } D/4=1^2-1\times3<0)$$

∴ 서로 다른 두 허근

2.5.3 근과 계수와의 관계

이차방정식 $ax^2+bx+c=0\ (a\neq0)$의 두 근을 α, β라 하면,

$$\alpha+\beta=-\frac{b}{a},\ \alpha\beta=\frac{c}{a}$$

이고, α, β가 실수일 때 $|\alpha-\beta|=\dfrac{\sqrt{b^2-4ac}}{|a|}$이다.

증명 (1) $ax^2+bx+c=0\ (a\neq0)$의 두 근이 α, β이므로

$$\begin{aligned}ax^2+bx+c&=a(x-\alpha)(x-\beta)\\&=a\{x^2-(\alpha+\beta)x+\alpha\beta\}\\&=ax^2-a(\alpha+\beta)x+a(\alpha\beta)\end{aligned}$$

양변의 계수를 비교하면

$$b=-a(\alpha+\beta),\ c=a(\alpha\beta)$$

$$\therefore\ \alpha+\beta=-\frac{b}{a},\ \alpha\beta=\frac{c}{a}$$

(2) 근의 공식에서 두 근은 각각 $\alpha=\dfrac{-b+\sqrt{b^2-4ac}}{2a}$,

$$\beta=\frac{-b-\sqrt{b^2-4ac}}{2a}\text{이므로 } |\alpha-\beta|=\frac{\sqrt{b^2-4ac}}{|a|}$$

예 $2x^2-7x+6=0$의 두 근을 α, β라 하면,

두 근의 합 $\alpha+\beta=-\dfrac{(-7)}{2}=\dfrac{7}{2}$, 두 근의 곱 $\alpha\beta=\dfrac{6}{2}=3$,

두 근의 차 $|\alpha-\beta|=\dfrac{\sqrt{(-7)^2-4\times2\times6}}{|2|}=\dfrac{1}{2}$

2.5.4 이차방정식의 근이 무리수일 때와 허수일 때의 근의 성질

x에 대한 이차방정식 $ax^2+bx+c=0$ $(a\neq0)$에서

(1) 근이 무리수일 때: 계수 a, b, c가 유리수인 경우,
한 근이 $p+q\sqrt{k}$이면 다른 한 근은 $p-q\sqrt{k}$이다.
(단, p, q는 유리수, $q\neq0$, $\sqrt{k}$는 무리수).

(2) 근이 허수일 때: 계수 a, b, c가 실수인 경우,
한 근이 $p+qi$이면 다른 한 근은 $p-qi$이다. (단, p, q는 실수, $q\neq0$)

설명 근의 공식에서 $x=\dfrac{-b\pm\sqrt{b^2-4ac}}{2a}=-\dfrac{b}{2a}\pm\dfrac{\sqrt{b^2-4ac}}{2a}$

$\sqrt{b^2-4ac}$가 무리수인 경우에는 두 근 $p\pm q\sqrt{k}$,

$\sqrt{b^2-4ac}$가 허수인 경우에는 두 근 $p\pm qi$를 갖는다.

예 (1) $x^2-4x+1=0$의 두 근은 $2+\sqrt{3}$, $2-\sqrt{3}$

(2) $x^2-2x+5=0$의 두 근은 $1+2i$, $1-2i$

2.5.5 이차방정식의 활용

방정식을 이용하여 문제를 푸는 일반적인 과정은 다음과 같다.

(1) 문제의 뜻을 파악하고 구하려 하는 것을 x로 놓는다.

(2) 주어진 조건을 이용하여 이차방정식을 세운다.

(3) 방정식을 푼다.

(4) 구한 해 중에서 문제의 뜻에 맞는 것을 선택한다.

예 밑변의 길이가 높이보다 3cm 더 긴 삼각형의 넓이가 14cm^2일 때 밑변의 길이를 구하는 과정은 다음과 같다.

- 밑변의 길이를 x(cm)라 하면 높이는 $x-3$ (cm)이다. 따라서 삼각형의 넓이는

$$\frac{1}{2}\times \text{밑변}\times \text{높이}$$

이므로 다음과 같은 x에 대한 이차방정식을 얻는다.

$$\frac{1}{2}x(x-3)=14$$
$$\therefore\ x^2-3x-28=0$$

이 방정식을 풀면

$$x^2-3x-28=(x-7)(x+4)=0$$
$$\therefore\ x=7,\ -4$$

인데 변의 길이 $x>0$이므로 x의 값은 7이 된다. 따라서 구하는 밑변의 길이는 7 cm이다.

예제 2.5.1

[판별식 D] 이차방정식 $2x^2+3x+2-k=0$이 중근을 가질 때 상수 k의 값과 근을 구하여라.

풀이 $a=2,\ b=3,\ c=2-k$이므로

$$D=b^2-4ac=3^2-4\times2\times(2-k)=0$$
$$-7+8k=0$$
$$\therefore\ k=\frac{7}{8}$$

이 값을 주어진 방정식에 대입하면

$$\begin{aligned}2x^2+3x+2-\frac{7}{8}&=2x^2+3x+\frac{9}{8}\\&=2\left(x^2+\frac{3}{2}x+\frac{9}{16}\right)\\&=2\left(x+\frac{3}{4}\right)^2\\&=0\end{aligned}$$

$$\therefore\ x=-\frac{3}{4}$$

이다.

예제 2.5.2

[판별식 $D/4$] 이차방정식 $x^2+12x+4+k=0$이 중근을 가질 때 상수 k의 값과 근을 구하여라.

풀이 $A=1,\ B=6,\ C=4+k$이므로

$$D/4=B^2-AC=6^2-1\times(4+k)=0$$
$$32-k=0$$
$$\therefore\ k=32$$

이 값을 주어진 방정식에 대입하면

$$x^2+12x+4+32=(x+6)^2=0$$
$$\therefore\ x=-6$$

이다.

예제 2.5.3

[근과 계수와의 관계] 이차방정식 $2x^2-7x+k+4=0$ (k는 상수)의 한 근이 4일 때 상수 k의 값과 다른 한 근을 구하여라.

풀이 $a=2,\ b=-7,\ c=k+4$이고, 한 근 $\alpha=4$이다. 다른 한 근을 β로 하면

$$\alpha+\beta=-\frac{b}{a}$$
$$4+\beta=-\frac{(-7)}{2}$$
$$\therefore\ \beta=\frac{7}{2}-4=-\frac{1}{2}$$

따라서 다른 한 근은 $\beta=-\frac{1}{2}$이고

$$\alpha\beta = \frac{c}{a}$$

$$4 \times \left(-\frac{1}{2}\right) = \frac{k+4}{2}$$

$$-2 = \frac{k+4}{2}$$

$$\therefore\ k = -8$$

이다.

예제 2.5.4

[근과 계수와의 관계] 이차방정식 $x^2 - 4x - 3 = 0$의 두 근을 α, β라고 할 때 다음 식의 값을 구하여라.

(1) $\frac{1}{\alpha} + \frac{1}{\beta}$ (2) $\alpha^2 + \beta^2$

풀이 근과 계수와의 관계에서 $\alpha + \beta = 4$, $\alpha\beta = -3$이다.

(1) $\frac{1}{\alpha} + \frac{1}{\beta} = \frac{\alpha+\beta}{\alpha\beta} = \frac{4}{-3} = -\frac{4}{3}$

(2) $\alpha^2 + \beta^2 = (\alpha+\beta)^2 - 2\alpha\beta = 4^2 - 2 \times (-3) = 22$

예제 2.5.5

[근과 계수와의 관계] 이차방정식 $x^2 + mx + n = 0$의 두 근이 $x = 2 \pm \sqrt{7}$일 때 상수 m, n의 값을 구하여라.

풀이 $a = 1$, $b = m$, $c = n$이고, 근 $\alpha = 2 + \sqrt{7}$, $\beta = 2 - \sqrt{7}$이다. 근과 계수와의 관계에서

$$\alpha + \beta = -\frac{b}{a}$$

$$(2 + \sqrt{7}) + (2 - \sqrt{7}) = -\frac{m}{1}$$

$$\therefore\ m = -4$$

이고,

$$\alpha\beta = \frac{c}{a}$$

$$(2+\sqrt{7})(2-\sqrt{7}) = \frac{n}{1}$$

$$2^2 - (\sqrt{7})^2 = n$$

$$\therefore\ n = -3$$

이다.

예제 2.5.6

계수가 실수인 이차방정식 $x^2+ax+b=0$의 한 근이 $2-3i$일 때 a, b의 값을 구하여라.

풀이 계수가 실수이고 한 근 $\alpha=2-3i$이므로 다른 한 근

$$\beta = 2+3i$$

이다. 근과 계수와의 관계에서

$$\alpha+\beta = 4 = -a$$

$$\alpha\beta = (2-3i)(2+3i) = (2^2+3^2) = 13 = b$$

$$\therefore\ a=-4,\ b=13$$

이다.

예제 2.5.7

이차방정식 $x^2+ax+b=0$의 한 근이 $3-\sqrt{3}$일 때 유리수 a, b의 값을 구하여라.

풀이 계수가 유리수인 이차방정식이므로 한 근 $\alpha=3-\sqrt{3}$이면 다른 한 근

$$\beta = 3+\sqrt{3}$$

이다. 따라서 근과 계수와의 관계에서

$$\alpha+\beta = 6 = -a$$

$$\alpha\beta = 6 = b$$

$$\therefore\ a=-6,\ b=6$$

이다.

예제 2.5.8

그림과 같이 가로와 세로가 각각 4m, 2m인 직사각형 모양의 정원이 있다. 이 정원의 가로와 세로를 같은 길이만큼 늘여서 넓이가 $63\,\text{m}^2$이 되게 할 때 늘여야 할 길이를 구하여라.

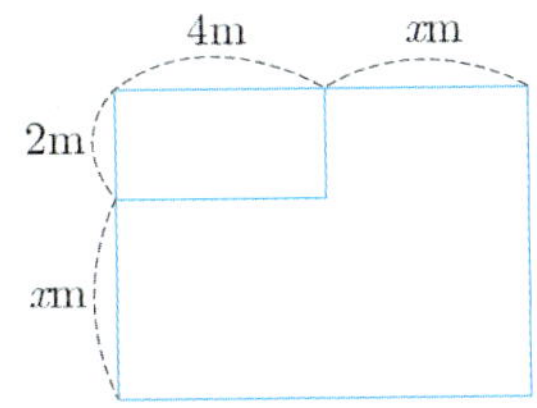

풀이 늘이는 길이를 x(m)라 하면 정원의 변의 길이는 $x+2$(m), $x+4$(m)이 된다. 따라서 넓이가 $63\,\text{m}^2$이므로 다음과 같은 이차방정식을 얻는다.

$$(x+2)(x+4)=63$$
$$\therefore\ x^2+6x-55=0$$

이 방정식을 풀면

$$x^2+6x-55=(x+11)(x-5)=0$$
$$\therefore\ x=-11,\ 5$$

인데 여기에서 $x>0$이므로 구하는 값은 $x=5$이다. 따라서 늘여야 할 길이는 5(m)이다.

예제 2.5.9

연속하는 두 자연수의 제곱의 합이 41일 때 두 자연수를 구하여라.

풀이 연속하는 두 자연수를 x, $x+1$이라 하면

$$x^2+(x+1)^2=41$$
$$x^2+(x^2+2x+1)-41=0$$
$$2x^2+2x-40=0$$
$$x^2+x-20=0$$
$$(x-4)(x+5)=0$$
$$\therefore\ x=4,\ -5$$

그런데 x는 자연수이므로 $x > 0$이고, 구하는 값은 $x = 4$이다. 따라서 구하는 두 자연수는 4와 5이다.

예제 2.5.10

초속 40m의 속도로 똑바로 위로 쏘아올린 물체의 t초 후의 높이가 $(40t - 5t^2)$m일 때, 이 물체의 높이가 60m가 되는 시간을 구하여라.

풀이 t초 후의 물체의 높이가 60m이므로

$$40t - 5t^2 = 60$$
$$t^2 - 8t + 12 = 0$$
$$(t-2)(t-6) = 0$$
$$\therefore\ t = 2,\ 6$$

즉, 물체를 쏘아올린 지 2초 또는 6초 후에 물체의 높이가 60m가 된다. 여기에서 2초와 6초는 물체가 올라갈 때와 내려올 때의 시간을 각각 나타낸다.

연습문제 2.5

01 이차방정식 $x^2+kx+(2k+5)=0$이 중근을 가질 때 상수 k의 값을 구하여라.

02 이차방정식 $x^2+4x-1=0$의 두 근이 $\alpha, \beta(\alpha>\beta)$일 때 근과 계수와의 관계를 이용하여 $\alpha-\beta$의 값을 구하여라.

03 $x^2-3x+1=0$의 두 근을 α, β라고 할 때, 다음 식의 값을 구하여라.

(1) $\alpha^2+\beta^2$ (2) $\alpha^4+\beta^4$

04 이차방정식 $x^2+ax+b=0$의 한 근이 $2+\sqrt{3}$ 일 때 유리수 a, b의 값을 구하여라.

05 이차방정식 $x^2+ax+b=0$의 한 근이 $\dfrac{2-\sqrt{2}i}{2}$일 때 실수 a, b의 값을 구하여라.

06 이차방정식 $x^2-7x+1=0$의 두 근을 α, β라고 할 때, $\dfrac{1}{\alpha}+\dfrac{1}{\beta}$의 값을 구하여라.

07 연속하는 두 자연수의 각각의 제곱의 합이 85일 때 두 자연수를 구하여라.

08 밑변의 길이가 높이보다 4cm 더 긴 직사각형의 넓이가 $21\,\text{cm}^2$일 때 밑변의 길이를 구하여라.

09 아랫변과 윗변의 길이가 높이보다 각각 3m, 1m 더 긴 사다리꼴의 넓이가 8m^2일 때 사다리꼴의 높이를 구하여라.

10 한 변의 길이가 x(m)인 정사각형의 가로와 세로의 길이를 각각 2(m), 4(m) 늘인 직사각형의 넓이가 처음 정사각형의 넓이의 3배일 때 x를 구하여라.

제3장

부등식

3.1 일차부등식 | **3.2** 이차부등식 | **3.3** 절대부등식

3.1 | 일차부등식

3.1.1 부등식

(1) 부등식: 부등호($<$, $>$, $\leq$, $\geq$)를 사용하여 수 또는 식의 대소 관계를 나타낸 것을 부등식이라 한다.

(2) 좌변, 우변, 양변: 부등식에서 부등호의 왼쪽 부분을 좌변, 오른쪽 부분을 우변, 좌변과 우변을 통틀어 양변이라고 한다.

예 부등식: $x \geq 2$, $x+2 > 2x+1$, $x^2-3x+1 \leq 0$

3.1.2 부등식의 성질

(1) 부등식의 양변에 같은 수를 더하거나 양변에서 같은 수를 빼도 부등호의 방향은 바뀌지 않는다.

$$a > b\text{이면 } a+c > b+c,\ a-c > b-c$$

(2) 부등식의 양변에 같은 양수를 곱하거나 양변을 같은 양수로 나누어도 부등호의 방향이 바뀌지 않는다.

$$a > b\text{일 때 } c > 0\text{이면 } ac > bc,\ \frac{a}{c} > \frac{b}{c}$$

(3) 부등식의 양변에 같은 음수를 곱하거나 양변을 같은 음수로 나누는 경우에는 부등호의 방향이 바뀐다.

$$a > b\text{일 때 } c < 0\text{이면 } ac < bc,\ \frac{a}{c} < \frac{b}{c}$$

예 (1) $a>b$이면 $a+2>b+2$, $a-2>b-2$

(2) $a>b$이면 $2a>2b$, $\frac{a}{2}>\frac{b}{2}$

(3) $a>b$이면 $-2a<-2b$, $-\frac{a}{2}<-\frac{b}{2}$

3.1.3 일차부등식의 풀이

미지수가 x 일 때,

(1) x를 포함하는 항은 모두 좌변으로, 상수항은 우변으로 이항한 후 양변을 정리하여 $Ax>B$ (또는 $Ax \geq B$, $Ax<B$, $Ax \leq B$)의 꼴로 만든다.

(2) 부등식 $Ax>B$의 해

① $A>0$일 때 $x>\frac{B}{A}$

② $A<0$일 때 $x<\frac{B}{A}$

③ $A=0$일 때: $B \geq 0$이면 해가 없다.

$B<0$이면 x는 모든 실수.

- 일반적으로 x를 포함하는 항을 좌변으로 이항하여 정리하지만 상황에 따라 이들 항을 우변으로 이항하여 풀어도 된다.

예제 3.1.1

다음 부등식을 풀어라.

$$2(x-3)-3(x+2)<x+4$$

풀이 괄호를 먼저 푼 후 x항은 좌변으로, 상수항은 우변으로 이항하여 푼다.

$$\begin{aligned} &2(x-3)-3(x+2)<x+4 \\ &2x-6-3x-6<x+4 \\ &2x-3x-x<4+6+6 \\ &-2x<16 \\ &\therefore\ x>\frac{16}{-2}=-8 \end{aligned}$$

즉, 주어진 부등식을 만족하는 x의 범위는 $x>-8$이다.

- 등식과 달리 부등식에서는 음수를 나누거나 곱할 때는 부등호의 방향이 바뀐다는 것에 주의한다.

예제 3.1.2

다음 부등식을 풀어라.

$$\frac{2}{3}(x-1)+\frac{1}{6}(x-2)>\frac{1}{2}x-3$$

| 풀이 양변에 분모 2, 3, 6의 최소공배수 6을 곱하면

$$4(x-1)+(x-2)>3x-18$$

괄호를 풀고 항은 좌변으로, 상수항은 우변으로 이항하여 푼다.

$$4x-4+x-2>3x-18$$
$$4x+x-3x>-18+4+2$$
$$2x>-12$$
$$\therefore\ x>\frac{-12}{2}=-6$$

즉, 주어진 부등식을 만족하는 x의 범위는 $x>-6$이다.

예제 3.1.3

상수 $k<2$일 때 $(k-2)x>3k-6$의 해를 구하여라.

| 풀이 주어진 부등식은

$$(k-2)x>3(k-2)$$

로 쓸 수 있다. 여기에서 $k<2$이므로

$$k-2<0$$

이고, 부등식의 양변을 $k-2$로 나누면 부등호의 방향이 바뀐다. 따라서 부등식을 만족하는 x의 범위는 다음과 같다.

$$x<\frac{3(k-2)}{k-2}=3$$
$$\therefore\ x<3$$

예제 3.1.4

x에 대한 다음 부등식의 해를 구하여라. 단, a는 상수이다.

(1) $ax-1>x+2$ (2) $ax+1\geq x+a$

풀이 (1) 이항하여 정리하면 $(a-1)x>3$

① $a>1$이면 $x>\dfrac{3}{a-1}$

② $a=1$이면 해가 없다. ($\because$ $0\times x>3$인 x는 없다.)

③ $a<1$이면 $x<\dfrac{3}{a-1}$

(2) 이항하여 정리하면 $(a-1)x\geq a-1$

① $a>1$이면 $x\geq 1$

② $a=1$이면 x는 모든 실수 ($\because$ 모든 x에 대하여 $0\times x=0$)

③ $a<1$이면 $x\leq 1$

예제 3.1.5

다음 연립 부등식을 풀어라.

(1) $\begin{cases} 2x+5\geq 1 & \cdots ① \\ -3x-4\leq -6x+5 & \cdots ② \end{cases}$ (2) $\begin{cases} 3x+1\geq x+5 & \cdots ① \\ 2x-3>x+1 & \cdots ② \end{cases}$

풀이 연립부등식은 각각의 부등식의 해를 구한 후 공통부분을 구하면 된다.

(1) ①에서

$$2x\geq 1-5$$
$$2x\geq -4$$
$$\therefore\ x\geq -2$$

이고, ②에서

$$-3x+6x\leq 5+4$$
$$3x\leq 9$$
$$\therefore\ x\leq 3$$

이다. 각각의 부등식의 해를 수직선 위에 나타내면 그림과 같다. 그림에서 두 부등식을 모두 만족하는 x의 범위는

$$-2\leq x\leq 3$$

이다.

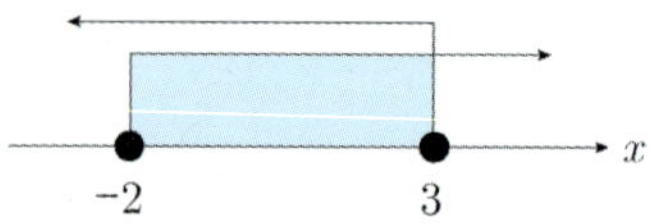

(2) ①에서 $3x - x \geq 5 - 1$

$$2x \geq 4$$

$$\therefore\ x \geq 2$$

이고, ②에서 $2x - x > 1 + 3$

$$\therefore\ x > 4$$

이다. 각각의 부등식의 해를 수직선 위에 나타내면 그림과 같다. 그림에서 두 부등식을 모두 만족하는 x의 범위는

$$x > 4$$

이다.

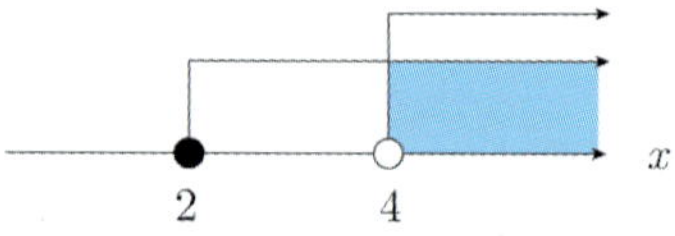

• 연립부등식에서 공통부분은 수직선을 이용하여 쉽게 구할 수 있다.

예제 3.1.6

[부등식의 활용] 연속하는 세 홀수의 합이 26보다 크고 32보다 작을 때 세 홀수를 구하여라.

풀이 세 홀수를 각각 $m-2$, m, $m+2$ (m은 홀수)라 하면 주어진 조건에서

$$26 < (m-2) + m + (m+2) < 32$$
$$26 < 3m < 32$$
$$\therefore\ 8.66\cdots < m < 10.66\cdots$$
$$\therefore\ m = 9,\ 10$$

여기에서 m은 홀수이므로 구하는 값은 $m = 9$이다. 따라서 세 홀수는 7, 9, 11이다.

연습문제 3.1

01 다음 부등식을 풀어라.

(1) $x-1 \geq -x+3$

(2) $2(2x-1) \leq 1-(x+3)$

(3) $2x-4(x-3) \leq -6$

(4) $\frac{2}{3}x - \frac{3}{2} \leq -\frac{1}{6} + \frac{1}{6}x$

(5) $\frac{2x+1}{3} - \frac{x-1}{4} > 1$

(6) $0.2(x-0.8) \geq x+0.4$

(7) $\frac{x+1}{2} - \frac{1-2x}{3} > \frac{2x+1}{4}$

(8) $0.5(x-1) \geq \frac{1}{4}x+0.8$

02 부등식 $x+a > 2(x-1)$의 해가 $x < 3$일 때 상수 a의 값을 구하여라.

03 두 부등식 $2x-(x-5) < 4x+2$, $4x+k > 3-2(x-1)$의 해가 같을 때 상수 k의 값을 구하여라.

04 $k < 1$일 때 부등식 $2k(x+3)-3 < 2x+3$을 풀어라.

05 $b^2 = 1$일 때 $(a-3)x > b$의 해가 $x < \frac{1}{4}$인 경우 상수 a의 값을 구하여라.

06 다음 연립 부등식을 풀어라.

(1) $\begin{cases} -3x+9 \geq 5x+1 \\ 2x-1 \leq 4x+7 \end{cases}$

(2) $\begin{cases} 2x+3 \geq 4x-5 \\ 4x-2 > 6x+8 \end{cases}$

07 $b > a > 0$일 때 부등식 $ax-2 > bx+3$을 풀어라.

08 연속하는 세 짝수의 합이 38보다 크고 46보다 작을 때 세 짝수를 구하여라.

09 $3 \leq x \leq 5$, $1 \leq y \leq 2$일 때 다음 식의 값의 범위를 구하여라.

(1) $x+y$

(2) $x-3y$

3.2 이차부등식

3.2.1 이차부등식의 풀이

이차부등식 $ax^2+bx+c>0$ $(a>0)$, $ax^2+bx+c<0$ $(a>0)$의 해

(1) $D=b^2-4ac>0$인 경우 두 실근을 α, β $(\alpha<\beta)$라 하면

① $(x-\alpha)(x-\beta)>0$이면 $x<\alpha$, $x>\beta$

② $(x-\alpha)(x-\beta)<0$이면 $\alpha<x<\beta$

(2) $D=b^2-4ac=0$인 경우 중근을 α라 하면

① $ax^2+bx+c>0$이면 $x\neq\alpha$인 모든 실수

② $ax^2+bx+c<0$이면 해가 없다.

(3) $D=b^2-4ac<0$인 경우

① $ax^2+bx+c>0$이면 해는 모든 실수

② $ax^2+bx+c<0$이면 해가 없다.

- 이차항의 계수가 음인 경우$(a<0)$ 양변에 -1을 곱하여 이차항의 계수를 양으로 만들면 이후의 풀이 과정은 위와 같다.

예제 3.2.1

다음 이차부등식을 풀어라.

(1) $x^2-3x+2>0$

(2) $x^2-2x-3<0$

(3) $x^2-2x+1>0$

(4) $x^2+2x+2<0$

| 풀이 (1) $x^2-3x+2=(x-1)(x-2)>0$ $\therefore$ $x<1$ 또는 $x>2$

(2) $x^2-2x-3=(x+1)(x-3)<0$ $\therefore$ $-1<x<3$

(3) $x^2-2x+1=(x-1)^2>0$ $\therefore$ $x\neq1$인 모든 실수

(4) $x^2+2x+2=(x+1)^2+1$, 모든 실수 x에 대하여 $(x+1)^2+1>0$이므로 $x^2+2x+2<0$을 만족하는 실수는 없다.

- $(x-\alpha)(x-\beta)<0$이면 x는 작은 값과 큰 값 사이에 있다.

(작은 값$<x<$큰 값)

$(x-\alpha)(x-\beta)>0$이면 x는 큰 값보다 크거나 작은 값보다 작다.

($x>$큰 값, $x<$작은 값)

예제 3.2.2

x에 대한 이차부등식 $x^2+ax+b<0$의 해가 $2<x<3$일 때 상수 a, b를 구하여라.

풀이 $x^2+ax+b<0$의 해가 $2<x<3$이므로

$$x^2+ax+b=(x-2)(x-3)=x^2-5x+6$$
$$\therefore\ a=-5,\ b=6$$

예제 3.2.3

모든 실수 x에 대하여 $x^2+kx+3>0$가 성립하도록 상수 k의 범위를 구하여라.

풀이 $x^2+kx+3=0$가 허근을 가져야 하므로 (즉, $y=x^2+kx+3$의 그래프가 x축과 만나지 않아야 한다.)

$$D=k^2-12<0$$
$$(k-2\sqrt{3})(k+2\sqrt{3})<0$$
$$\therefore\ -2\sqrt{3}<k<2\sqrt{3}$$

예제 3.2.4

x에 대한 이차부등식 $x^2-(k+2)x+2k<0$의 해를 구하여라. 단, k는 상수이다.

풀이 준 식은 $x^2-(k+2)x+2k=(x-2)(x-k)<0$이다.

① $k>2$이면 $2<x<k$

② $k=2$이면 $(x-2)^2\geq 0$이므로 해가 없다.

③ $k<2$이면 $k<x<2$

예제 3.2.5

이차부등식 $x^2-2x-5<0$을 만족하는 정수 x의 개수를 구하여라.

풀이 근의 공식에서 $x^2-2x-5=0$의 해를 구하면

$$\alpha=1-\sqrt{6},\ \beta=1+\sqrt{6}$$

이므로 부등식 $x^2-2x-5<0$을 만족하는 x의 범위는

$$1-\sqrt{6}<x<1+\sqrt{6}$$

이다. 여기에서 $2<\sqrt{6}<3$이므로

$$-1.\times\times<x<3.\times\times$$

따라서 부등식을 만족하는 정수는 $-1,\ 0,\ 1,\ 2,\ 3$의 5개다.

예제 3.2.6

x에 대한 이차방정식 $x^2-2kx-k(k-1)=0$이 허근을 갖도록 하는 실수 k의 범위를 구하여라.

풀이 주어진 이차방정식이 허근을 가지려면 판별식

$$D/4=k^2+k(k-1)<0$$
$$2k^2-k<0$$
$$k(2k-1)<0$$
$$\therefore\ 0<k<\frac{1}{2}$$

예제 3.2.7

x에 대한 이차부등식 $f(x)<0$의 해가 $2<x<5$일 때, 부등식 $f(2x-1)<0$을 만족하는 x의 범위를 구하여라.

풀이 이차부등식 $f(x)<0$의 해가 $2<x<5$이므로

$$f(x)=a(x-2)(x-5),\ a>0$$

이고,

$$\begin{aligned} f(2x-1) &= a(2x-1-2)(2x-1-5) \\ &= 2a(2x-3)(x-3) \end{aligned}$$

이다. 따라서 $f(2x-1)<0$을 만족하는 x의 범위는 다음과 같다.

$$2a(2x-3)(x-3)<0$$
$$\therefore\ \frac{3}{2}<x<3$$

예제 3.2.8

이차부등식 $ax^2+bx+3<0$의 해가 $\frac{1}{2}<x<3$일 때, 상수 a, b의 값을 구하여라.

풀이 부등식 $ax^2+bx+3<0$의 해가 $\frac{1}{2}<x<3$이므로 $a>0$이고,

$$\begin{aligned} ax^2+bx+3 &= a\left(x-\frac{1}{2}\right)(x-3) \\ &= ax^2-\frac{7}{2}ax+\frac{3}{2}a \end{aligned}$$

이다. 여기에서 양변의 계수를 비교하면

$$b=-\frac{7}{2}a,\ 3=\frac{3}{2}a$$

이므로 $a=2$, $b=-7$이다.

예제 3.2.9

연립부등식 $\begin{cases} x^2-4x+3>0 & \cdots ① \\ x^2-3x-10\le 0 & \cdots ② \end{cases}$을 풀어라.

풀이 부등식 ①에서 $(x-1)(x-3)>0$ $\therefore\ x<1$ 또는 $x>3$ $\cdots ③$
부등식 ②에서 $(x+2)(x-5)\le 0$ $\therefore\ -2\le x\le 5$ $\cdots ④$

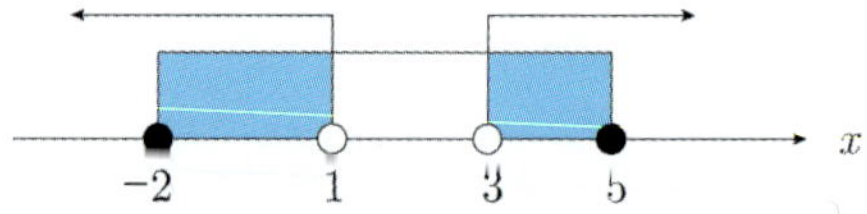

따라서 ③, ④를 동시에 만족하는 x의 범위는 다음과 같다.

$$-2 \leq x < 1 \text{ 또는 } 3 < x \leq 5$$

연습문제 3.2

01 다음 이차부등식을 풀어라.

(1) $x^2-4>0$　　(2) $x^2-6x+8\le 0$

(3) $x^2+4x+4\le 0$　　(4) $x^2+2x+1<0$

02 이차부등식 $-x^2+x+6>0$의 해가 $\alpha<x<\beta$일 때 α, β의 값을 구하여라.

03 이차부등식 $x^2+ax+b<0$의 해가 $1-\sqrt{2}<x<1+\sqrt{2}$일 때 a, b의 값을 구하여라.

04 x에 대한 이차부등식 $-x^2+(k+3)x-3k<0$의 해를 구하여라.

05 모든 실수 x에 대하여 $-2x^2+kx-2\le 0$가 성립하도록 상수 k의 범위를 구하여라.

06 이차부등식 $x^2+2x-4<0$을 만족하는 정수 x를 구하여라.

07 x에 대한 이차방정식 $x^2+2kx-k(k-3)=0$이 실근을 갖도록 하는 실수 k의 범위를 구하여라.

08 x에 대한 이차부등식 $f(x)<0$의 해가 $3<x<7$일 때, 부등식 $f(2x+1)<0$을 만족하는 x의 범위를 구하여라.

09 지면에서 45m/s의 속도로 연직 위로 쏘아올린 물체의 t초 후의 높이(h)가 $h=45t-5t^2$(m)이다. 이 물체가 지면으로부터 70m 이상의 높이에 존재하는 시간을 구하여라.

10 연립부등식 $\begin{cases} x^2-3x+2\ge 0 \cdots ① \\ x^2-x-12<0 \cdots ② \end{cases}$을 풀어라.

3.3 절대부등식

$x^2+1>0$, $(x+1)^2+1>0$ 등과 같이 모든 실수 x에 대하여 성립하는 부등식을 절대부등식이라 한다.

3.3.1 산술평균, 기하평균, 조화평균의 대소 관계

임의의 양수 a, b에 대하여 다음 관계식이 성립한다.

$$\frac{a+b}{2} \geq \sqrt{ab} \geq \frac{2ab}{a+b} \text{ (단, 등호는 } a=b\text{일 때 성립)}$$

증명

$$\begin{aligned}\frac{a+b}{2}-\sqrt{ab} &= \frac{a+b-2\sqrt{ab}}{2}\\ &= \frac{(\sqrt{a})^2+(\sqrt{b})^2-2\sqrt{a}\sqrt{b}}{2}\\ &= \frac{(\sqrt{a}-\sqrt{b})^2}{2}\geq 0\end{aligned}$$

$$\therefore \frac{a+b}{2}\geq\sqrt{ab} \quad \cdots\cdots①$$

$$\begin{aligned}\sqrt{ab}-\frac{2ab}{a+b} &= \frac{\sqrt{ab}(a+b)-2ab}{a+b}\\ &= \frac{\sqrt{ab}(a+b-2\sqrt{ab})}{a+b}\\ &= \frac{\sqrt{ab}(\sqrt{a}-\sqrt{b})^2}{a+b}\geq 0\end{aligned}$$

$$\therefore \sqrt{ab}\geq\frac{2ab}{a+b} \quad \cdots\cdots②$$

①, ②로부터 $\frac{a+b}{2} \geq \sqrt{ab} \geq \frac{2ab}{a+b}$(단, 등호는 $a=b$일 때 성립).

• 임의의 양수 a, b에 대하여 $\frac{a+b}{2}$를 두 수의 산술평균, $\sqrt{ab}$를 기하평균, $\frac{2ab}{a+b}$를 조화평균이라 한다.

3.3.2 코시-슈바르츠(Cauchy-Schwartz) 부등식

모든 실수 a, b, x, y에 대하여 다음 관계식이 성립한다.

(1) $(a^2+b^2)(x^2+y^2) \geq (ax+by)^2$ (단, 등호는 $\frac{x}{a}=\frac{y}{b}$일 때 성립)

(2) $(a^2+b^2+c^2)(x^2+y^2+z^2) \geq (ax+by+cz)^2$

(단, 등호는 $\frac{x}{a}=\frac{y}{b}=\frac{z}{c}$일 때 성립)

증명 (1) $(a^2+b^2)(x^2+y^2)-(ax+by)^2$

$$= a^2x^2+a^2y^2+b^2x^2+b^2y^2-(a^2x^2+2abxy+b^2y^2)$$

$$= a^2y^2+b^2x^2-2(ay)(bx)=(ay-bx)^2 \geq 0$$

$\therefore$ $(a^2+b^2)(x^2+y^2) \geq (ax+by)^2$ (단, 등호는 $ay=bx$일 때 성립)

(2) $(a^2+b^2+c^2)(x^2+y^2+z^2)-(ax+by+cz)^2$

$$= (bx-ay)^2+(az-cx)^2+(cy-bz)^2 \geq 0$$

(단, 등호는 $bx=ay$, $az=cx$, $cy=bz$일 때 성립)

3.3.3 삼각 부등식

모든 실수 a, b에 대하여 다음 부등식이 성립한다.

$$|a|+|b| \geq |a+b|$$

증명 $(|a|+|b|)^2-|a+b|^2=a^2+2|a||b|+b^2-(a^2+2ab+b^2)$

$$= 2(|a||b|-ab) \geq 0$$

$\therefore$ $(|a|+|b|)^2 \geq |a+b|^2$

따라서 $|a|+|b| \geq 0$, $|a+b| \geq 0$이므로 $|a|+|b| \geq |a+b|$

예제 3.3.1

부등식 $(a+b)^2 \geq 4ab$을 증명하여라.

| 풀이 $(a+b)^2-4ab=(a^2+2ab+b^2)-4ab$

$$= a^2-2ab+b^2$$

$$= (a-b)^2 \geq 0$$

$\therefore$ $(a+b)^2 \geq 4ab$ (단, 등호는 $a=b$일 때 성립한다.)

예제 3.3.2

부등식 $\sqrt{a-b} > \sqrt{a} - \sqrt{b}$ 을 증명하여라. 단, $a > b > 0$이다.

풀이 $a > b > 0$이므로 양변을 제곱하여 계산하면

$$\begin{aligned}(\sqrt{a-b})^2 - (\sqrt{a} - \sqrt{b})^2 &= (a-b) - (a - 2\sqrt{ab} + b) \\ &= 2\sqrt{ab} - 2b \\ &= 2\sqrt{b}(\sqrt{a} - \sqrt{b}) > 0\end{aligned}$$

$$\therefore\ (\sqrt{a-b})^2 - (\sqrt{a} - \sqrt{b})^2 > 0$$

$$\therefore\ (\sqrt{a-b})^2 > (\sqrt{a} - \sqrt{b})^2$$

여기에서 $\sqrt{a-b} > 0$, $\sqrt{a} - \sqrt{b} > 0$이므로

$$\sqrt{a-b} > \sqrt{a} - \sqrt{b}$$

예제 3.3.3

$a > 0$, $b > 0$일 때 $\frac{9b}{a} + \frac{a}{b}$의 최솟값을 구하여라.

풀이 산술평균과 기하평균의 관계에서

$$\frac{9b}{a} + \frac{a}{b} \geq 2\sqrt{\left(\frac{9b}{a}\right) \times \left(\frac{a}{b}\right)} = 2\sqrt{9} = 6$$

$\therefore\ \frac{9b}{a} = \frac{a}{b}$일 때 $\frac{9b}{a} + \frac{a}{b}$는 최솟값 6을 갖는다.

예제 3.3.4

함수 $y = 4^x + 4^{-x}$의 최솟값을 구하여라.

풀이 $4^x > 0$이므로 산술평균과 기하평균의 관계에서

$$4^x + 4^{-x} \geq 2\sqrt{4^x \times 4^{-x}} = 2\sqrt{4^{x-x}} = 2\sqrt{4^0} = 2$$

$\therefore\ y = 4^x + 4^{-x}$의 최솟값은 2이다.

이때 $4^x = 4^{-x}$이다. 즉, $x = 0$일 때 y는 최솟값 2를 갖는다.

예제 3.3.5

$a>0$, $b>0$이고 $a+b=16$일 때 ab의 최댓값을 구하여라.

풀이 산술평균과 기하평균의 관계에서

$$\frac{a+b}{2} \geq \sqrt{ab}$$

$$\frac{16}{2} \geq \sqrt{ab}$$

$$8 \geq \sqrt{ab}$$

$$\therefore\ 64 \geq ab$$

따라서 ab의 최댓값은 64이다.

예제 3.3.6

$a>-2$일 때 $a+\dfrac{9}{a+2}$의 최솟값을 구하여라.

풀이 주어진 식$=a+\dfrac{9}{a+2}=(a+2)+\dfrac{9}{a+2}-2$

이다. 여기에서 $a+2>0$이므로 산술평균과 기하평균의 관계에서

$$(a+2)+\frac{9}{a+2} \geq 2\sqrt{(a+2)\times\frac{9}{a+2}}=2\sqrt{9}=2\times3=6$$

$\therefore\ a+\dfrac{9}{a+2}$의 최솟값은 $6-2=4$이다.

최솟값을 가질 때 $a+2=\dfrac{9}{a+2}$이므로

$$(a+2)^2=9$$

$$a+2=\pm3$$

$$\therefore\ a=1\ (\because\ a>-2)$$

예제 3.3.7

실수 x, y에 대하여 $x^2+y^2=2$일 때 $3x+y$의 최댓값과 최솟값을 구하여라.

풀이 코시-슈바르츠 부등식에서

$$(3^2+1^2)(x^2+y^2) \ge (3x+y)^2$$

이다. 여기에서 $x^2+y^2=2$이므로

$$(3^2+1^2)\times 2 \ge (3x+y)^2$$
$$\therefore\ (3x+y)^2 \le 20$$
$$\therefore\ -2\sqrt{5} \le 3x+y \le 2\sqrt{5}$$

따라서 $3x+y$의 최댓값은 $2\sqrt{5}$, 최솟값은 $-2\sqrt{5}$이다.

예제 3.3.8

빗변의 길이가 10인 직각삼각형의 넓이의 최댓값을 구하여라.

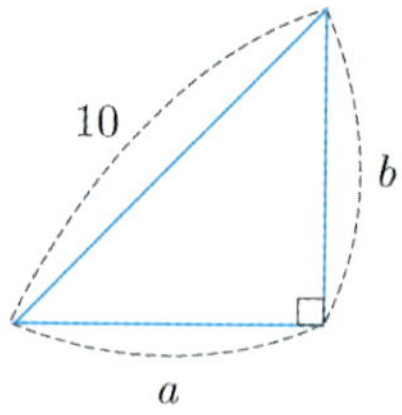

풀이 그림과 같이 직각삼각형의 밑변과 높이를 각각 a, b라고 하면 피타고라스 정리에 의해

$$a^2+b^2=10^2=100$$

이다. 여기에서 변의 길이 $a>0$, $b>0$이므로 산술평균과 기하평균의 관계에서

$$a^2+b^2 \ge 2\sqrt{a^2\times b^2}=2ab$$
$$100 \ge 2ab$$
$$\therefore\ 50 \ge ab$$

즉, ab의 최댓값은 50이다. 따라서 직각삼각형의 넓이

$$S = \frac{1}{2}ab$$

이므로 넓이의 최댓값 $S_{\max} = \frac{1}{2} \times 50 = 25$이다.

예제 3.3.9

$a \geq b > 0$인 실수 a, b에 대하여 $\frac{a}{1+a}$와 $\frac{b}{1+b}$의 크기를 비교하여라.

풀이 $$\frac{a}{1+a} - \frac{b}{1+b} = \frac{a(1+b)-b(1+a)}{(1+a)(1+b)}$$
$$= \frac{a-b}{(1+a)(1+b)} \geq 0 \quad (\because a \geq b > 0)$$
$$\therefore \frac{a}{1+a} \geq \frac{b}{1+b}$$

3.3.4 여러 가지 절대부등식

(1) $a^2 + 2ab + b^2 \geq 0$ (단, 등호는 $a = b = 0$일 때 성립)

$a^2 - 2ab + b^2 \geq 0$ (단, 등호는 $a = b$일 때 성립)

(2) $a^2 + b^2 + c^2 - ab - bc - ca \geq 0$ (단, 등호는 $a = b = c$일 때 성립)

(3) $a^3 + b^3 + c^3 \geq 3abc$ (단, $a > 0$, $b > 0$, $c > 0$, 등호는 $a = b = c$일 때 성립)

증명 (1) $a^2 \pm 2ab + b^2 = (a \pm b)^2 \geq 0$

(2) $$a^2 + b^2 + c^2 - ab - bc - ca = \frac{1}{2}(2a^2 + 2b^2 + 2c^2 - 2ab - 2bc - 2ca)$$
$$= \frac{1}{2}\{(a-b)^2 + (b-c)^2 + (c-a)^2\} \geq 0$$

(3) $a^3 + b^3 + c^3 - 3abc = (a+b+c)(a^2 + b^2 + c^2 - ab - bc - ca) \geq 0$

(단, $a > 0$, $b > 0$, $c > 0$)

연습문제 3.3

01 $a>0$, $b>0$일 때 부등식 $\sqrt{2(a+b)} \geq \sqrt{a}+\sqrt{b}$을 증명하여라.

02 함수 $y=3^x+3^{-x}$의 최솟값을 구하여라.

03 $a>0$, $b>0$이고 $a+b=10$일 때 ab의 최댓값을 구하여라.

04 빗변의 길이가 6인 직각삼각형의 넓이의 최댓값을 구하여라.

05 $a>0$, $b>0$일 때 다음 식의 최솟값을 구하여라.

(1) $a+\dfrac{1}{a}$

(2) $4a+\dfrac{9}{a}$

(3) $(a+b)\left(\dfrac{1}{a}+\dfrac{1}{b}\right)$

(4) $\left(a+\dfrac{1}{b}\right)\left(b+\dfrac{4}{a}\right)$

06 $a>2$일 때 $a+\dfrac{1}{a-2}$의 최솟값을 구하여라.

07 $x>0$일 때 $x+\dfrac{1}{x}+\dfrac{3x}{x^2+1}$의 최솟값을 구하여라.

08 실수 x, y에 대하여 $x^2+y^2=9$일 때 $3x+4y$의 값의 범위를 구하여라.

09 a, b, c가 양수일 때 $\dfrac{b+c}{a}+\dfrac{c+a}{b}+\dfrac{a+b}{c}$의 최솟값을 구하여라.

10 a, b, c가 양수일 때 $(a+b+c)\left(\dfrac{1}{a}+\dfrac{1}{b+c}\right)$의 최솟값을 구하여라.

제4장

함수와 그래프

4.1 함수 | **4.2** 일차함수와 이차함수 |
4.3 유리함수와 무리함수 | **4.4** 원의 방정식

4.1 함수

4.1.1 함수의 정의

(1) 함수: 두 집합 X, Y에 대하여 X의 각 원소에 Y의 원소가 오직 하나만 대응할 때 이 규칙을 X에서 Y로의 함수라 하고, 기호로 $f : X \to Y$로 나타낸다.

(2) 정의역과 공역: 함수 $f : X \to Y$에서 집합 X를 함수 f의 정의역, 집합 Y를 함수 f의 공역이라 한다.

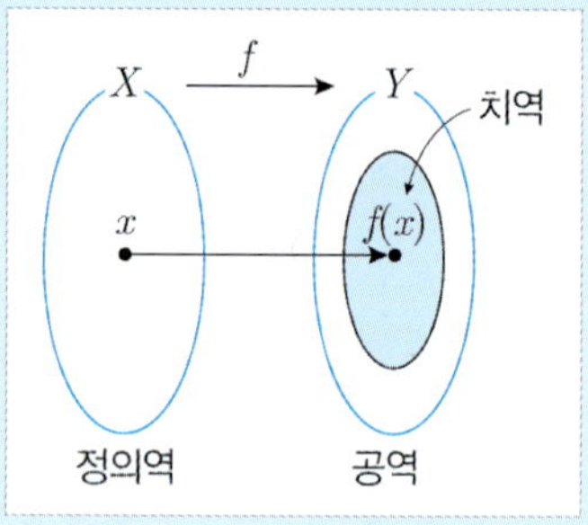

(3) 함숫값: 함수 $f : X \to Y$에서 X의 원소 x에 대응하는 Y의 원소 y를 $f(x)$로 나타낼 때 $f(x)$를 f에 의한 x의 함숫값이라 하고, x를 독립변수, y를 종속변수라 한다.

(4) 치역: 함수 f의 함숫값 전체의 집합 $\{y | y = f(x),\ x \in X\}$을 함수 f의 치역이라 한다.

예 그림과 같은 함수 f에서 정의역 $X = \{1,\ 2,\ 3\}$, 공역 $Y = \{1,\ \mathrm{a},\ \mathrm{b},\ \mathrm{c},\ \mathrm{d}\}$, 치역은 $\{\mathrm{a},\ \mathrm{b},\ \mathrm{c}\}$.

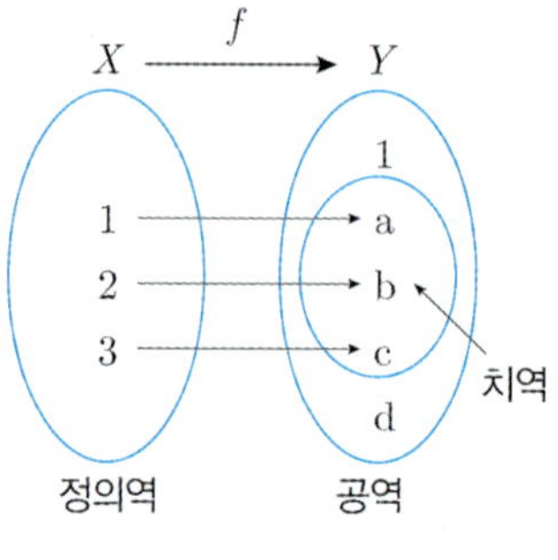

4.1.2 함수의 그래프

(1) 함수 $f : X \to Y$, $y = f(x)$에 대하여 순서쌍 (x, y)를 좌표평면 위에 나타내는 점의 집합 $\{(x, y) \mid y = f(x), x \in X\}$을 함수 $y = f(x)$의 그래프라 한다.

(2) 함수 f의 정의역과 치역이 실수 전체의 집합이면 함수 $y = f(x)$의 그래프는 좌표평면 위에 직선이나 곡선으로 나타낼 수 있다.

4.1.3 여러 가지 함수

(1) 일대일함수(단사함수): 함수 $f : X \to Y$에서 정의역 X의 두 원소 x_1, x_2에 대하여 $x_1 \neq x_2$이면 $f(x_1) \neq f(x_2)$를 만족할 때, 함수 f를 일대일함수 또는 단사함수라 한다.

(2) 전사함수: 함수 $f : X \to Y$에서 치역과 공역이 일치할 때 함수 f를 전사함수라 한다.

(3) 일대일대응(전단사함수): 함수 $f : X \to Y$에서

(i) 치역과 공역이 같고

(ii) 정의역 X의 두 원소 x_1, x_2에 대하여 $x_1 \neq x_2$이면 $f(x_1) \neq f(x_2)$일 때, 함수 f를 일대일대응 또는 전단사함수라 한다.

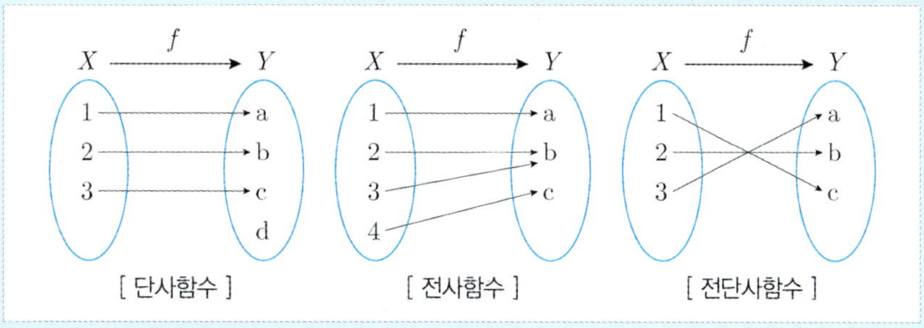

(4) 항등함수: 정의역과 공역이 같고 정의역의 모든 원소에 그 자신이 대응되는 함수, 즉 $f : X \to X$, $f(x) = x$를 항등함수라 한다.

(5) 상수함수: 함수 $f : X \to Y$에서 집합 X의 모든 원소 x에 대하여 $f(x) = c$ (상수 $c \in Y$)일 때 함수 f를 상수함수라 한다.

4.1.4 합성함수

두 함수 $f: X \to Y$, $g: Y \to Z$가 있을 때, f에 의해 X의 원소가 Y의 원소에 대응되고, 다시 이 원소가 g에 의하여 Z에 대응될 때 X를 정의역, Z를 공역으로 하는 새 함수를 정의하고 이 함수를 f와 g의 합성함수라 한다. 기호로는 다음과 같이 나타낸다.

$$g \circ f: X \to Z, \ (g \circ f)(x) = g(f(x))$$

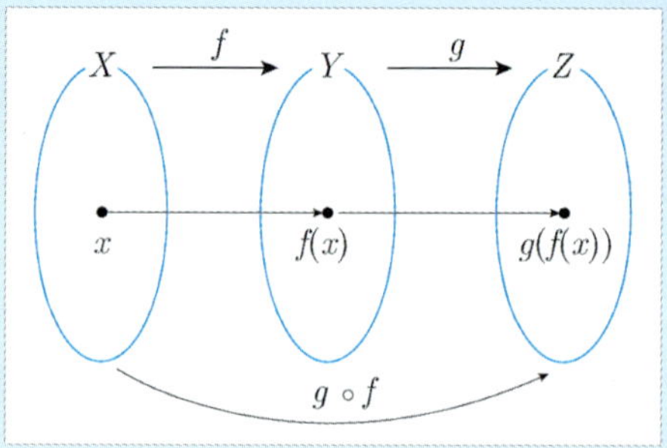

예 (1) 두 함수 $f(x) = 2x+1$, $g(x) = x+2$에 대한 합성함수 $g \circ f$는 다음과 같이 구해진다.

$$\begin{aligned} g \circ f &= g(f(x)) = g(2x+1) \\ &= (2x+1)+2 \\ &= 2x+3 \end{aligned}$$

(2) 그림과 같은 두 함수 f, g에서 $(g \circ f)(1)$, $(g \circ f)(2)$, $(g \circ f)(3)$의 값은 다음과 같다.

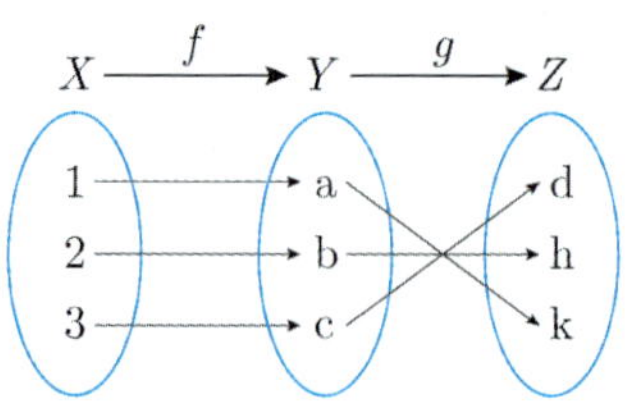

$$\begin{aligned} (g \circ f)(1) &= g(f(1)) = g(a) = k \\ (g \circ f)(2) &= g(f(2)) = g(b) = h \\ (g \circ f)(3) &= g(f(3)) = g(c) = d \end{aligned}$$

4.1.5 역함수

함수 $f: X \to Y$가 일대일대응이면 Y의 각 원소 y에 대하여 $y=f(x)$인 X의 원소 x가 하나씩 존재한다. 따라서 Y의 원소 y에 대하여 $f(x)=y$인 X의 원소 x를 대응시키는 새 함수를 정의하여 $f: X \to Y$ 의 역함수라 한다. 역함수의 정의역은 Y이고 공역은 X이며 다음과 같은 기호로 나타낸다.

$$f^{-1}: Y \to X, \quad x = f^{-1}(y)$$

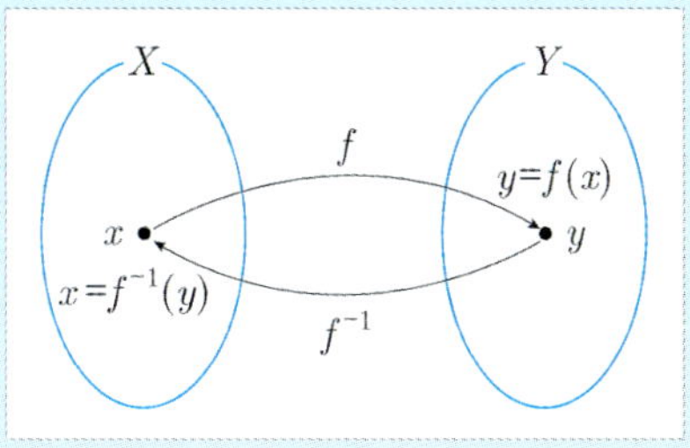

4.1.6 역함수의 성질

(1) 역함수의 그래프: 함수 $y=f(x)$의 그래프와 역함수 $y=f^{-1}(x)$의 그래프는 직선 $y=x$에 대하여 대칭이다.

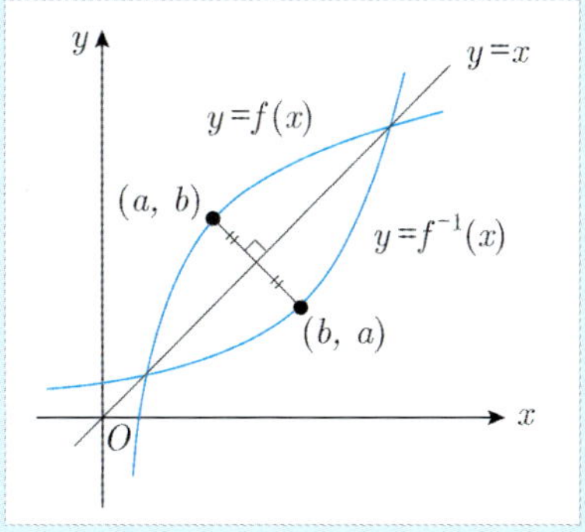

(2) (i) $(f \circ f^{-1})(x) = x$ (ii) $(f^{-1} \circ f)(x) = x$

증명 (1) 점 (a, b)가 $y=f(x)$의 그래프 위의 점이면 $b=f(a)$이므로 $a=f^{-1}(b)$이다. 따라서 점 (b, a)는 $y=f^{-1}(x)$의 그래프 위의 점이다. 점 (a, b)와 점 (b, a)는 $y=x$에 대하여 대칭이므로 $y=f(x)$의 그래프와 역함수 $y=f^{-1}(x)$의 그래프는 직선 $y=x$에 대하여 대칭이다.

(2) $y=f(x) \Leftrightarrow x=f^{-1}(y)$

$(f \circ f^{-1})(y)=f(f^{-1}(y))=f(x)=y \quad \therefore (f \circ f^{-1})(x)=x$

$(f^{-1} \circ f)(x)=f^{-1}(f(x))=f^{-1}(y)=x \quad \therefore (f^{-1} \circ f)(x)=x$

예 (1) $y=f(x)=2x+1$의 역함수는 다음과 같이 구한다.

$y=2x+1$에서 x를 구하면 $x=\frac{1}{2}y-\frac{1}{2}$이고 여기에서 x와 y를 바꾸면

$y=\frac{1}{2}x-\frac{1}{2} \quad \therefore f^{-1}(x)=\frac{1}{2}x-\frac{1}{2}$

(2) 그림과 같은 함수 f에서 $f^{-1}(1)$, $(f \circ f^{-1})(2)$, $(f^{-1} \circ f)(3)$, $(f^{-1} \circ f^{-1})(4)$의 값은 다음과 같다.

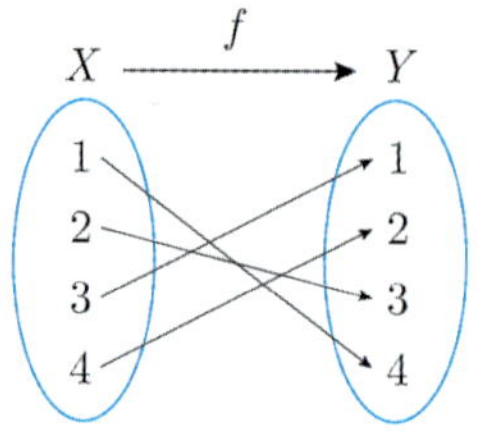

$f^{-1}(1)=3$

$(f \circ f^{-1})(2)=f(f^{-1}(2))=f(4)=2$, 즉 $(f \circ f^{-1})(2)=2$

$(f^{-1} \circ f)(3)=f^{-1}(f(3))=f^{-1}(1)=3$, 즉 $(f^{-1} \circ f)(3)=3$

$(f^{-1} \circ f^{-1})(4)=f^{-1}(f^{-1}(4))=f^{-1}(1)=3$

예제 4.1.1

다음과 같은 두 집합 X, Y와 함수 $f(x)$에서 $f: X \to Y$가 일대일대응이 될 때 상수 a, b의 값을 구하여라.

$$X=\{x \mid 1 \le x \le 3\}, \quad Y=\{y \mid a \le y \le b\}, \quad y=f(x)=2x+1$$

풀이 $f(x)=2x+1$은 증가함수이므로 $f(1)=a$, $f(3)=b$일 때 일대일대응이 된다. 따라서 다음과 같이 a, b가 결정된다.

$$f(1)=3=a, \quad f(3)=7=b$$
$$\therefore a=3, \quad b=7$$

예제 4.1.2

두 함수 $f(x)=x-1$과 $g(x)=2x+3$에 대하여 합성함수 $f\circ g$와 $g\circ f$를 구하여라.

풀이 합성함수의 정의에 의해

(1) $$\begin{aligned} f\circ g=f(g(x))&=f(2x+3)\\ &=(2x+3)-1\\ &=2x+2 \end{aligned}$$

(2) $$\begin{aligned} g\circ f=g(f(x))&=g(x-1)\\ &=2(x-1)+3\\ &=2x+1 \end{aligned}$$

예제 4.1.3

$f(x+2)=x^2+3x+4$일 때 함수 $f(x)$를 구하여라.

풀이 $x+2=X$로 하면 $x=X-2$이므로 $f(x+2)=x^2+3x+4$에서

$$\begin{aligned} f(X)&=(X-2)^2+3(X-2)+4\\ &=(X^2-4X+4)+(3X-6)+4\\ &=X^2-X+2 \end{aligned}$$

$$\therefore\ f(x)=x^2-x+2$$

예제 4.1.4

다음 함수의 역함수를 구하여라.

(1) $f(x)=2x+3$

(2) $f(x)=x^2+2\ \ (x\geq 0)$

풀이 (1) $y=2x+3$에서 $x=\dfrac{1}{2}y-\dfrac{3}{2}$이다. 이 식에서 x와 y를 바꾸면

$$y=\frac{1}{2}x-\frac{3}{2}$$

$$\therefore\ f^{-1}(x)=\frac{1}{2}x-\frac{3}{2}$$

(2) $y=x^2+2$에서 $x^2=y-2$ $\quad\therefore\ x=\pm\sqrt{y-2}\ \ (y\geq 2)$

따라서 $x \geq 0$이므로 $x = \sqrt{y-2}$이고 이 식에서 x와 y를 바꾸면

$$y = \sqrt{x-2}$$

$$\therefore\ f^{-1}(x) = \sqrt{x-2}\quad (x \geq 2)$$

예제 4.1.5

이차함수 $y=f(x)=x^2-6\ (x \geq 0)$의 그래프와 $f(x)$의 역함수 $y=f^{-1}(x)$의 그래프의 교점의 좌표를 구하여라.

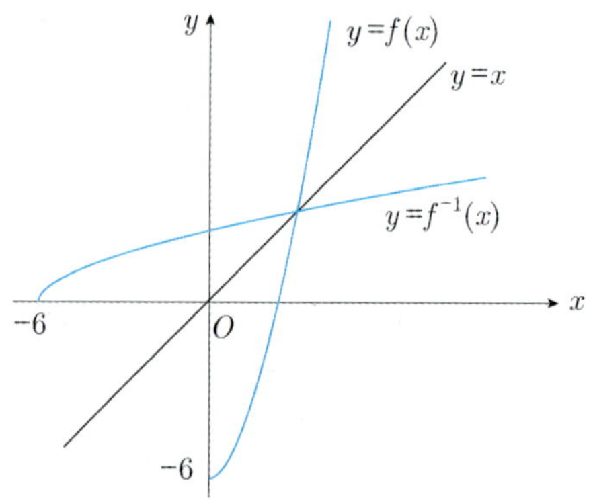

| 풀이 $y=f(x)$의 그래프와 $y=f^{-1}(x)$의 그래프는 $y=x$에 대하여 대칭이므로 $y=f(x)$와 $y=f^{-1}(x)$의 교점은 $y=f(x)$와 $y=x$의 교점과 같다. 이 사실을 이용하면 다음과 같이 간편하게 교점을 구할 수 있다.

$$x^2-6=x$$

$$x^2-x-6=0$$

$$(x-3)(x+2)=0$$

$$\therefore\ x=-2,\ 3$$

여기에서 $x \geq 0$이므로 $x=3$이고 이때 $y=3$이다. 따라서 교점의 좌표는 $(3,\ 3)$이다.

연습문제 4.1

01 다음 함수의 치역을 구하여라.

(1) $y = f(x) = -2x + 3 \quad (-1 \le x \le 2)$

(2) $y = f(x) = x^2 + 1 \quad (0 \le x \le 2)$

02 다음 함수의 정의역을 구하여라.

(1) $y = f(x) = -2x + 1 \quad (-1 \le y \le 5)$

(2) $y = f(x) = x^3 + 1 \quad (1 \le y \le 9)$

03 집합 $X = \{x \mid -1 \le x \le 2\}$에서 집합 $Y = \{y \mid 1 \le x \le 7\}$로의 함수 $y = f(x) = ax + b \ (a < 0)$가 전단사함수일 때 상수 a, b의 값을 구하여라.

04 함수 $f(x) = x + 1$, $g(x) = x^2 + 2$ 에 대하여 다음 합성함수를 구하여라.

(1) $f \circ g$ (2) $g \circ f$ (3) $f \circ (f \circ g)$

05 함수 $f(x) = x + 2$, $g(x) = 3x^2 + 4$ 에 대하여 $(g \circ f)(x) = 4$를 만족하는 x를 구하여라.

06 함수 $f\left(\dfrac{x-1}{2}\right) = 2x + 3$일 때 $f(2)$의 값을 구하여라.

07 함수 $f(x+3) = x^2 + 2x + 3$ 일 때 $f(1)$의 값을 구하여라.

08 $f\left(\dfrac{x-1}{2}\right) = \dfrac{(x-1)^4}{8} - (x-1)^2 + 3$일 때 $f(x)$와 $f(2)$의 값을 구하여라.

09 다음 함수의 역함수를 구하여라.

(1) $y = -\dfrac{1}{2}x + 3$ (2) $y = \sqrt{x+2} \quad (x \ge -2)$

10 $f(1)=2,\ f(3)=5$일 때 $f^{-1}(2)+f^{-1}(5)$ 의 값을 구하여라.

11 함수 $f(x)=x,\ g(x)=x+1$일 때 $(h \circ f \circ g)(x)=2x+1$이 되는 일차함수 $h(x)$를 구하여라.

12 아래 그림과 같은 두 함수 $f,\ g$에 대하여 다음을 구하여라.

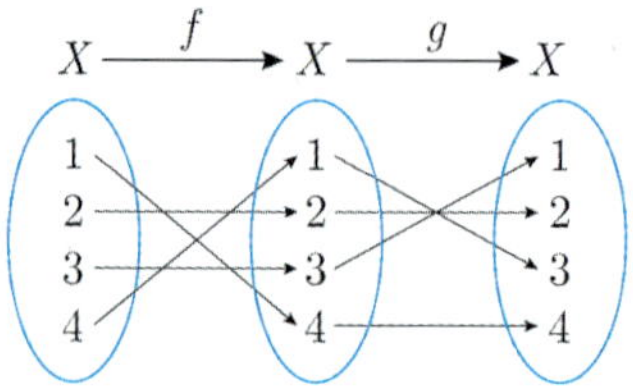

(1) $(f \circ g)(1)+(g \circ f)(1)$

(2) $((f \circ g) \circ g^{-1})(2)+((f^{-1} \circ g) \circ g)(2)$

(3) $(f \circ g^{-1})(3)+(g \circ f^{-1})(3)$

(4) $((f^{-1} \circ f^{-1}) \circ g^{-1})(4)$

13 함수 $f(x)=ax+b$의 역함수가 $f^{-1}(x)=x+2$일 때 상수 $a,\ b$의 값을 구하여라.

14 함수 $f(x)=ax+b$에서 $f^{-1}(1)=2,\ f^{-1}(0)=3$일 때 상수 $a,\ b$의 값을 구하여라.

15 함수 $f(x)=x+1,\ g(x)=\dfrac{1}{x+1}$일 때 $(f^{-1} \circ g)(x)$를 구하여라.

16 $f(x)=x-1,\ g(x)=x^3-2x^2+3$일 때 $g(f^{-1}(1))$의 값을 구하여라.

17 함수 $f(x)=x^2-2x-4\ (x \geq 1)$의 그래프와 $f(x)$의 역함수 $f^{-1}(x)$의 그래프가 만나는 교점을 구하여라.

4.2 일차함수와 이차함수

4.2.1 일차함수와 이차함수

음이 아닌 정수 n과 실수 a_0, a_1, a_2, $\cdots$, a_n에 대하여

$$f(x) = a_n x^n + a_{n-1} x^{n-1} + \cdots + a_1 x + a_0$$

인 함수를 다항함수(polynomial function)라 한다. 최고차항의 계수 $a_n \neq 0$이면 함수의 차수는 n이고, $n=1$, $n=2$인 함수를 각각 일차함수, 이차함수라 한다. 일차함수와 이차함수의 일반식은 각각

$$y = ax + b, \ y = ax^2 + bx + c \ \ (a \neq 0)$$

로 쓸 수 있다.

4.2.2 일차함수와 상수함수의 그래프

함수 $y = ax + b$의 그래프의 성질은 다음과 같다.

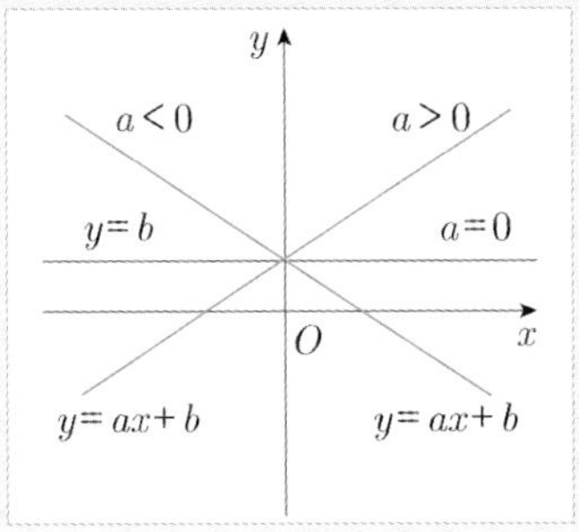

(1) 기울기가 a, y절편이 b인 직선

(2) $a > 0$이면 x값이 증가함에 따라 y값도 증가하는 함수

(3) $a < 0$이면 x값이 증가함에 따라 y값은 감소하는 함수

(4) $a = 0$이면 $y = b$인 상수함수이고 x축에 평행한 직선

4.2.3 직선의 방정식

(1) 기울기가 a이고 y절편이 b인 직선: $y = ax + b$

(2) x절편이 a이고 y절편이 b인 직선: $\frac{x}{a} + \frac{y}{b} = 1$ $(ab \neq 0)$

(3) 기울기가 a이고 점 (x_1, y_1)을 지나는 직선: $y = a(x - x_1) + y_1$

(4) 두 점 (x_1, y_1), (x_2, y_2)을 지나는 직선

(i) $x_1 \neq x_2$일 때 $y = \frac{y_2 - y_1}{x_2 - x_1}(x - x_1) + y_1$

(ii) $x_1 = x_2$일 때 $x = x_1$ (또는 $x = x_2$)

설명 직선의 일반 방정식은 $y = ax + b$이고 직선 위의 두 점을 잇는 선분의 기울기가 일정하다는 것을 알면 직선의 방정식을 모두 구할 수 있다.

두 점 (x_1, y_1), (x_2, y_2)을 지나는 직선인 경우, 직선 위의 임의의 점을 (x, y)라고 하면 두 점 (x_1, y_1), (x_2, y_2)을 잇는 선분의 기울기는

$$\frac{y_2 - y_1}{x_2 - x_1} \ (x_1 \neq x_2)$$

이고 두 점 (x_1, y_1), (x, y)를 잇는 선분의 기울기는

$$\frac{y - y_1}{x - x_1}$$

이므로

$$\frac{y - y_1}{x - x_1} = \frac{y_2 - y_1}{x_2 - x_1}$$

에서 직선의 방정식

$$y = \frac{y_2 - y_1}{x_2 - x_1}(x - x_1) + y_1$$

을 구할 수 있다.

예 (1) 기울기가 2이고 y절편이 1인 직선: $y=2x+1$

(2) x절편이 -2이고 y절편이 2인 직선: $\frac{x}{-2}+\frac{y}{2}=1$에서 $y=x+2$

(3) 기울기가 2이고 점 $(1,\ 2)$를 지나는 직선: $y=2(x-1)+2=2x$

(4) 두 점 $(1,\ 2)$, $(3,\ 4)$를 지나는 직선:

$$y=\frac{y_2-y_1}{x_2-x_1}(x-x_1)+y_1=\frac{4-2}{3-1}(x-1)+2=x+1$$

4.2.4 이차함수의 그래프

(1) $y=ax^2$의 그래프:

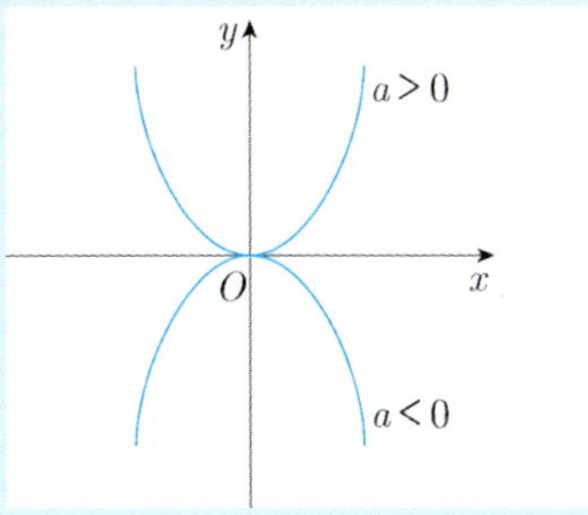

(i) 꼭짓점: 원점 $(0,\ 0)$

(ii) 대칭축: $x=0$

(iii) $a>0$이면 아래로 볼록($\cup$)

$a<0$이면 위로 볼록($\cap$)

(iv) $|a|$가 클수록 폭이 좁다.

(2) $y=a(x-m)^2+n$의 그래프:

$y=ax^2$의 그래프를 x축 방향으로 m만큼, y축 방향으로 n만큼 평행 이동한 그래프

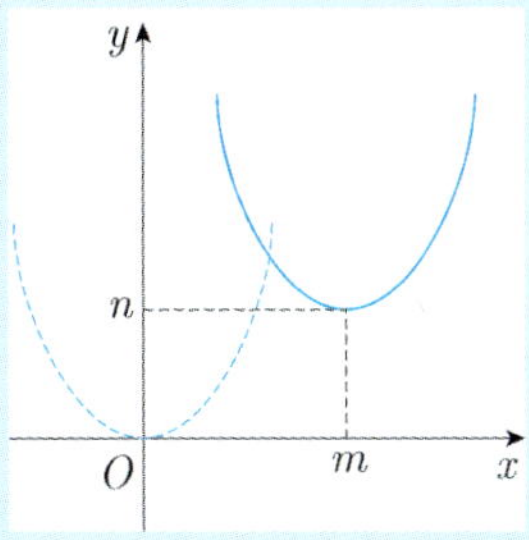

(i) 꼭짓점: $(m,\ n)$

(ii) 대칭축: $x=m$

(3) $y=ax^2+bx+c$ 의 그래프:

$$\begin{aligned} y&=ax^2+bx+c\\ &=a\left(x+\frac{b}{2a}\right)^2+\frac{-b^2+4ac}{4a}\end{aligned}$$

(i) 꼭짓점: $\left(-\frac{b}{2a},\ \frac{-b^2+4ac}{4a}\right)$

(ii) 대칭축: $x=-\frac{b}{2a}$

예 $y=2x^2+4x+5$의 꼭짓점과 대칭축은 다음과 같이 구해진다.

$$\begin{aligned} y=2x^2+4x+5&=2(x^2+2x+1-1)+5=2(x+1)^2-2+5\\ &=2(x+1)^2+3\end{aligned}$$

$\therefore$ 꼭짓점 $(-1,\ 3)$, 대칭축 $x=-1$

예제 4.2.1

다음 직선의 방정식을 구하고 두 직선과 x축이 이루는 삼각형의 면적을 구하여라.

(1) x절편이 -1, y절편이 2인 직선

(2) 기울기가 -1이고 점 $(1,\ 1)$을 지나는 직선

풀이 (1) $\dfrac{x}{-1}+\dfrac{y}{2}=1$에서 직선의 방정식은 $y=2x+2$이다.

(2) 직선의 방정식은 $y=-1\times(x-1)+1=-x+2$

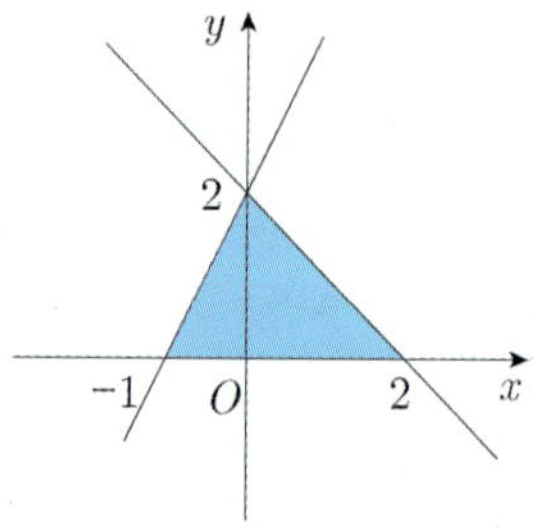

두 직선의 그래프는 위 그림과 같다. 여기에서

$$\text{삼각형의 넓이}=\frac{1}{2}(\text{밑변})\times(\text{높이})$$

$$=\frac{1}{2}\{2-(-1)\}\times 2=3$$

예제 4.2.2

이차함수 $y=x^2-4x+3$의 꼭짓점, 대칭축, x절편, y절편을 구하고 그래프를 그려라.

풀이 주어진 함수는

$$y=x^2-4x+3=(x-2)^2-1$$

이므로 꼭짓점은 $(2,\ -1)$, 대칭축은 $x=2$이다. x 절편은 $y=0$일 때의 x 좌표이므로

$$x^2-4x+3=0$$
$$(x-1)(x-3)=0$$

$$\therefore\ x = 1,\ 3$$

이고, $x = 0$을 주어진 함수에 대입하면 y절편은 $y = 3$이다. 이상의 결과를 바탕으로 그래프를 그리면 다음과 같다.

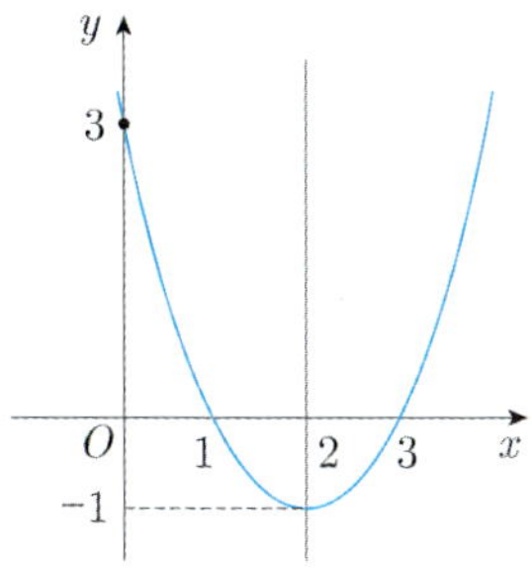

예제 4.2.3

이차함수 $y = x^2 + 2x + 3$의 그래프를 x축 방향으로 2, y축 방향으로 3만큼 평행 이동한 이차함수의 방정식을 구하여라.

| 풀이 주어진 함수에서 x 대신 $x-2$, y 대신 $y-3$을 대입하면 다음과 같이 평행 이동한 그래프의 방정식이 구해진다.

$$y - 3 = (x-2)^2 + 2(x-2) + 3$$

$$\therefore\ y = x^2 - 2x + 6$$

4.2.5 평행 이동한 그래프의 방정식

$y = f(x)$의 그래프를 x축 방향으로 m만큼, y축 방향으로 n만큼 평행 이동한 그래프의 방정식은 $y - n = f(x - m)$이다.

예제 4.2.4

$0 \le x \le 3$에서 $y = x^2 - 2x + 2$의 최댓값과 최솟값을 구하여라.

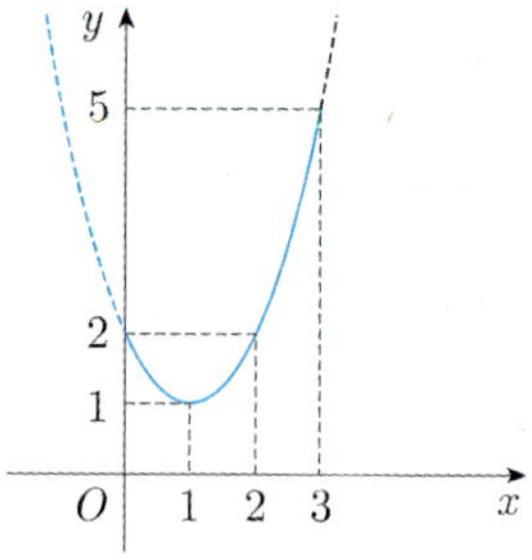

풀이 주어진 함수는

$$y = x^2 - 2x + 2 = (x-1)^2 + 1$$

이므로 꼭짓점의 좌표는 (1, 1)이다. 꼭짓점의 x좌표가 $0 \le x \le 3$에 포함되므로 최솟값은 1이다. 그리고 구간의 끝 점에서의 값은

$$x = 0\text{일 때 } y = 2$$
$$x = 3\text{일 때 } y = 5$$

이므로 최솟값과 최댓값은 다음과 같다.

$$x = 1\text{일 때 최솟값 } y = 1$$
$$x = 3\text{일 때 최댓값 } y = 5$$

예제 4.2.5

$y = x^2 + kx + 1$의 그래프가 다음 조건을 만족하도록 상수 k의 값의 범위를 구하여라.

(1) x축과 서로 다른 두 점에서 만난다.

(2) x축에 접한다.

(3) x축과 만나지 않는다.

풀이 x축은 $y = 0$이므로 그래프가 x축과 만나는 점의 x좌표는 방정식

$$x^2 + kx + 1 = 0$$

의 근이 된다.

(1) $D = k^2 - 4 = (k-2)(k+2) > 0$에서 $k < -2$ 또는 $k > 2$

(2) $D = 0$에서 $k = -2,\ 2$

(3) $D < 0$에서 $-2 < k < 2$

예제 4.2.6

포물선 $y = x^2 + 2x + 1$과 직선 $y = -x + k$가 서로 다른 두 점에서 만날 때 상수 k의 값의 범위를 구하여라.

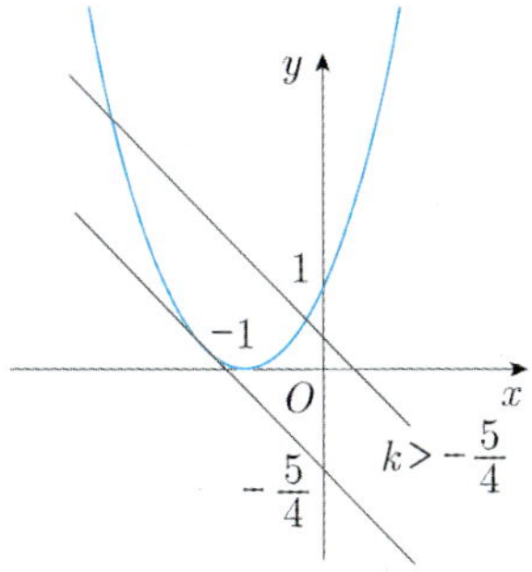

풀이 교점의 x좌표는 두 식을 연립하여 풀면

$$x^2 + 2x + 1 = -x + k$$
$$\therefore\ x^2 + 3x + 1 - k = 0 \quad \cdots (*)$$

의 근이다. 서로 다른 두 점에서 만나기 위해서는 식 $(*)$가 두 개의 서로 다른 실근을 가져야 한다. 따라서 판별식을 이용하면 다음과 같이 상수 k의 범위가 구해진다.

$$D = 9 - 4(1 - k) > 0$$
$$\therefore\ k > -\frac{5}{4}$$

연습문제 4.2

01 다음 직선의 방정식을 구하고 그래프를 그려라.

(1) 기울기가 -2이고 y절편이 1인 직선

(2) x절편이 2이고 y절편이 3인 직선

(3) 기울기가 2이고 점 $(2,\ 3)$을 지나는 직선

(4) 두 점 $(-2,\ 1)$, $(3,\ 6)$을 지나는 직선

02 다음 이차함수의 꼭짓점과 대칭축을 구하고 그래프를 그려라. (x축, y축과 만나는 그래프는 교점의 좌표를 표시할 것.)

(1) $y = x^2 - 4$ (2) $y = -x^2 + 9$

(3) $y = x^2 - 3x + 3$ (4) $y = -x^2 + 4x - 5$

03 다음 이차함수의 최댓값과 최솟값을 구하여라.

(1) $y = -x^2 + 2x + 3\ \ (0 \le x \le 3)$ (2) $y = 2x^2 - 8x + 1\ \ (-1 \le x \le 1)$

04 이차함수 $y = x^2 + bx + c$의 그래프를 x축 방향으로 1, y축 방향으로 2만큼 평행 이동한 식이 $y = x^2 + 4x + 2$일 때 상수 b, c의 값을 구하여라.

05 포물선 $y = -x^2 + 2x + 2$와 직선 $y = kx + 3$이 서로 다른 두 점에서 만날 때 k의 값의 범위를 구하여라.

06 포물선 $y = x^2 + 2x$와 직선 $y = kx - 2$과 만나지 않도록 k의 값의 범위를 구하여라.

07 포물선 $y = 2x^2 - x - 2$와 $y = ax^2 + b$의 두 교점을 직선 $y = x - 2$가 지나갈 때 상수 a, b의 값을 구하여라.

08 포물선 $y = x^2$과 직선 $y = x + 2$의 두 교점과 원점을 세 꼭짓점으로 하는 삼각형의 넓이를 구하여라.

4.3 유리함수와 무리함수

4.3.1 분수함수와 유리함수

(1) 분수함수: 함수 $y=f(x)$에서 $f(x)$가 x에 대한 분수식으로 나타내어진 함수를 분수함수라 한다.

(2) 유리함수: 다항 함수와 분수함수를 통틀어 유리함수라 한다.

예 분수함수: $y=\frac{1}{x}$, $y=\frac{x+2}{3x-4}$

4.3.2 분수함수 $y=\frac{k}{x}$ $(k \neq 0)$의 그래프

(1) 정의역과 치역은 0을 제외한 실수 전체의 집합이다.

(2) 점근선은 x축$(y=0)$과 y축$(x=0)$이다.

(3) 원점$(0,\ 0)$에 대하여 대칭인 직각쌍곡선이다.

(4) $k>0$이면 그래프는 제 1사분면과 제 3사분면에 있고,
$k<0$이면 그래프는 제 2사분면과 제 4사분면에 있다.

(5) $|k|$의 값이 클수록 그래프는 원점에서 멀어진다.

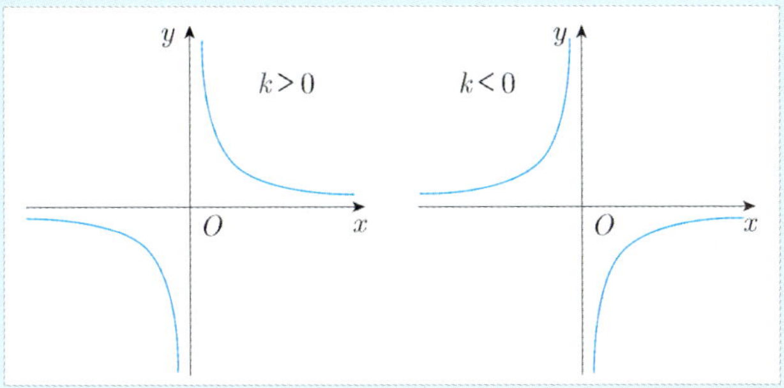

4.3.3 점근선

곡선 $y=f(x)$ 위의 점이 원점에서 멀어질수록 일정한 직선에 한없이 가까워질 때 이 직선을 점근선이라 한다.

설명 곡선 $y=\frac{1}{x}$ 위의 점은 원점에서 멀어질수록 x축과 y축에 한없이 가까워진다. 이때 이 곡선의 점근선은 x축과 y축이다.

4.3.4 분수함수 $y=\frac{k}{x-m}+n \ (k\neq 0)$의 그래프

(1) 정의역은 $\{x \mid x\neq m$인 모든 실수$\}$
치역은 $\{y \mid y\neq n$인 모든 실수$\}$

(2) $y=\frac{k}{x}$의 그래프를 x축 방향으로 m만큼, y축 방향으로 n만큼 평행 이동한 그래프이다.

(3) 점근선은 $x=m$, $y=n$

(4) 점 (m, n)에 대하여 대칭인 직각쌍곡선이다.

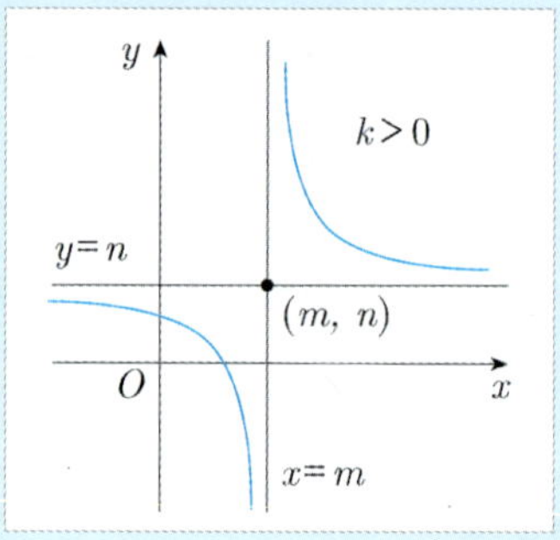

4.3.5 분수함수 $y=\frac{cx+d}{ax+b} \ (a\neq 0,\ ad-bc\neq 0)$의 그래프

분자를 분모로 나누어서 $y=\frac{k}{x-m}+n$의 꼴로 변형한다.

점근선의 방정식은 $x=-\frac{b}{a}$, $y=\frac{c}{a}$이다.

증명 $y = \dfrac{cx+d}{ax+b} = \dfrac{\dfrac{c}{a}(ax+b) - \dfrac{bc}{a} + d}{ax+b} = \dfrac{c}{a} + \dfrac{\dfrac{ad-bc}{a}}{ax+b}$

$$= \frac{c}{a} + \frac{\dfrac{ad-bc}{a^2}}{x+\dfrac{b}{a}}$$

∴ 점근선의 방정식은 $x = -\dfrac{b}{a}$, $y = \dfrac{c}{a}$이다.

예 함수 $y = \dfrac{x+2}{3x+4}$의 점근선의 방정식 $x = -\dfrac{b}{a} = -\dfrac{4}{3}$, $y = \dfrac{c}{a} = \dfrac{1}{3}$이다.

4.3.6 분수함수의 역함수

분수함수 $f(x) = \dfrac{cx+d}{ax+b}$의 역함수 $f^{-1}(x) = \dfrac{-bx+d}{ax-c}$이다.

증명 $f(x) = y = \dfrac{cx+d}{ax+b}$에서 x를 구한다.

$$(ax+b)y = cx+d$$

x에 대해 풀면

$$(ay-c)x = -by+d$$

$$\therefore\ x = \frac{-by+d}{ay-c}$$

이다. 여기에서 x와 y를 바꾸면

$$y = \frac{-bx+d}{ax-c}$$

$$\therefore\ f^{-1}(x) = \frac{-bx+d}{ax-c}$$

예 함수 $f(x) = \dfrac{x+2}{3x+4}$의 역함수 $f^{-1}(x) = \dfrac{-4x+2}{3x-1}$

4.3.7 무리함수

(1) 무리함수: 함수 $y=f(x)$에서 $f(x)$가 x에 대한 무리식일 때 이 함수를 무리함수라 한다.

(2) 무리함수의 정의역: 무리함수의 정의역이 제시되지 않은 경우에는 근호 안의 함숫값이 0 또는 양이 되게 하는 실수 전체의 집합을 정의역으로 한다.

예 무리함수 $y=\sqrt{x-1}$ 의 정의역은 $x-1 \geq 0$에서 $x \geq 1$

4.3.8 무리함수 $y=\pm\sqrt{kx}$ $(k \neq 0)$의 그래프

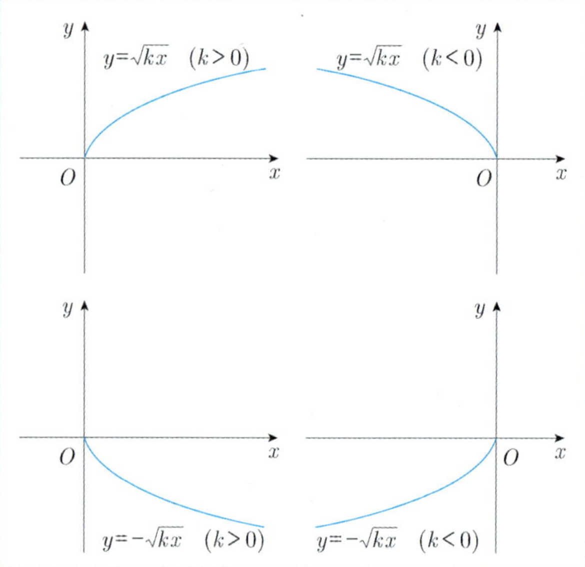

4.3.9 무리함수 $y=\pm\sqrt{k(x-m)}+n$의 그래프

(1) $y=\sqrt{k(x-m)}+n$의 그래프는 $y=\sqrt{kx}$ 의 그래프를 x축 방향으로 m만큼, y축 방향으로 n만큼 평행 이동한 그래프이다.

　(i) $k>0$일 때 정의역은 $\{x \mid x \geq m\}$, 치역은 $\{y \mid y \geq n\}$

　(ii) $k<0$일 때 정의역은 $\{x \mid x \leq m\}$, 치역은 $\{y \mid y \geq n\}$

(2) $y=-\sqrt{k(x-m)}+n$의 그래프는 $y=-\sqrt{kx}$ 의 그래프를 x축 방향으로 m만큼, y축 방향으로 n만큼 평행 이동한 그래프이다.

(i) $k > 0$일 때 정의역은 $\{x \mid x \geq m\}$, 치역은 $\{y \mid y \leq n\}$

(ii) $k < 0$일 때 정의역은 $\{x \mid x \leq m\}$, 치역은 $\{y \mid y \leq n\}$

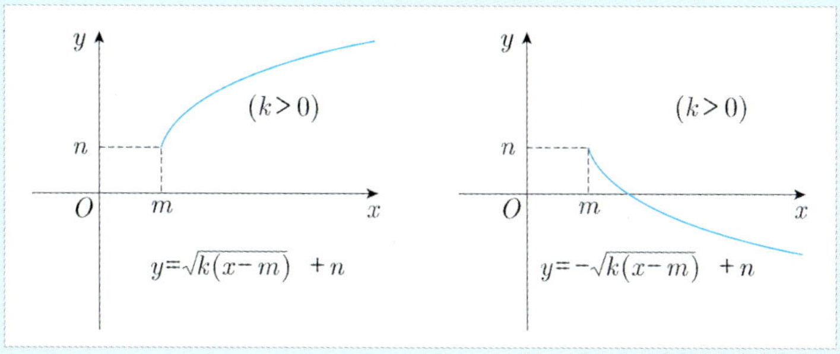

4.3.10 무리함수 $y=\pm\sqrt{ax+b}+c$의 그래프

$$y=\pm\sqrt{ax+b}+c=\pm\sqrt{a\left(x+\frac{b}{a}\right)}+c$$

이므로 $y=\sqrt{ax+b}+c$와 $y=-\sqrt{ax+b}+c$의 그래프는 $y=\sqrt{ax}$와 $y=-\sqrt{ax}$ 그래프를 각각 x축 방향으로 $-\dfrac{b}{a}$만큼, y축 방향으로 c만큼 평행 이동한 그래프이다.

예 무리함수 $y=\sqrt{2x-4}+3$의 그래프는 $y=\sqrt{2x}$의 그래프를 x축 방향으로 $-\dfrac{(-4)}{2}=2$만큼, y축 방향으로 3만큼 평행 이동한 그래프이다.

예제 4.3.1

분수함수 $y=\dfrac{2x-1}{x-1}$의 정의역, 치역, 점근선의 방정식을 구하고 그래프를 그려라.

풀이 주어진 함수는 $y=\dfrac{2x-1}{x-1}=\dfrac{2(x-1)+1}{x-1}=2+\dfrac{1}{x-1}$이다. 따라서 정의역은 $\{x \mid x \neq 1$인 실수$\}$, 치역은 $\{y \mid y \neq 2$인 실수$\}$이고, 점근선의 방정식은 $x=1$, $y=2$이다. 이상의 결과를 바탕으로 그래프를 그리면 다음 그림과 같다.

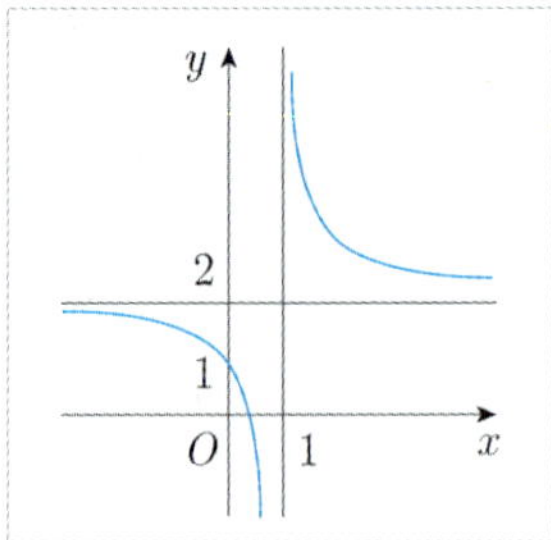

예제 4.3.2

$y=\dfrac{3x+2}{x+1}$의 그래프를 x축 방향으로 2만큼, y축 방향으로 3만큼 평행 이동한 그래프의 방정식을 구하여라.

풀이 주어진 함수에 x대신 $x-2$, y대신 $y-3$을 대입하면 다음과 같이 평행 이동한 그래프의 방정식을 얻는다.

$$y-3=\frac{3(x-2)+2}{(x-2)+1}=\frac{3x-4}{x-1}$$

$$\therefore\ y=\frac{3x-4}{x-1}+3=\frac{3(x-1)-1}{x-1}+3$$

$$=-\frac{1}{x-1}+6$$

예제 4.3.3

$y=\sqrt{2x-4}+1$의 정의역과 치역을 구하고 그래프를 그려라.

풀이 근호 안의 값이 0보다 크거나 같아야 하므로

$$2x-4\geq 0$$

$$\therefore\ x\geq 2$$

따라서 정의역은 $\{x \mid x\geq 2\}$이고 치역은 $\{y \mid y\geq 1\}$이다. 그래프는

$$y=\sqrt{2x-4}+1=\sqrt{2(x-2)}+1$$

이므로 다음 그림과 같이 $y=\sqrt{2x}$의 그래프를 x축 방향으로 2만큼, y축 방향으로 1만큼 평행 이동한 그래프이다.

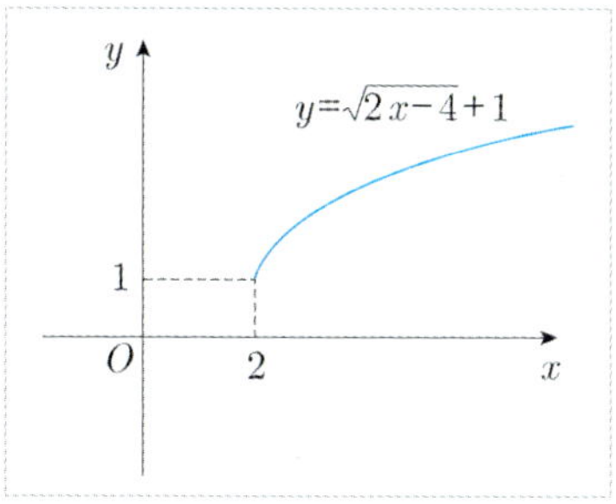

예제 4.3.4

$y=\sqrt{x-1}+2$의 역함수와 역함수의 정의역과 치역을 구하여라.

풀이 먼저 주어진 함수에서 x를 구한다.

$y=\sqrt{x-1}+2$ 에서 $y-2=\sqrt{x-1}$ 이고 이 식의 양변을 제곱하면

$$(y-2)^2=x-1$$
$$\therefore\ x=(y-2)^2+1$$

이다. 여기에서 x와 y를 바꾸면 역함수는

$$y=(x-2)^2+1$$

이다. 주어진 함수 $y=\sqrt{x-1}+2$의 정의역은 $x-1\geq 0$에서 $\{x \mid x\geq 1\}$, 치역은 $\{y \mid y\geq 2\}$이고, 역함수의 정의역과 치역은 각각 원래 함수의 치역과 정의역이므로 역함수의 정의역은 $\{x \mid x\geq 2\}$, 치역은 $\{y \mid y\geq 1\}$이다.

연습문제 4.3

01 다음 분수함수의 점근선의 방정식을 구하고 그래프를 그려라.

(1) $y=\dfrac{6x-3}{3x-2}$ (2) $y=\dfrac{6x-4}{2x-1}$

02 다음 함수의 역함수를 구하여라.

(1) $y=\dfrac{3x+4}{5x+1}$ (2) $y=\dfrac{2}{2x+1}+1$

03 다음 함수의 정의역과 치역을 구하고 그래프를 그려라.

(1) $y=\sqrt{x-3}+2$ (2) $y=-\sqrt{2x-4}+1$

04 다음 함수의 역함수와 역함수의 정의역과 치역을 구하여라.

(1) $y=\sqrt{x-2}$ (2) $y=\sqrt{x+2}+1$

05 함수 $f(x)=\dfrac{k}{x+1}$에 대하여 $f(f(x))=\dfrac{x+1}{x+2}$이 성립할 때 상수 k의 값을 구하여라.

06 함수 $y=\sqrt{-x+2}$의 그래프와 $y=x+k$의 그래프가 만나지 않을 때 상수 k의 값의 범위를 구하여라.

07 함수 $y=\sqrt{x+2}$의 그래프와 $y=x+k$의 그래프가 접할 때 상수 k의 값을 구하여라.

08 $-3\le x\le 0$에서 함수 $y=\sqrt{-x+1}+k$의 최솟값이 2일 때 상수 k의 값과 최댓값을 구하여라.

4.4 원의 방정식

4.4.1 원의 방정식

(1) 원의 방정식의 표준형: 중심이 $(a,\ b)$이고 반지름의 길이가 r인 원의 방정식은 다음과 같다.

$$(x-a)^2+(y-b)^2=r^2$$

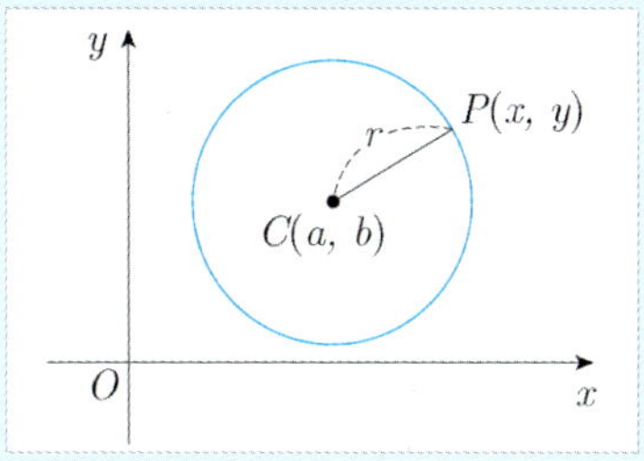

(2) 원의 방정식의 일반형: 방정식

$$x^2+y^2+Ax+By+C=0 \ (\text{단, } A^2+B^2-4C>0)$$

은 중심이 $\left(-\frac{A}{2},\ -\frac{B}{2}\right)$이고, 반지름의 길이가 $\frac{\sqrt{A^2+B^2-4C}}{2}$인 원을 나타낸다.

• '반지름의 길이'를 줄여서 '반지름'이라고 한다.

설명 (1) 평면 위의 한 정점으로부터 일정한 거리에 있는 점의 집합을 원이라 한다. 여기에서 고정된 정점을 원의 중심, 일정한 거리를 원의 반지름의 길이라 한다. 중심이 점 $\mathrm{C}(a,\ b)$이고, 반지름의 길이가 r인 원 위의 임의의 점을 $\mathrm{P}(x,\ y)$라 하면 $\overline{\mathrm{CP}}=r$에서

$$\sqrt{(x-a)^2+(y-b)^2}=r$$

이고 이 식을 제곱하면

$$(x-a)^2+(y-b)^2=r^2$$

이다.

(2) 방정식 $x^2+y^2+Ax+By+C=0$는

$$x^2+Ax+\left(\frac{A}{2}\right)^2+y^2+By+\left(\frac{B}{2}\right)^2=\left(\frac{A}{2}\right)^2+\left(\frac{B}{2}\right)^2-C$$

$$\therefore \left(x+\frac{A}{2}\right)^2+\left(y+\frac{B}{2}\right)^2=\frac{A^2+B^2-4C}{4}$$

이므로 $A^2+B^2-4C>0$이면

$$\text{중심 } \left(-\frac{A}{2},\ -\frac{B}{2}\right),\ \text{반지름 } r=\frac{\sqrt{A^2+B^2-4C}}{2}$$

인 원이 된다.

예제 4.4.1

중심이 $(1,\ -2)$이고 반지름이 3인 원의 방정식을 구하여라.

풀이 주어진 원의 방정식은

$$(x-1)^2+[y-(-2)]^2=3^2$$
$$\therefore (x-1)^2+(y+2)^2=9$$

이다.

예제 4.4.2

중심이 $(-2,\ 3)$이고 점 $(-4,\ 5)$를 지나는 원의 방정식을 구하여라.

풀이 중심이 $(-2,\ 3)$이므로 반지름을 r로 하면 원의 방정식은

$$(x+2)^2+(y-3)^2=r^2$$

이고, 점 $(-4,\ 5)$를 지나므로

$$(-4+2)^2+(5-3)^2=r^2$$

$$\therefore\ r^2 = 8$$

이다. 따라서 구하는 원의 방정식은

$$(x+2)^2+(y-3)^2=8$$

이다.

예제 4.4.3

두 점 $\mathrm{A}(-2,\ 3)$, $\mathrm{B}(4,\ -7)$을 지름의 양 끝점으로 하는 원의 방정식을 구하여라.

| 풀이 두 점 A, B가 지름의 양 끝점이므로 선분 $\overline{\mathrm{AB}}$의 중점은 원의 중심이 된다. 중점의 좌표를 $\mathrm{C}(a,\ b)$라 하면

$$a=\frac{-2+4}{2}=1,\ b=\frac{3-7}{2}=-2$$

이고 원의 중심은 $\mathrm{C}(1,\ -2)$이다. 또 반지름

$$r=\frac{\overline{\mathrm{AB}}}{2}=\overline{\mathrm{AC}}=\sqrt{(-2-1)^2+(3+2)^2}=\sqrt{34}$$

이므로 구하는 원의 방정식은

$$(x-1)^2+(y+2)^2=34$$

이다.

- 좌표 평면 위의 두 점 $\mathrm{A}(x_1,\ y_1)$, $\mathrm{B}(x_2,\ y_2)$를 잇는 선분 $\overline{\mathrm{AB}}$의 중점의 좌표는

$$\mathrm{C}\left(\frac{x_1+x_2}{2},\ \frac{y_1+y_2}{2}\right)$$

이고, 두 점 사이의 거리

$$\overline{\mathrm{AB}}=\sqrt{(x_2-x_1)^2+(y_2-y_1)^2}$$

이다.

예제 4.4.4

방정식 $x^2+y^2-6x+4y+3=0$이 나타내는 원의 중심과 반지름을 구하여라.

풀이 $x^2+y^2-6x+4y+3=0$에서

$$(x^2-6x+9)+(y^2+4y+4)=-3+9+4$$
$$\therefore\ (x-3)^2+(y+2)^2=(\sqrt{10})^2$$

이므로 원의 중심은 $(3,\ -2)$이고 반지름은 $\sqrt{10}$이다.

예제 4.4.5

세 점 $(0,\ 0)$, $(-1,\ 1)$, $(-2,\ 1)$을 지나는 원의 방정식을 구하여라.

풀이 구하는 원의 방정식을

$$x^2+y^2+Ax+By+C=0\ \cdots\cdots\ (*)$$

이라 하면 $(*)$는 세 점 $(0,0)$, $(-1,1)$, $(-2,1)$을 지나므로

$$C=0,\ 2-A+B+C=0,\ 5-2A+B+C=0$$
$$\therefore\ A=3,\ B=1,\ C=0$$

이다. 따라서 구하는 원의 방정식은

$$x^2+y^2+3x+y=0$$

이다.

예제 4.4.6

무리함수 $y=\sqrt{16-x^2}$의 그래프를 그려라.

풀이 $y=\sqrt{16-x^2}$의 양변을 제곱하면

$$y^2=16-x^2$$
$$\therefore\ x^2+y^2=4^2\ \cdots\cdots\ (*)$$

이다. 방정식 $(*)$의 그래프는 중심이 $(0,0)$이고 반지름이 4인 원이다. 그런

데 함수 $y = \sqrt{16 - x^2}$ 의 치역 $y \geq 0$이므로 주어진 함수의 그래프는 그림의 실선과 같은 반원이 된다.

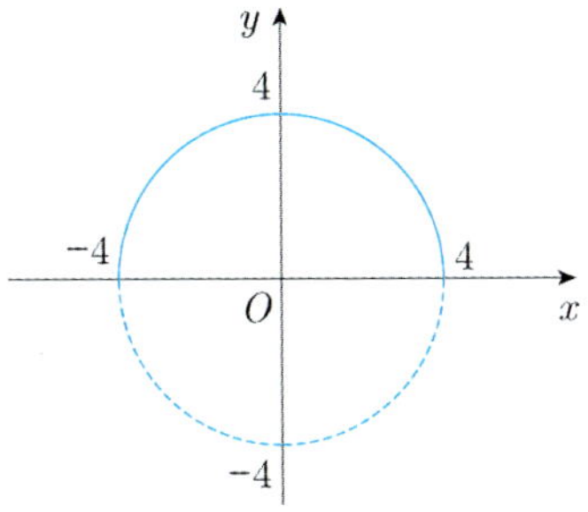

연습문제 4.4

01 다음 조건을 만족하는 원의 방정식을 구하여라.

(1) 중심이 $(-2,\ 3)$, 반지름이 4인 원

(2) 원점 $(0,\ 0)$이 중심이고, 반지름이 r인 원

02 중심이 $(2,\ 1)$이고 x축에 접하는 원의 방정식을 구하여라.

03 중심이 $(2,\ 1)$이고 y축에 접하는 원의 방정식을 구하여라.

04 중심이 $(2,\ 3)$이고 원점 $(0,\ 0)$을 지나는 원의 방정식을 구하여라.

05 다음 방정식이 나타내는 원의 중심과 반지름을 구하여라.

(1) $x^2+y^2-2x+4y=0$

(2) $2x^2+2y^2+8x-4y+1=0$

06 방정식 $x^2+y^2+Ax+By+C=0$이 중심이 $(1,\ -2)$이고 반지름이 4인 원을 나타낼 때 $A,\ B,\ C$의 값을 구하여라.

07 중심이 $(-2,\ 3)$이고 점 $(1,\ 4)$를 지나는 원의 방정식을 구하여라.

08 두 점 $(2,\ -1),\ (4,\ 3)$을 지름의 양 끝점으로 하는 원의 방정식을 구하여라.

09 중심이 x축 위에 있고, 두 점 $(0,\ 1),\ (2,\ -3)$을 지나는 원의 방정식을 구하여라.

- 중심이 x축 위에 있으므로 중심의 좌표는 $(a,\ 0)$이다.

10 세 점 $(1,\ 0),\ (1,\ 1),\ (2,\ -1)$을 지나는 원의 방정식을 구하여라.

11 중심이 $(a,\ a+1)$이고 x축에 접하며 점 $(1,\ 0)$을 지나는 원의 방정식을 구하여라.

- x축에 접하므로 원의 반지름은 $|a+1|$이다.

제5장

수열

5.1 등차수열 | 5.2 등비수열 |
5.3 합의 기호 | 5.4 수열의 극한

5.1 등차수열

5.1.1 수열

(1) 수열: 어떤 일정한 규칙에 따라 나열된 수의 열을 수열(sequence)이라 한다.

(2) 항: 수열을 이루는 각 수를 그 수열의 항이라 한다.

(3) 유한수열: 항의 개수가 유한한 수열을 유한수열이라 한다.

(4) 무한수열: 항의 개수가 무한히 많은 수열을 무한수열이라 한다.

(5) 항수: 유한 수열에서 항의 개수를 항수라고 한다.

(6) 끝항: 유한수열에서 마지막 항을 끝항이라 한다.

설명 (1) 1, 3, 5, 7, 9, ⋯와 같이 일정한 규칙에 따라 나열된 수의 열을 수열이라 한다. 각 수 1, 3, 5, 7, 9, ⋯는 이 수열을 이루는 항이다.

(2) 2, 4, 6, 8, 10, 12는 항수가 6인 유한수열이고, 끝항은 12이다.

(3) 1, 2, 3, 4, ⋯, 99, ⋯는 무한수열이다.

5.1.2 수열의 일반항

수열을 a_1, a_2, a_3, ⋯, a_n, ⋯으로 나타낼 때 처음부터 차례로 a_1을 첫째 항(제 1항), a_2를 둘째 항(제 2항), ⋯, a_n을 n째 항(제 n항)이라 하고, 특히 n째 항 a_n을 일반항이라 한다. 일반항을 이용하여 수열을 간단하게 $\langle a_n \rangle$ 또는 $\{a_n\}$으로 나타내기도 한다. 일반항을 알면 수열의 모든 항을 알 수 있다.

예 일반항 $a_n = 3n - 1$이면

제 1항은 $a_1 = 3 \times 1 - 1 = 2$ (← $n = 1$을 대입한다.)

$$\text{제 2항은 } a_2 = 3 \times 2 - 1 = 5 \qquad (\leftarrow\ n = 2\text{를 대입한다.})$$

$$\vdots$$

가 된다.

5.1.3 등차수열

연속하는 두 항의 차가 일정한 수열을 등차수열이라 하고, 일정한 값을 갖는 두 항의 차를 공차라 한다. 공차를 d라 하면 수열 $\{a_n\}$에서

$$a_n - a_{n-1} = d \ \ (n = 2, 3, 4, \cdots)$$

이다.

• 등차수열은 첫째항부터 차례로 일정한 수(공차)를 더해서 얻은 수열이다.

설명 수열 1, 3, 5, 7, 9, ⋯는 일정한 수 2를 더해서 얻어지는 수열이다. 연속한 두 항의 차는 2로써 일정하며 여기에서 2를 공차라 한다. 이 수열의 일반항은 $a_n = 2n - 1$이다.

5.1.4 등차수열의 일반항

첫째항이 a이고 공차가 d인 등차수열 $\{a_n\}$의 일반항은 다음과 같다.

$$a_n = a + (n-1)d \ \ (n = 1, 2, 3, \cdots)$$

설명 첫째항 a, 공차 d인 등차수열의 일반항을 유도해 보자.

$$a_1 = a$$
$$a_2 = a_1 + d = a + d$$
$$a_3 = a_2 + d = (a + d) + d = a + 2d$$
$$a_4 = a_3 + d = (a + 2d) + d = a + 3d$$
$$\vdots$$

따라서 일반항 a_n은 다음과 같음을 알 수 있다.

$$a_n = a + (n-1)d$$

5.1.5 등차중항

세 수 a, b, c가 이 순서로 등차수열을 이룰 때 b를 a, c의 등차중항이라 한다. 이때 세 수의 관계는 다음과 같다.

$$b=\frac{a+c}{2}$$

설명 a, b, c가 등차수열이므로 연속하는 두 수의 차이는 같다. 따라서

$$b-a=c-b$$

$$\therefore\ b=\frac{a+c}{2}$$

예제 5.1.1

다음 수열의 처음 세 항을 나열하여라.

(1) $a_n=3n-2$

(2) $a_n=2^n+1$

풀이 $n=1$, $n=2$, $n=3$을 차례로 대입한다.

(1) $a_1=3\times1-2=1$, $a_2=3\times2-2=4$, $a_3=3\times3-2=7$

$$\therefore\ 1,\ 4,\ 7$$

(2) $a_1=2^1+1=3$, $a_2=2^2+1=5$, $a_3=2^3+1=9$

$$\therefore\ 3,\ 5,\ 9$$

예제 5.1.2

다음 수열이 등차수열일 때 일반항 a_n을 구하여라.

(1) $-5,\ -2,\ 1,\ 4,\ \cdots$

(2) $9,\ 5,\ 1,\ -3,\ \cdots$

풀이 (1) 첫째항 $a=-5$, 공차 $d=-2-(-5)=1-(-2)=4-1=\cdots=3$이므로

$$a_n=a+(n-1)d=-5+(n-1)\times3=3n-8$$

$$\therefore\ a_n=3n-8$$

(2) 첫째항 $a=9$, 공차 $d=5-9=1-5=(-3)-1=\cdots=-4$이므로

$$a_n = a + (n-1)d = 9 + (n-1) \times (-4)$$
$$= -4n + 13$$
$$\therefore\ a_n = -4n + 13$$

예제 5.1.3

첫째 항이 -4이고 공차가 2인 등차수열의 일반항과 제 30항을 구하여라.

풀이 첫째항 $a = -4$, 공차 $d = 2$이므로 일반항

$$a_n = a + (n-1)d = -4 + (n-1) \times 2$$
$$= 2n - 6$$
$$\therefore\ a_n = 2n - 6$$

이고, 제 30항 $a_{30} = 2 \times 30 - 6 = 54$이다.

예제 5.1.4

제 5항이 8이고 제 13항이 32인 등차수열의 첫째항과 공차를 구하여라. 이 수열에서 53은 몇 번째 항인가?

풀이 첫째항을 a, 공차를 d라 하면

$$a_5 = 8\text{이므로 } a + 4d = 8 \quad \cdots ①$$
$$a_{13} = 32\text{이므로 } a + 12d = 32 \quad \cdots ②$$

①, ②를 연립하면 $a = -4$, $d = 3$이다.
일반항 $a_n = a + (n-1)d = -4 + (n-1) \times 3 = 3n - 7$이므로

$$a_n = 3n - 7 = 53$$
$$\therefore\ n = 20$$

이다. 따라서 53은 20번째 항이다.

5.1.6 등차수열의 합

첫째항 a, 공차 d, 제 n항이 l인 등차수열의 첫째항부터 제 n항까지의 합 S_n은 다음과 같다.

(1) 첫째항 a와 공차 d를 알 때: $S_n = \dfrac{n[2a+(n-1)d]}{2}$

(2) 첫째항 a와 제 n항 l을 알 때: $S_n = \dfrac{n(a+l)}{2}$

설명 첫째항 a, 공차 d인 등차수열의 첫째항부터 제 n항까지의 합을 S_n이라고 하면

$$S_n = a+(a+d)+(a+2d)+\cdots+(l-d)+l \qquad \cdots ①$$

이고, 이 식의 우변을 역순으로 쓰면

$$S_n = l+(l-d)+(l-2d)+\cdots+(a+d)+a \qquad \cdots ②$$

이다. 두 식을 합하면(①+②)

$$2S_n = (a+l)+(a+l)+(a+l)+\cdots+(a+l)+(a+l)$$

$$\therefore \ S_n = \frac{n(a+l)}{2}$$

가 된다. 여기에서 l은 제 n항이므로

$$l = a_n = a+(n-1)d$$

$$\therefore \ S_n = \frac{n[2a+(n-1)d]}{2}$$

이다.

5.1.7 일반항 a_n과 합 S_n의 관계

수열 $\{a_n\}$의 첫째항부터 제 n항까지의 합을 S_n이라고 하면

$$a_1 = S_1,\ a_n = S_n - S_{n-1} \ (n \geq 2)$$

설명 첫째항은 제 1항까지의 합과 같으므로 $a_1 = S_1$이고,

$$S_n = a_1 + a_2 + a_3 + \cdots + a_{n-1} + a_n$$

$$S_{n-1} = a_1 + a_2 + a_3 + \cdots + a_{n-1}$$

이므로 $S_n - S_{n-1} = a_n$ 이다.

예제 5.1.5

다음을 구하여라.

(1) 첫째항이 -4이고 공차가 3인 등차수열의 제 20항까지의 합

(2) 1에서 100까지 자연수의 합

풀이 (1) 첫째항 $a=-4$, 공차 $d=3$, 항 수 $n=20$이므로

$$S_{20} = \frac{n\{2a+(n-1)d\}}{2} = \frac{20\{2\times(-4)+(20-1)\times 3\}}{2} = 490$$

(2) 첫째항 $a=1$, 끝항 $l=100$, 항 수 $n=100$이므로

$$S_{20} = \frac{n(a+l)}{2} = \frac{100(1+100)}{2} = 5050$$

예제 5.1.6

30 이상 90 이하의 정수에 대하여 4의 배수의 합을 구하여라.

풀이 $\frac{30}{4} = 7.5$, $\frac{90}{4} = 22.5$이므로 첫째항은 $4\times 8 = 32$, 끝항은 $4\times 22 = 88$, 항수는 $22-7=15$이다. 따라서 합은 다음과 같다.

$$S_{15} = \frac{n(a+l)}{2} = \frac{15(32+88)}{2} = 900$$

- 일반항 $a_n = a+(n-1)d = 32+(n-1)\times 4$이므로 $88 = 32+4(n-1)$에서 항수 $n=15$가 구해진다.

예제 5.1.7

첫째 항이 -34, 공차가 4인 등차수열에서 첫째 항부터 제 몇 항까지의 합이 최소가 되는지 구하고, 그때의 최솟값을 구하여라.

풀이 $a=-34$, $d=4$인 주어진 수열의 첫째 항부터 제 n항까지의 합

$$S_n=\frac{n[2a+(n-1)d]}{2}=\frac{n[2\cdot(-34)+(n-1)\cdot 4]}{2}$$
$$=2n^2-36n$$
$$=2(n-9)^2-162$$

따라서 $n=9$, 즉 제 9항까지의 합이 최소이고 그때의 최솟값은 -162이다.

- $a=-34$, $d=4$인 수열의 일반항 $a_n=-34+(n-1)\cdot 4=4n-38$이다. 이 수열이 처음으로 양수가 되는 항은 $a_n=4n-38>0$에서 $n>\frac{38}{4}=9.5$이다. 따라서 첫째항부터 제9항까지가 음수이고, 제 10항부터 양수이므로 첫째항부터 제9항까지가 합이 최소가 된다.

연습문제 5.1

01 다음 수열이 등차수열일 때, 일반항과 제 20항까지의 합을 각각 구하여라.

(1) $-16,\ -12,\ -8,\ -4,\ \cdots$
(2) $\frac{1}{2},\ 2,\ \frac{7}{2},\ 5,\ \cdots$
(3) $40,\ 38,\ 36,\ 34,\ \cdots$
(4) $7,\ -1,\ -9,\ -17,\ \cdots$

02 네 수 $-4,\ x,\ 10,\ y$가 등차수열을 이룰 때 $x,\ y$를 구하여라.

03 등차수열 $\{a_n\}$에서 $a_2=-1,\ a_{10}=23$일 때 다음 물음에 답하여라.

(1) 일반항 a_n을 구하여라.
(2) 293은 제 몇 항인가?
(3) 제8항에서 제20항까지의 합을 구하여라.

04 등차수열 $\{a_n\}$에서 다음 식을 만족할 때, a_{20}을 구하여라.

$$a_2+a_5=-2,\ a_3+a_8=6$$

05 200 이상 300 이하의 정수에 대하여 3의 배수의 합을 구하여라.

06 등차수열 100, 97, 94, 91, ⋯에 대한 다음 물음에 답하여라.

(1) 처음으로 음수가 되는 항은 몇 번째 항인가?
(2) 첫째 항부터 제n항까지의 합을 S_n이라 할 때 S_n의 최댓값을 구하여라.

07 제2항이 13이고 첫째 항부터 제5항까지의 합이 85인 등차수열의 첫째 항과 공차 및 일반항을 각각 구하여라.

08 첫째 항이 -19, 공차가 2인 등차수열에서 첫째 항부터 제 몇 항까지의 합이 최소가 되는지 구하고, 그때의 최솟값을 구하여라.

5.2 등비수열

5.2.1 등비수열

앞의 항에 일정한 수를 곱하여 다음 항이 얻어지는 수열을 등비수열이라 하고, 곱하는 일정한 수를 공비라 한다. 수열 $\{a_n\}$의 공비 r은 다음과 같이 정의된다.

$$a_{n+1} = ra_n \quad (r \neq 0,\ n = 1,\ 2,\ 3,\ \cdots)$$

설명 수열 1, 2, 4, 8, 16, …과 같이 일정한 수(2)를 곱하여 다음 항이 얻어지는 수열을 등비수열이라 한다. 등비수열에서 첫째항 $a \neq 0$, 공비 $r \neq 0$이다.

5.2.2 등비수열의 일반항

첫째 항이 a이고 공비가 r인 등비수열의 일반항은 다음과 같다.

$$a_n = ar^{n-1} \quad (n = 1,\ 2,\ 3,\ \cdots)$$

설명 첫째 항 a, 공비 r인 등비수열의 각 항을 계산해보자.

$$\begin{aligned} a_1 &= a \\ a_2 &= a_1 r = ar \\ a_3 &= a_2 r = (ar)r = ar^2 \\ a_4 &= a_3 r = (ar^2)r = ar^3 \\ &\vdots \end{aligned}$$

따라서 일반항은 $a_n = ar^{n-1}$이다.

예를 들어 등비수열 3, 6, 12, 24, …의 일반항은 $a_n = 3 \cdot 2^{n-1}$이다.

예제 5.2.1

수열 2, 6, x, 54, $\cdots$가 등비수열일 때 공비와 x를 구하여라.

풀이 $a_2 = ra_1$이므로 $r = \dfrac{a_2}{a_1} = \dfrac{6}{2} = 3$이고, $a_3 = ra_2$로부터

$$x = r \times 6 = 3 \times 6 = 18$$

이다.

예제 5.2.2

다음 등비수열의 일반항을 구하여라.

(1) 2, -6, 18, -54, $\cdots$

(2) 9, $3\sqrt{3}$, 3, $\sqrt{3}$, $\cdots$

풀이 (1) $a = 2$, $r = \dfrac{-6}{2} = -3$이므로 일반항 $a_n = ar^{n-1} = 2 \cdot (-3)^{n-1}$.

(2) $a = 9$, $r = \dfrac{3\sqrt{3}}{9} = \dfrac{1}{\sqrt{3}}$이므로 일반항은 다음과 같다.

$$a_n = ar^{n-1} = 9 \cdot \left(\frac{1}{\sqrt{3}}\right)^{n-1}$$

5.2.3 등비수열의 합

첫째 항이 a이고 공비가 r인 등비수열의 첫째 항부터 제 n항까지의 합 S_n은 다음과 같다.

(1) $r \neq 1$일 때 $S_n = \dfrac{a(1-r^n)}{1-r} = \dfrac{a(r^n-1)}{r-1}$

(2) $r = 1$일 때 $S_n = na$

설명 첫째 항부터 제 n항까지의 합 S_n은

$$S_n = a + ar + ar^2 + \cdots + ar^{n-2} + ar^{n-1} \qquad \cdots\cdots ①$$

이고, 이 식의 양변에 r을 곱하면

$$rS_n = ar + ar^2 + ar^3 + \cdots + ar^{n-1} + ar^n \qquad \cdots\cdots ②$$

이다. 두 식을 빼면(①$-$②)

$$S_n - rS_n = a - ar^n$$

$$\therefore\ (1-r)S_n = a(1-r^n)$$

이므로 $r \neq 1$일 때는 $S_n = \dfrac{a(1-r^n)}{1-r}$이고, $r=1$일 때는

$$S_n = a + a + a + \cdots + a + a = na$$

이다.

예제 5.2.3

다음 등비수열의 첫째 항부터 제 n항까지의 합 S_n을 구하여라.

(1) 2, 6, 18, 54, $\cdots$

(2) 1, $\dfrac{1}{2}$, $\dfrac{1}{4}$, $\dfrac{1}{8}$, $\cdots$

풀이 (1) 첫째 항 $a=2$, 공비 $r=3$이므로

$$S_n = \frac{a(r^n-1)}{r-1} = \frac{2(3^n-1)}{3-1} = 3^n - 1$$

(2) 첫째 항 $a=1$, 공비 $r=\dfrac{1}{2}$이므로

$$S_n = \frac{a(1-r^n)}{1-r} = \frac{1\left\{1-\left(\frac{1}{2}\right)^n\right\}}{1-1/2} = 2\left(1-\frac{1}{2^n}\right)$$

5.2.4 등비중항

세 수 a, b, c가 이 순서로 등비수열을 이룰 때 b를 a, c의 등비중항이라 하며 $b^2 = ac$ $(b = \pm\sqrt{ac})$가 된다.

설명 a, b, c가 등비수열을 이루면 $\dfrac{b}{a} = \dfrac{c}{b}$이므로 $b^2 = ac$이다.

예제 5.2.4

세 수 4, x, 16이 이 순서로 등비수열을 이룰 때 x를 구하여라.

| 풀이 4, x, 16이 이 순서로 등비수열을 이루므로

$$x^2 = 4 \times 16$$
$$\therefore\ x = \pm\sqrt{4 \times 16} = \pm 8$$

x가 8일 때는 공비가 2, $x=-8$일 때는 공비가 -2인 등비수열이다.

연습문제 5.2

01 다음 등비수열의 일반항을 구하여라.

(1) $\frac{1}{8}$, $\frac{1}{4}$, $\frac{1}{2}$, 1, $\cdots$　　　　(2) 3, -1, $\frac{1}{3}$, $-\frac{1}{9}$, $\cdots$

02 수열 8, $4\sqrt{2}$, x, $2\sqrt{2}$, $\cdots$가 등비수열일 때 공비와 x를 구하여라.

03 다음 등비수열의 첫째 항부터 제 10항까지의 합을 구하여라.

(1) 1, $\frac{1}{3}$, $\frac{1}{9}$, $\cdots$　　　　(2) $\sqrt{2}$, 2, $2\sqrt{2}$, $\cdots$

04 세 양수 a, b, 30이 이 순서로 등차수열을 이루고, 2, a, b가 이 순서로 등비수열을 이룰 때 a, b를 구하여라.

05 등비수열 1, $x+1$, $(x+1)^2$, $\cdots$의 첫째 항부터 제 n항까지의 합을 구하여라.

06 첫째 항을 a, 공비를 r, 제 n항을 l이라고 할 때 첫째 항부터 제 n항까지의 합 S_n은 다음과 같음을 보여라. 단, $r \neq 1$이다.

$$S_n = \frac{a-rl}{1-r} = \frac{rl-a}{r-1}$$

07 연이율이 r이고 1년마다 복리로 매년 초에 a원씩 n년간 적립할 때 n년 말의 원리합계를 구하여라.

- a원을 저금하면 1년 후에는 원금+이자$=a+ar=a(1+r)$이고, 2년 후에는 1년 후의 원리합계 +1년간의 이자$=a(1+r)+a(1+r)r=a(1+r)^2$이 된다. $\cdots$. 따라서 첫해에 저금한 a원은 n년 말에는 $a(1+r)^n$이 되고, 두 번째 해에 저금한 a원은 $a(1+r)^{n-1}$, $\cdots$, 마지막 해 초에 저금한 a원은 1년 동안 저금한 것이므로 $a(1+r)$이 된다.

5.3 합의 기호

5.3.1 합의 기호 $\sum$의 뜻

수열 $\{a_n\}$에서 첫째 항부터 제 n항까지의 합을 기호 $\sum$를 사용하여 다음과 같이 간단하게 나타낸다.

$$a_1 + a_2 + a_3 + \cdots + a_{n-1} + a_n = \sum_{k=1}^{n} a_k$$

설명 (1) $\sum_{k=1}^{n} a_k$는 a_k의 k에 1, 2, 3, $\cdots$, n을 대입하여 얻은 항 a_1, a_2, a_3, $\cdots$, a_n의 합을 의미한다. 따라서 k 대신에 다른 문자를 사용해도 된다. 즉, $\sum_{k=1}^{n} a_k = \sum_{i=1}^{n} a_i = \sum_{j=1}^{n} a_j$이다.

(2) $\sum$는 '합'을 뜻하는 영어의 'Sum'의 S에 해당하는 그리스 문자의 대문자로 '시그마(Sigma)'라고 읽는다.

예제 5.3.1

다음을 기호 $\sum$로 나타내어라.

(1) $S = 1 + 3 + 5 + \cdots + (2n-1)$ (2) $S = 1 + 3 + 3^2 + \cdots 3^{10}$

풀이 (1) 일반항 $a_n = 2n - 1$이므로

$$S = \sum_{k=1}^{n} a_k = \sum_{k=1}^{n} (2k-1)$$

(2) 일반항 $a_n = 3^{n-1}$인 수열의 제 11항까지의 합이므로

$$S = \sum_{k=1}^{n} a_k = \sum_{k=1}^{11} (3^{k-1})$$

5.3.2 기호 $\sum$의 기본 성질

일반적으로 $\sum$에는 다음과 같은 관계식이 성립한다. c는 상수이다.

(1) $\sum_{k=1}^{n}(a_k + b_k) = \sum_{k=1}^{n} a_k + \sum_{k=1}^{n} b_k$

(2) $\sum_{k=1}^{n}(a_k - b_k) = \sum_{k=1}^{n} a_k - \sum_{k=1}^{n} b_k$

(3) $\sum_{k=1}^{n} ca_k = c\sum_{k=1}^{n} a_k$

(4) $\sum_{k=1}^{n} c = cn$

설명 합해지는 항들을 나열해 보면 $\sum$의 기본 성질을 알 수 있다. 예를 들어 (1)의 관계식은 다음과 같이 증명된다.

$$\begin{aligned}\sum_{k=1}^{n}(a_k + b_k) &= (a_1 + b_1) + (a_2 + b_2) + (a_3 + b_3) + \cdots + (a_n + b_n) \\ &= (a_1 + a_2 + a_3 + \cdots + a_n) + (b_1 + b_2 + b_3 + \cdots + b_n) \\ &= \sum_{k=1}^{n} a_k + \sum_{k=1}^{n} b_k\end{aligned}$$

(2), (3), (4)의 성질들도 위와 같은 방법으로 쉽게 보일 수 있다.

예제 5.3.2

$\sum_{k=1}^{10} a_k = 15$, $\sum_{k=1}^{10} b_k = 20$일 때 다음을 구하여라.

(1) $\sum_{k=1}^{10}(2a_k + b_k)$

(2) $\sum_{k=1}^{10}(-2a_k + 4)$

풀이 (1) $\sum_{k=1}^{10}(2a_k + b_k) = 2\sum_{k=1}^{10} a_k + \sum_{k=1}^{10} b_k = 2 \times 15 + 20 = 50$

(2) $\sum_{k=1}^{10}(-2a_k + 4) = -2\sum_{k=1}^{10} a_k + \sum_{k=1}^{10} 4 = -2 \times 15 + 4 \times 10 = 10$

5.3.3 자연수의 거듭제곱의 합

(1) $\sum_{k=1}^{n} k = 1+2+3+\cdots+n = \frac{n(n+1)}{2}$

(2) $\sum_{k=1}^{n} k^2 = 1^2+2^2+3^2+\cdots+n^2 = \frac{n(n+1)(2n+1)}{6}$

(3) $\sum_{k=1}^{n} k^3 = 1^3+2^3+3^3+\cdots+n^3 = \left\{\frac{n(n+1)}{2}\right\}^2$

설명 (1) $\sum_{k=1}^{n} k = 1+2+3+\cdots+n$

는 첫째 항이 1이고 공차가 1인 등차수열의 첫째항부터 제 n항까지의 합이므로

$$\sum_{k=1}^{n} k = \frac{n(n+1)}{2}$$

이다.

(2) 항등식 $(k+1)^3-k^3=3k^2+3k+1$에 $k=1,\ 2,\ 3,\ \cdots,\ n$을 차례로 대입하면

$$\begin{aligned}
k=1 &: 2^3-1^3=3\cdot1^2+3\cdot1+1\\
k=2 &: 3^3-2^3=3\cdot2^2+3\cdot2+1\\
k=3 &: 4^3-3^3=3\cdot3^2+3\cdot3+1\\
&\vdots \qquad\qquad\quad \vdots\\
k=n &: (n+1)^3-n^3=3\cdot n^2+3\cdot n+1
\end{aligned}$$

이 n개의 식을 더하면

$$(n+1)^3-1^3=3\sum_{k=1}^{n} k^2+3\sum_{k=1}^{n} k+\sum_{k=1}^{n} 1$$

이다. 여기에서 $\sum_{k=1}^{n} k = \frac{n(n+1)}{2}$, $\sum_{k=1}^{n} 1 = n$이므로

$$3\sum_{k=1}^{n} k^2 = (n+1)^3-1-\frac{3n(n+1)}{2}-n=\frac{n(n+1)(2n+1)}{2}$$

이다. 따라서

$$\sum_{k=1}^{n} k^2 = \frac{n(n+1)(2n+1)}{6}$$

이다.

(3) 같은 방법으로 항등식 $(k+1)^4 - k^4 = 4k^3 + 6k^2 + 4k + 1$에 $k=1,\ 2,\ 3,$ $\cdots,\ n$을 차례로 대입하여

$$\sum_{k=1}^{n} k^3 = \left\{\frac{n(n+1)}{2}\right\}^2$$

을 유도할 수 있다.

예제 5.3.3

다음을 구하여라.

(1) $\displaystyle\sum_{k=1}^{10}(2k-1)$ (2) $\displaystyle\sum_{k=1}^{5}\{k(k-2)\}$

풀이 (1)

$$\begin{aligned}\sum_{k=1}^{10}(2k-1) &= 2\sum_{k=1}^{10}k - \sum_{k=1}^{10}1 \\ &= 2\times\frac{10(10+1)}{2} - 10 \\ &= 100\end{aligned}$$

(2)

$$\begin{aligned}\sum_{k=1}^{5}\{k(k-2)\} &= \sum_{k=1}^{5}(k^2-2k) \\ &= \sum_{k=1}^{5}k^2 - 2\sum_{k=1}^{5}k \\ &= \frac{5(5+1)(2\times5+1)}{6} - 2\times\frac{5(5+1)}{2} \\ &= 25\end{aligned}$$

5.3.4 분수 꼴로 된 수열의 합

일반항을 다음과 같이 부분분수로 변형하여 구한다.

(1) $\dfrac{1}{A \cdot B} = \dfrac{1}{B-A}\left(\dfrac{1}{A} - \dfrac{1}{B}\right)$

(2) $\dfrac{1}{(k+a)(k+b)} = \dfrac{1}{b-a}\left(\dfrac{1}{k+a} - \dfrac{1}{k+b}\right)$

(3) $\dfrac{1}{k(k+1)(k+2)} = \dfrac{1}{2}\left\{\dfrac{1}{k(k+1)} - \dfrac{1}{(k+1)(k+2)}\right\}$

설명 분수 꼴로 된 수열의 합은 일반항 a_n을 구하여 부분분수로 변형한 후, 다음과 같이 전개하여 계산한다.

$$\sum_{k=1}^{n} a_k = a_1 + a_2 + a_3 + \cdots + a_n$$

예를 들어 일반항 $a_n = \dfrac{1}{n(n+1)}$ 이면 $S_n = \sum_{k=1}^{n} a_k$는 다음과 같이 구해진다.

먼저 a_n을 부분분수로 분해하면

$$a_n = \frac{1}{n(n+1)} = \frac{1}{n} - \frac{1}{n+1}$$

이므로

$$\begin{aligned} S_n = \sum_{k=1}^{n} a_k &= \sum_{k=1}^{n}\left(\frac{1}{k} - \frac{1}{k+1}\right) \\ &= \left(\frac{1}{1} - \frac{1}{2}\right) + \left(\frac{1}{2} - \frac{1}{3}\right) + \cdots + \left(\frac{1}{n-1} - \frac{1}{n}\right) + \left(\frac{1}{n} - \frac{1}{n+1}\right) \\ &= \frac{1}{1} - \frac{1}{n+1} \\ &= \frac{n}{n+1} \end{aligned}$$

이다.

예제 5.3.4

다음 수열의 첫째 항부터 제 n항까지의 합 S_n을 구하여라.

$$\frac{1}{1\cdot 3},\ \frac{1}{3\cdot 5},\ \frac{1}{5\cdot 7},\ \frac{1}{7\cdot 9},\ \cdots$$

풀이 먼저 일반항을 구하여 부분분수로 분해한다. 일반항

$$a_n=\frac{1}{(2n-1)(2n+1)}=\frac{1}{2}\left(\frac{1}{2n-1}-\frac{1}{2n+1}\right)$$

이므로 수열의 합 S_n은 다음과 같다.

$$\begin{aligned}S_n&=\sum_{k=1}^{n}a_k=\frac{1}{2}\sum_{k=1}^{n}\left(\frac{1}{2k-1}-\frac{1}{2k+1}\right)\\&=\frac{1}{2}\left\{\left(\frac{1}{1}-\frac{1}{3}\right)+\left(\frac{1}{3}-\frac{1}{5}\right)+\cdots+\left(\frac{1}{2n-1}-\frac{1}{2n+1}\right)\right\}\\&=\frac{1}{2}\left(\frac{1}{1}-\frac{1}{2n+1}\right)\\&=\frac{n}{2n+1}\end{aligned}$$

예제 5.3.5

다음 수열의 첫째 항부터 제 20항까지의 합을 구하여라.

$$1,\ \frac{1}{1+2},\ \frac{1}{1+2+3},\ \frac{1}{1+2+3+4},\ \cdots$$

풀이 $a_n=\dfrac{1}{1+2+3+\cdots+n}=\dfrac{1}{\dfrac{n(n+1)}{2}}=\dfrac{2}{n(n+1)}=2\left(\dfrac{1}{n}-\dfrac{1}{n+1}\right)$

$$\begin{aligned}\therefore\ S_{20}&=\sum_{k=1}^{20}a_k=2\sum_{k=1}^{20}\left(\frac{1}{k}-\frac{1}{k+1}\right)\\&=2\left\{\left(\frac{1}{1}-\frac{1}{2}\right)+\left(\frac{1}{2}-\frac{1}{3}\right)+\cdots+\left(\frac{1}{20}-\frac{1}{20+1}\right)\right\}\\&=2\left(\frac{1}{1}-\frac{1}{20+1}\right)=\frac{40}{21}\end{aligned}$$

연습문제 5.3

01 다음을 기호 $\sum$로 나타내어라.

(1) $3+3+3+3+3$

(2) $1+2+2^2+\cdots\ 2^{n-1}$

(3) $5+7+9+11+\cdots+47$

(4) $1+3+5+\cdots+(2n-1)$

02 $\sum_{k=1}^{10} a_k = 10$, $\sum_{k=1}^{10} b_k = 20$일 때 다음을 구하여라.

(1) $\sum_{k=1}^{10}(2a_k - 3b_k)$

(2) $\sum_{k=1}^{10}(-3a_k + 2b_k + 4)$

03 다음을 계산하여라.

(1) $\sum_{k=1}^{10}(4k+3)$

(2) $\sum_{k=1}^{10}\{k(k^2+2)\}$

04 $\sum_{k=1}^{n}(k^2+1) - \sum_{k=1}^{n-1}(k^2-1)$을 계산하여라.

05 다음을 구하여라.

(1) $\sum_{k=1}^{n}\frac{1}{(2k-1)(2k+1)}$

(2) $\sum_{k=1}^{n}\frac{1}{\sqrt{k}+\sqrt{k+1}}$

06 다음 수열의 첫째 항부터 제 20항까지의 합을 구하여라.

$$\frac{1}{3^2-1},\ \frac{1}{5^2-1},\ \frac{1}{7^2-1},\ \cdots$$

07 $\sum_{k=1}^{30}\frac{1}{\sqrt{k+1}+\sqrt{k+2}}$의 값을 구하여라.

5.4 수열의 극한

5.4.1 무한수열의 수렴

무한수열 $\{a_n\}$에서 항의 번호 n이 한없이 커짐에 따라($n \to \infty$) 일반항 a_n의 값이 일정한 값 β에 한없이 가까워지면 수열 $\{a_n\}$은 β에 수렴한다(converge)고 하고, β를 수열 $\{a_n\}$의 극한값 또는 극한이라 한다. 이와 같은 것을 다음과 같은 기호로 나타낸다.

$$\lim_{n \to \infty} a_n = \beta$$

설명 lim는 극한을 뜻하는 limit의 약자이며, $n \to \infty$는 n이 한없이 커진다는 것을 의미한다.

수열 $\frac{1}{2}, \frac{2}{3}, \frac{3}{4}, \cdots, \frac{n}{n+1}$에서 n이 한없이 커지면 일반항 $\frac{n}{n+1}$은 일정한 값 1에 한없이 가까워진다. 이때 이것을 다음과 같이 나타낸다.

$$\lim_{n \to \infty} \frac{n}{n+1} = 1$$

한편, n이 한없이 커지면 $a_n = \frac{1}{n}$은 0에 한없이 가까워지며, 이것은 다음과 같이 나타낸다.

$$\lim_{n \to \infty} \frac{1}{n} = 0$$

극한값을 구할 때는 $\frac{\text{상수}}{\infty} = 0$라는 것을 많이 이용한다. 예를 들어 다음 극한값은 모두 0이다.

$$\lim_{n\to\infty}\frac{4}{n}=0,\ \lim_{n\to\infty}\frac{1}{2n-1}=0,\ \lim_{n\to\infty}\frac{3}{n^2}=0,\ \lim_{n\to\infty}\left(-\frac{2}{n}\right)=0$$

5.4.2 무한수열의 발산

무한수열 $\{a_n\}$이 일정한 값에 수렴하지 않을 때, 수열 $\{a_n\}$은 발산한다(diverge)고 한다.

(1) 양의 무한대로 발산: 무한수열 $\{a_n\}$에서 n이 한없이 커짐에 따라 일반항 a_n의 값이 한없이 커지는 경우.

$$\lim_{n\to\infty} a_n = \infty$$

(2) 음의 무한대로 발산: 무한수열 $\{a_n\}$에서 n이 한없이 커짐에 따라 일반항 a_n의 값이 음수이면서 그 절댓값이 한없이 커지는 경우.

$$\lim_{n\to\infty} a_n = -\infty$$

설명 (1) 수열 $1,\ 2,\ 2^2,\ 2^3,\ 2^4,\ \cdots,\ 2^{n-1},\ \cdots$은 n이 한없이 커지면 일반항 a_n의 값이 한없이 커진다. 즉, $\lim_{n\to\infty} a_n = \infty$이다.

(2) 수열 $-4,\ -8,\ -12,\ -16,\ \cdots,\ -4n,\ \cdots$은 n이 한없이 커지면 $a_n = -4n$의 값이 음수로서 그 절댓값이 한없이 커진다. 즉, $\lim_{n\to\infty} a_n = -\infty$이다.

- 진동: 수열 $2,\ -2,\ 2,\ -2,\ \cdots,\ 2\cdot(-1)^{n-1},\ \cdots$과 같이 n이 한없이 커질 때, a_n이 수렴하지도 않고 양의 무한대나 음의 무한대로 발산하지도 않는 경우를 진동한다고 한다. 진동하는 경우는 발산하는 경우에 포함된다.

예제 5.4.1

일반항이 다음과 같은 무한수열의 수렴·발산을 조사하고 극한값을 구하여라.

(1) $a_n = \dfrac{1}{2n-5}$

(2) $a_n = \dfrac{4n+1}{n}$

(3) $a_n = -3n+4$

(4) $a_n = 1+(-1)^n$

풀이 (1) $\lim_{n\to\infty}\frac{1}{2n-5}=0$: 수렴하고 극한값은 0이다.

(2) $\lim_{n\to\infty}\frac{4n+1}{n}=\lim_{n\to\infty}\left(4+\frac{1}{n}\right)=4$: 수렴하고 극한값은 4이다.

(3) $\lim_{n\to\infty}(-3n+4)=-\infty$: 음의 무한대로 발산한다. 극한값이 없다.

(4) $a_n=1+(-1)^n$에서 $n\to\infty$일 때 $(-1)^n$은 $-1,\ 1,\ -1,\ 1,\ \cdots$이므로 $a_n=1+(-1)^n$의 값은 $0,\ 2,\ 0,\ 2,\ \cdots$이다. 즉, 이 수열은 진동한다. 진동하는 수열이므로 발산하고 극한값은 없다.

5.4.3 무한수열의 극한에 대한 기본 성질

두 무한수열 $\{a_n\}$, $\{b_n\}$이 수렴하고 $\lim_{n\to\infty}a_n=\alpha$, $\lim_{n\to\infty}b_n=\beta$일 때 다음 관계식이 성립한다. 단, α, β, k는 상수이다.

(1) $\lim_{n\to\infty}ka_n=k\lim_{n\to\infty}a_n=k\alpha$

(2) $\lim_{n\to\infty}(a_n+b_n)=\lim_{n\to\infty}a_n+\lim_{n\to\infty}b_n=\alpha+\beta$

(3) $\lim_{n\to\infty}(a_n-b_n)=\lim_{n\to\infty}a_n-\lim_{n\to\infty}b_n=\alpha-\beta$

(4) $\lim_{n\to\infty}a_nb_n=\lim_{n\to\infty}a_n\cdot\lim_{n\to\infty}b_n=\alpha\beta$

(5) $\lim_{n\to\infty}\left(\frac{a_n}{b_n}\right)=\frac{\lim_{n\to\infty}a_n}{\lim_{n\to\infty}b_n}=\frac{\alpha}{\beta}$ $(b_n\neq 0,\ \beta\neq 0)$

- 일반적으로 수렴하는 수열의 극한에 대하여 위의 기본 성질이 성립한다고 알려져 있으며 이러한 성질을 이용하여 다양한 형태의 수열의 극한값을 구할 수 있다.

예제 5.4.2

다음 극한값을 구하여라.

(1) $\lim_{n\to\infty}\frac{n+2}{4n-1}$

(2) $\lim_{n\to\infty}\frac{3n+2}{n^2+1}$

(3) $\lim_{n\to\infty}\frac{n^2-4n+2}{n+1}$

(4) $\lim_{n\to\infty}(\sqrt{n+1}-\sqrt{n})$

풀이 (1) 분모의 최고차항 n으로 분모와 분자를 각각 나눈다.

$$\lim_{n\to\infty}\frac{n+2}{4n-1}=\lim_{n\to\infty}\frac{1+\dfrac{2}{n}}{4-\dfrac{1}{n}}$$

$$=\frac{1+0}{4-0}=\frac{1}{4}$$

여기에서 $\lim_{n\to\infty}\frac{1}{n}=0$, $\lim_{n\to\infty}\frac{2}{n}=0$이다.

(2) 분모의 최고차항 n^2으로 분모와 분자를 각각 나눈다.

$$\lim_{n\to\infty}\frac{3n+2}{n^2+1}=\lim_{n\to\infty}\frac{\dfrac{3}{n}+\dfrac{2}{n^2}}{1+\dfrac{1}{n^2}}$$

$$=\frac{0+0}{1+0}=\frac{0}{1}=0$$

여기에서 $\lim_{n\to\infty}\frac{3}{n}=0$, $\lim_{n\to\infty}\frac{1}{n^2}=\lim_{n\to\infty}\frac{2}{n^2}=0$이다.

(3) 분모의 최고차항 n으로 분모와 분자를 각각 나눈다.

$$\lim_{n\to\infty}\frac{n^2-4n+2}{n+1}=\lim_{n\to\infty}\frac{n-4+\dfrac{2}{n}}{1+\dfrac{1}{n}}$$

$$=\frac{\infty-4+0}{1+0}=\infty$$

양의 무한대로 발산하므로 극한값이 없다.

(4) $$\lim_{n\to\infty}(\sqrt{n+1}-\sqrt{n})=\lim_{n\to\infty}\frac{(\sqrt{n+1}-\sqrt{n})(\sqrt{n+1}+\sqrt{n})}{(\sqrt{n+1}+\sqrt{n})}$$

$$=\lim_{n\to\infty}\frac{1}{(\sqrt{n+1}+\sqrt{n})}=\frac{1}{\infty+\infty}=0$$

5.4.4 무한 등비수열의 수렴과 발산

무한 등비수열 r^n은 r의 값에 따라 수렴하기도 하고 발산하기도 한다.

(1) $r>1$일 때 $\lim_{n\to\infty} r^n=\infty$: 양의 무한대로 발산한다.

(2) $r=1$일 때 $\lim_{n\to\infty} r^n=1$: 1에 수렴한다.

(3) $-1<r<1$일 때 $\lim_{n\to\infty} r^n=0$: 0에 수렴한다.

(4) $r\le -1$일 때 $\lim_{n\to\infty} r^n$은 진동하며 발산한다.

설명 (1) $r>1$일 때: $\lim_{n\to\infty} 2^n=\infty$, $\lim_{n\to\infty} 5^n=\infty$

(2) $r=1$일 때: $\lim_{n\to\infty} 1^n=1$

(3) $-1<r<1$일 때: $\lim_{n\to\infty}\left(\frac{1}{2}\right)^n=0$, $\lim_{n\to\infty}\left(-\frac{1}{4}\right)^n=0$

(4) $r=-1$일 때: $\lim_{n\to\infty}(-1)^n=-1,\ 1,\ -1,\ 1,\ -1,\ \cdots$ (진동)

$r<-1$일 때: $\lim_{n\to\infty}(-2)^n=-2,\ 4,\ -8,\ 16,\ -32,\ \cdots$ (진동, 발산)

예제 5.4.3

다음 극한값을 구하여라.

(1) $\lim_{n\to\infty}\left(\frac{2}{3}\right)^n$

(2) $\lim_{n\to\infty}\left(\frac{11}{10}\right)^n$

(3) $\lim_{n\to\infty}\frac{3^n-4^n}{4^n+2^n}$

(4) $\lim_{n\to\infty}(5^n-3^n)$

풀이 (1) $r=\frac{2}{3}$, $-1<r<1$이므로 $\lim_{n\to\infty}\left(\frac{2}{3}\right)^n=0$

(2) $r=\frac{11}{10}$, $r>1$이므로 $\lim_{n\to\infty}\left(\frac{11}{10}\right)^n=\infty$ $\quad\therefore$ 발산

(3) 가장 큰 수 4^n으로 분모, 분자를 나누어서 계산한다.

$$\lim_{n\to\infty}\frac{3^n-4^n}{4^n+2^n}=\lim_{n\to\infty}\frac{\left(\frac{3}{4}\right)^n-1}{1+\left(\frac{2}{4}\right)^n}=\frac{0-1}{1+0}=-1$$

(4) 가장 큰 수 5^n으로 묶어내어 계산한다.

$$\lim_{n\to\infty}(5^n-3^n)=\lim_{n\to\infty}5^n\left\{1-\left(\frac{3}{5}\right)^n\right\}=\infty\cdot(1-0)=\infty \quad \therefore \text{ 발산}$$

예제 5.4.4

무한등비수열 $a_n=3(x-2)^n$이 수렴하도록 하는 x값의 범위를 구하여라.

풀이 공비 $r=(x-2)$이다. 이 수열이 수렴하려면 $-1<r\le 1$에서

$$-1<x-2\le 1$$
$$\therefore\ 1<x\le 3$$

예제 5.4.5

다음 등식을 만족시키는 상수 a의 값을 구하여라.

$$\lim_{n\to\infty}\frac{an^2+3n+5}{2n^2+1}=4$$

풀이 $\frac{\infty}{\infty}$꼴은 분모의 최고차항으로 분모와 분자를 나누어 계산한다. 주어진 식의 좌변에서 분모의 최고차항 n^2으로 분모와 분자를 나누면

$$\lim_{n\to\infty}\frac{an^2+3n+5}{2n^2+1}=\lim_{n\to\infty}\frac{a+\frac{3}{n}+\frac{5}{n^2}}{2+\frac{1}{n^2}}=\frac{a}{2}$$

따라서 우변의 극한값과 비교하면 $\frac{a}{2}=4$이므로 $a=8$이다.

연습문제 5.4

01 다음 극한값을 구하여라.

(1) $\lim_{n\to\infty}\frac{5n+2}{3n+4}$　　(2) $\lim_{n\to\infty}\frac{4n-5}{n^2+2n+3}$

(3) $\lim_{n\to\infty}\frac{4n^2+2n+7}{n^2-3n}$　　(4) $\lim_{n\to\infty}\frac{1}{\sqrt{n+1}-\sqrt{n}}$

02 다음 극한값을 구하여라.

(1) $\lim_{n\to\infty}\left(\frac{99}{100}\right)^n$　　(2) $\lim_{n\to\infty}\frac{5^n}{4^n+1}$

(3) $\lim_{n\to\infty}\frac{4^n-2\cdot 7^n}{7^n+3^n}$　　(4) $\lim_{n\to\infty}\frac{3^{n+1}+2^n}{\sqrt{9^n+1}}$

03 $\lim_{n\to\infty}\frac{1}{\sqrt{n^2+an}-n}=\frac{1}{3}$일 때 상수 a의 값을 구하여라.

04 다음 무한등비수열 $\{a_n\}$이 수렴하게 하는 x값의 범위를 구하여라.

(1) $a_n=4\left(\frac{2x-3}{5}\right)^n$　　(2) $a_n=5\left(\frac{x^2-x}{2}\right)^n$

05 다음 등식을 만족시키는 상수 a의 값을 구하여라.

$$\lim_{n\to\infty}\frac{an^2-n+4}{3n^2+2n+1}=7$$

06 다음 등식을 만족시키는 상수 a, b의 값을 구하여라.

$$\lim_{n\to\infty}\frac{an^2+bn+3}{2n+1}=5$$

제 6 장

지수함수와 로그함수

6.1 | 지수함수

6.1.1 거듭제곱

어떤 수 a를 n번 거듭 곱한 것을 a의 n제곱이라 하고 a^n으로 나타낸다. a^n에서 a를 밑, n을 지수라 한다. a, a^2, a^3,⋯ 등은 모두 a의 거듭제곱이다.

6.1.2 거듭제곱근

n이 2 이상의 자연수일 때 실수 a에 대하여 어떤 수를 n 제곱하여 a가 되는 수를 a의 n 제곱근이라 한다. 즉, $x^n = a$이면 x는 a의 n 제곱근이다.

(1) n이 짝수이면 $x^n = a\ (a > 0)$가 되는 실수는 양수와 음수의 두 개가 있고, $\sqrt[n]{a}$, $-\sqrt[n]{a}$로 쓴다.

(2) n이 홀수이면 $x^n = a$가 되는 실수는 하나이고 $\sqrt[n]{a}$로 쓴다.

(3) $x^n = 0$가 되는 x는 0 하나뿐이다: $x = \sqrt[n]{0} = 0$

예 (1) $x^2 = 4$를 만족하는 $x = 2,\ -2$의 두 개이다.

(2) $x^3 = 27$이 되는 실수 $x = 3$ 하나뿐이다.

복소수의 범위에서 생각하면 $x = 3,\ \frac{3}{2}(-1 \pm \sqrt{3}i)$의 세 개이다.

(3) $x^4 = 1$이 되는 실수 $x = 1,\ -1$의 두 개이고,

복소수의 범위에는 $x = \pm 1,\ \pm i$ 의 네 개다.

6.1.3 거듭제곱근의 성질

a가 실수이고 n이 2 이상의 정수일 때

(1) $(\sqrt[n]{a})^n = a$

(2) $\sqrt[n]{a^n} = \begin{cases} a & (n\text{이 홀수}) \\ |a| & (n\text{이 짝수}) \end{cases}$

$a>0$, $b>0$이고 m, n이 2 이상의 정수일 때

(3) $\sqrt[n]{a}\sqrt[n]{b}=\sqrt[n]{ab}$

(4) $\dfrac{\sqrt[n]{a}}{\sqrt[n]{b}}=\sqrt[n]{\dfrac{a}{b}}$

(5) $(\sqrt[n]{a})^m=\sqrt[n]{a^m}$

(6) $\sqrt[m]{\sqrt[n]{a}}=\sqrt[mn]{a}=\sqrt[n]{\sqrt[m]{a}}$

(7) $\sqrt[np]{a^{mp}}=\sqrt[n]{a^m}$ (단, p는 양의 정수)

예 (1) $(\sqrt[n]{2})^n=2$

(2) n이 홀수일 때: $\sqrt[3]{2^3}=2$, $\sqrt[3]{(-2)^3}=-2$

n이 짝수일 때: $\sqrt[2]{2^2}=2$, $\sqrt[2]{(-2)^2}=2$

(3) $\sqrt[3]{2}\sqrt[3]{4}=\sqrt[3]{8}=\sqrt[3]{2^3}=2$

(4) $\dfrac{\sqrt[3]{54}}{\sqrt[3]{2}}=\sqrt[3]{\dfrac{54}{2}}=\sqrt[3]{27}=\sqrt[3]{3^3}=3$

(5) $(\sqrt[3]{2})^6=\sqrt[3]{2^6}=\sqrt[3]{4^3}=4$

(6) $\sqrt[3]{\sqrt{64}}=\sqrt[6]{2^6}=2$

(7) $\sqrt[12]{2^{15}}=\sqrt[4\times3]{2^{5\times3}}=\sqrt[4]{2^5}$

6.1.4 분수 지수의 정의

$a>0$, m이 정수이고 n이 2 이상의 정수일 때

$$a^{\frac{m}{n}}=\sqrt[n]{a^m},\quad a^{\frac{1}{n}}=\sqrt[n]{a}$$

예 $2^{\frac{5}{3}}=\sqrt[3]{2^5}$, $2^{\frac{1}{3}}=\sqrt[3]{2}$

6.1.5 지수법칙

지수 n이 자연수뿐만 아니라 정수, 유리수, 실수까지 확장하여 다음의 지수법칙이 성립한다.

$a>0$, $b>0$이고 x, y가 실수일 때

(1) $a^xa^y=a^{x+y}$

(2) $a^x\div a^y=a^{x-y}$

(3) $(a^x)^y=a^{xy}$

(4) $(ab)^x=a^xb^x$

$a\neq0$일 때, $a^0=1$, $a^{-x}=\dfrac{1}{a^x}$

예 (1) $(\sqrt{2})^{\frac{1}{3}} \times (\sqrt{2})^{\frac{2}{3}} = (\sqrt{2})^{\frac{1}{3}+\frac{2}{3}} = \sqrt{2}$

(2) $(\sqrt{3})^{\frac{5}{2}} \div (\sqrt{3})^{\frac{1}{2}} = (\sqrt{3})^{\frac{5}{2}-\frac{1}{2}} = (\sqrt{3})^2 = 3$

(3) $\left\{(\sqrt[3]{2})^{\frac{1}{2}}\right\}^6 = (\sqrt[3]{2})^3 = 2$

(4) $(\sqrt{5} \times \sqrt[3]{2})^2 = (\sqrt{5})^2 \times (\sqrt[3]{2})^2 = 5\sqrt[3]{4}$

- 밑이 음수($a<0,\ b<0$)이고 지수가 실수일 때는 밑이 양수($a>0,\ b>0$)일 때의 지수법칙을 적용하지 않는다.

(1) $\{(-3)^2\}^{\frac{1}{2}} = 9^{\frac{1}{2}} = 3$ 이다.

$\{(-3)^2\}^{\frac{1}{2}} = (-3)^{2\times\frac{1}{2}} = (-3)^1 = -3$ 이 아니다.

(2) $\{(-2)\times(-3)\}^{\frac{1}{2}} = (6)^{\frac{1}{2}} = \sqrt{6}$ 이다.

$\{(-2)\times(-3)\}^{\frac{1}{2}} = (-2)^{\frac{1}{2}} \times (-3)^{\frac{1}{2}} = \sqrt{-2} \times \sqrt{-3}$

$= \sqrt{2}i \times \sqrt{3}i = -\sqrt{6}$ 이 아니다.

6.1.6 지수함수

(1) 지수함수: $a \neq 1,\ a>0$일 때 정의역이 실수의 집합이며 치역이 양의 실수의 집합인 함수 $y=a^x$를 a를 밑으로 하는 지수함수라 한다.

(2) 지수함수 $y=a^x$ $(a\neq 1,\ a>0)$의 성질

① 정의역은 실수 전체의 집합이고 치역은 $\{y \mid y>0\}$이다.

② 그래프는 점 $(0,\ 1)$을 지나고 직선 $y=0$(x축)을 점근선으로 한다.

③ $0<a<1$일 때, x의 값이 증가하면 y의 값은 감소한다.

$a>1$일 때, x의 값이 증가하면 y의 값도 증가한다.

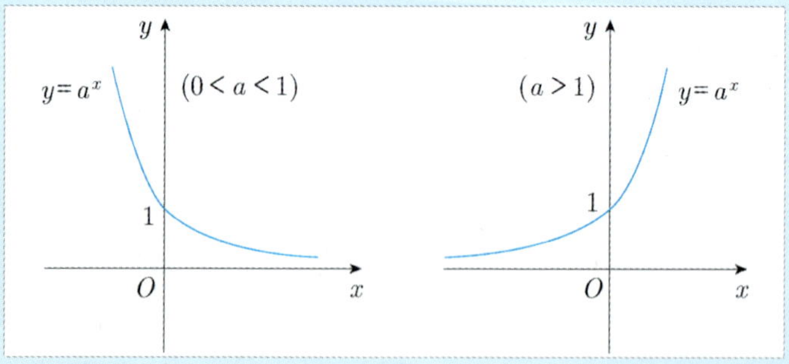

(3) $y=a^x$와 $y=a^{-x}=\left(\dfrac{1}{a}\right)^x$의 그래프는 y축에 대하여 대칭이다.

(4) 지수함수 $y=a^x$의 그래프를 x축 방향으로 m만큼, y축 방향으로 n만큼 평행이동한 방정식은 $y=a^{x-m}+n$.

설명 $a \neq 1$, $a>0$ 일 때 임의의 실수 x에 대하여 a^x의 값은 하나로 정해진다. 따라서 지수함수 $y=a^x$를 정의할 수 있다.

예 (1) 지수함수 예: $y=2^x$, $y=3^{-x}$

(2) $y=2^x$와 $y=2^{-x}$의 그래프는 y축에 대하여 대칭이다.

(3) $y=2^{x-1}+3$은 $y=2^x$의 그래프를 x축 방향으로 1만큼, y축 방향으로 3만큼 평행 이동한 그래프이다.

예제 6.1.1

다음 식을 간단히 하여라. (단, $a>0$)

(1) $\sqrt[3]{\sqrt[4]{16}} \times \sqrt[4]{\sqrt[3]{16^2}}$　　(2) $(a^3)^2 \times a^{-5} \div (a^{-2})^4$

풀이 (1)
$$\sqrt[3]{\sqrt[4]{16}} \times \sqrt[4]{\sqrt[3]{16^2}} = \left(16^{\frac{1}{4}}\right)^{\frac{1}{3}} \times \left\{(16^2)^{\frac{1}{3}}\right\}^{\frac{1}{4}}$$
$$= 16^{\frac{1}{12}+\frac{2}{12}}$$
$$= (2^4)^{\frac{1}{4}} = 2$$

(2)
$$(a^3)^2 \times a^{-5} \div (a^{-2})^4 = a^6 \times a^{-5} \div a^{-8}$$
$$= a^{6-5-(-8)}$$
$$= a^9$$

예제 6.1.2

$A>0$일 때 $\sqrt{A\sqrt[3]{A\sqrt{A}}} = A^x$를 만족하는 x의 값을 구하여라. (단, $A \neq 1$이다.)

풀이 거듭제곱근을 지수로 표현하여 계산한다.

$$\sqrt[m]{A\sqrt[n]{B}} = A^{\frac{1}{m}}B^{\frac{1}{mn}}$$

이므로

$$\sqrt{A\sqrt[3]{A\sqrt[4]{A}}} = A^{\frac{1}{2}+\frac{1}{2}\times\frac{1}{3}+\frac{1}{2}\times\frac{1}{3}\times\frac{1}{4}} = A^{\frac{12+4+1}{24}} = A^{\frac{17}{24}}$$

$$\therefore\ x = \frac{17}{24}$$

예제 6.1.3

$\sqrt{\dfrac{8^5+4^5}{8^3+2^4}}$ 을 간단히 하여라.

풀이 밑을 2로 통일하여 계산한다. $8=2^3$, $4=2^2$이므로

$$\sqrt{\frac{8^5+4^5}{8^3+2^4}} = \sqrt{\frac{(2^3)^5+(2^2)^5}{(2^3)^3+2^4}} = \sqrt{\frac{2^{15}+2^{10}}{2^9+2^4}}$$

$$= \sqrt{\frac{2^{10}(2^5+1)}{2^4(2^5+1)}}$$

$$= \sqrt{2^6} = 2^3$$

$$= 8$$

예제 6.1.4

$a=\sqrt[3]{2}$, $b=\sqrt[4]{3}$ 일 때 $\sqrt[6]{12}$ 를 a, b로 나타내어라.

풀이 $\sqrt[6]{12} = 12^{\frac{1}{6}} = (2^2\times 3)^{\frac{1}{6}}$

$$= 2^{\frac{1}{3}}\times 3^{\frac{1}{6}} = 2^{\frac{1}{3}}\times\left(3^{\frac{1}{4}}\right)^{\frac{2}{3}}$$

$$= ab^{\frac{2}{3}} = a\sqrt[3]{b^2} \quad \left(\because\ a=2^{\frac{1}{3}},\ b=3^{\frac{1}{4}}\right)$$

예제 6.1.5

$a = \sqrt[3]{2} + \dfrac{1}{\sqrt[3]{2}}$ 일 때 $a^3 - 3a$의 값을 구하여라.

풀이 $a^3 = \left(\sqrt[3]{2} + \dfrac{1}{\sqrt[3]{2}}\right)^3$

$= (\sqrt[3]{2})^3 + \left(\dfrac{1}{\sqrt[3]{2}}\right)^3 + 3 \times \sqrt[3]{2} \times \dfrac{1}{\sqrt[3]{2}}\left(\sqrt[3]{2} + \dfrac{1}{\sqrt[3]{2}}\right)$

$= 2 + \dfrac{1}{2} + 3a$

$= \dfrac{5}{2} + 3a$

$\therefore\ a^3 - 3a = \dfrac{5}{2}$

- $(a+b)^3 = a^3 + 3a^2b + 3ab^2 + b^3 = a^3 + b^3 + 3ab(a+b)$

예제 6.1.6

$a > 0,\ x > 0$이고 $a^x + a^{-x} = 3$일 때 다음 식의 값을 구하여라.

(1) $\sqrt{a^x} + \sqrt{a^{-x}}$ (2) $a^{2x} + a^{-2x}$

풀이 (1) $\left(\sqrt{a^x} + \sqrt{a^{-x}}\right)^2 = \left(\sqrt{a^x}\right)^2 + \left(\sqrt{a^{-x}}\right)^2 + 2\sqrt{a^x}\sqrt{a^{-x}}$

$= a^x + a^{-x} + 2$

$= 3 + 2 = 5$

$\therefore\ \sqrt{a^x} + \sqrt{a^{-x}} = \sqrt{5}\ \ (\because\ \sqrt{a^x} > 0)$

(2) $a^{2x} + a^{-2x} = (a^x + a^{-x})^2 - 2a^x \times a^{-x}$

$= (a^x + a^{-x})^2 - 2$

$= 3^2 - 2 = 7$

- $(a+b)^2 = a^2 + 2ab + b^2,\quad a^2 + b^2 = (a+b)^2 - 2ab,\ a^x \times a^{-x} = a^0 = 1$

예제 6.1.7

함수 $y=2^{x+2}+1$의 그래프를 그리고 치역과 점근선의 방정식을 구하여라.

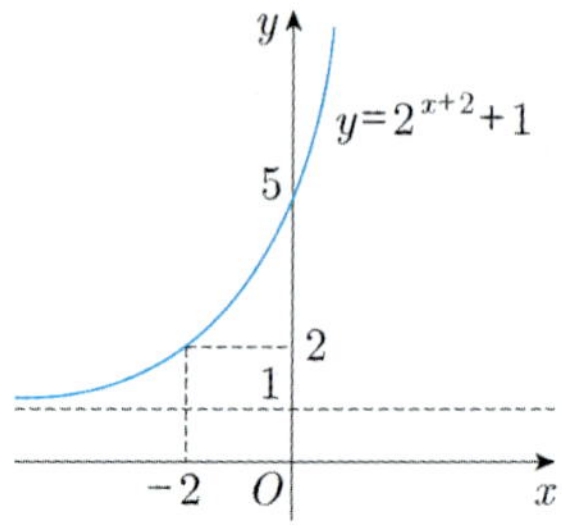

풀이 • $y=2^{x+2}+1$의 그래프는 $y=2^x$의 그래프를 x축 방향으로 -2만큼, y축 방향으로 1만큼 평행 이동한 그래프이다.

• 치역은 $\{y \mid y>1\}$, 점근선의 방정식은 $y=1$이다.

예제 6.1.8

$a^{2x}=5$일 때 다음 식의 값을 구하여라.

(1) $\dfrac{a^x-a^{-x}}{a^x+a^{-x}}$　　(2) $\dfrac{a^{3x}-a^{-3x}}{a^x+a^{-x}}$

풀이 주어진 식의 분모와 분자에 a^x를 곱하여 정리한 후 $a^{2x}=5$를 대입한다.

(1) $\dfrac{a^x-a^{-x}}{a^x+a^{-x}}=\dfrac{a^{2x}-1}{a^{2x}+1}=\dfrac{5-1}{5+1}=\dfrac{4}{6}=\dfrac{2}{3}$

(2) $\dfrac{a^{3x}-a^{-3x}}{a^x+a^{-x}}=\dfrac{a^{4x}-a^{-2x}}{a^{2x}+1}=\dfrac{(a^{2x})^2-\dfrac{1}{a^{2x}}}{a^{2x}+1}=\dfrac{5^2-\dfrac{1}{5}}{5+1}=\dfrac{62}{15}$

연습문제 6.1

01 다음을 간단히 하여라. (단, $a>0$, $b>0$)

(1) $\dfrac{\sqrt{4}}{2}\times\sqrt[3]{16}\div\sqrt[4]{64}$

(2) $\sqrt[3]{8}\times\sqrt[5]{32}\div(\sqrt{4}\div\sqrt{2})$

(3) $\sqrt{a}\times\sqrt{\sqrt[3]{a}}\times\sqrt{\sqrt[3]{\sqrt[4]{a}}}$

(4) $\sqrt{\dfrac{\sqrt[4]{a}}{\sqrt[3]{a}}}\times\sqrt[3]{\dfrac{\sqrt[4]{a^3}}{\sqrt{a}}}\times\sqrt[3]{a}\times(\sqrt{a})^3$

(5) $\sqrt{2a^2b}\times\sqrt[4]{4a^3b^2}\div\sqrt[6]{8a^3b}$

(6) $\sqrt[4]{a^2b^{-1}}\div(\sqrt{a^{-1}b^2}\div\sqrt[3]{a^2b^6})\div\sqrt{ab}$

02 $\sqrt[3]{8\sqrt[4]{64\sqrt[5]{32}}}\times\sqrt[3]{9\sqrt[4]{81\sqrt{27}}}=2^a\times3^b$일 때 a, b의 값을 구하여라.

03 양의 실수 a, b에 대하여 $\dfrac{a}{b}\sqrt{\dfrac{b}{a}\sqrt[4]{\dfrac{a}{b}}}\div\sqrt{\dfrac{b}{a}}=\left(\dfrac{a}{b}\right)^k$를 만족하는 k의 값을 구하여라.

04 $a+a^{-1}=5$일 때 다음 식의 값을 구하여라.

(1) $\sqrt{a}+\sqrt{a^{-1}}$　　(2) a^2+a^{-2}

05 $\sqrt{2\sqrt[3]{4\sqrt[4]{8}}}=2^k$가 되는 상수 k의 값을 구하여라.

06 $\dfrac{3^x+3^{-x}}{3^x-3^{-x}}=3$일 때 $(3^x+3^{-x})(3^x-3^{-x})$의 값을 구하여라.

07 $a^{2x}=3$일 때 다음 식의 값을 구하여라.

(1) $\dfrac{a^x+a^{-x}}{a^x-a^{-x}}$　　(2) $\dfrac{a^{3x}+a^{-3x}}{a^x-a^{-x}}$

6.2 로그함수

6.2.1 로그의 정의

(1) $a>0$, $a \neq 1$일 때, 임의의 양수 N에 대하여 $a^x = N$이 되는 실수 x를 a를 밑으로 하는 N의 로그라 하고, $x = \log_a N$ 으로 나타낸다.

(2) $x = \log_a N$에서 a를 $\log_a N$의 밑, N을 $\log_a N$의 진수라 한다.

[로그의 정의]

$a>0$, $a \neq 1$, $N>0$일 때 $a^x = N \Leftrightarrow x = \log_a N$

(1) 밑의 조건: 1 이 아닌 양의 실수 ($a>0$, $a \neq 1$)

(2) 진수의 조건: 양의 실수 ($N>0$)

예 (1) $2^x = 4 \Leftrightarrow x = \log_2 4$

(2) $3^x = 9 \Leftrightarrow x = \log_3 9$

6.2.2 로그의 기본 성질

$a>0$, $a \neq 1$이고 $x>0$, $y>0$일 때

(1) $\log_a a = 1$, $\log_a 1 = 0$

(2) $\log_a xy = \log_a x + \log_a y$

(3) $\log_a \dfrac{x}{y} = \log_a x - \log_a y$

(4) $\log_a x^m = m \log_a x$ (m은 실수)

증명 지수법칙과 다음 로그의 정의를 이용하여 증명한다.

$$a^x = N \Leftrightarrow x = \log_a N \quad (a>0,\ a \neq 1,\ N>0)$$

(1) $a^1 = a$이므로 $1 = \log_a a$, 즉 $\log_a a = 1$

$a^0 = 1$이므로 $0 = \log_a 1$, 즉 $\log_a 1 = 0$

(2) $\log_a x = X$, $\log_a y = Y$로 하면 로그의 정의에 의하여

$$x = a^X,\ y = a^Y$$

이므로 지수 법칙에 의하여

$$xy = a^X \cdot a^Y = a^{X+Y}$$

따라서 로그의 정의에 의하여

$$\log_a xy = X + Y$$

$$\therefore\ \log_a xy = \log_a x + \log_a y$$

(3) $\log_a x = X$, $\log_a y = Y$로 하면 로그의 정의에 의하여

$$x = a^X,\ y = a^Y$$

$$\therefore\ \frac{x}{y} = \frac{a^X}{a^Y} = a^{X-Y}$$

따라서 로그의 정의에 의하여

$$\log_a \frac{x}{y} = X - Y$$

$$\therefore\ \log_a \frac{x}{y} = \log_a x - \log_a y$$

(4) $\log_a x = X$로 하면 로그의 정의에 의하여

$$x = a^X$$

$$\therefore\ x^m = \left(a^X\right)^m = a^{mX}$$

따라서 로그의 정의에 의하여

$$\log_a x^m = mX$$

$$\therefore\ \log_a x^m = m \log_a x$$

예 (1) $\log_2 2 = 1$, $\log_2 1 = 0$

(2) $\log_2 6 = \log_2(2 \times 3) = \log_2 2 + \log_2 3 = 1 + \log_2 3$

(3) $\log_2 \frac{3}{2} = \log_2 3 - \log_2 2 = \log_2 3 - 1$

(4) $\log_2 16 = \log_2 2^4 = 4\log_2 2 = 4$

6.2.3 로그의 밑 변환공식

밑 변환공식: $a > 0,\ a \neq 1,\ b > 0,\ b \neq 1,\ x > 0$ 일 때

(1) $\log_a x = \dfrac{\log_b x}{\log_b a}$ (2) $\log_a b = \dfrac{1}{\log_b a}$

증명 (1) $\log_a x = X$로 하면 로그의 정의에 의하여

$$a^X = x$$

이다. 여기에서 양변에 b를 밑으로 하는 로그를 취하면

$$\log_b a^X = \log_b x$$

$$\therefore\ X\log_b a = \log_b x \quad (\leftarrow \log_a x^m = m\log_a x)$$

그런데 $a \neq 1$이므로 $\log_b a \neq 0$이다. 따라서

$$X = \frac{\log_b x}{\log_b a} \qquad \therefore\ \log_a x = \frac{\log_b x}{\log_b a} \quad (\leftarrow X = \log_a x)$$

(2) (1)에서 $x = b$를 대입하면

$$\log_a b = \frac{\log_b b}{\log_b a} = \frac{1}{\log_b a} \quad (\leftarrow \log_b b = 1)$$

예 (1) $\log_2 5 = \dfrac{\log_3 5}{\log_3 2}$

(2) $\log_2 3 = \dfrac{\log_3 3}{\log_3 2} = \dfrac{1}{\log_3 2}$

6.2.4 밑의 변환과 관련된 로그의 여러 가지 성질

$a>0,\ a\neq 1,\ b>0,\ b\neq 1,\ c>0$일 때

(1) $a^{\log_a b}=b$

(2) $\log_{a^n} b^m=\dfrac{m}{n}\log_a b$ ($m,\ n$은 실수, $n\neq 0$)

(3) $a^{\log_b c}=c^{\log_b a}$

(4) $\log_a b\times\log_b a=1$

- [6.2.4]는 [6.2.2]와 [6.2.3] 및 로그의 정의를 이용하면 증명된다. 이 식들을 특별히 기억할 필요는 없고 로그의 기본적인 성질 [6.2.2]와 [6.2.3]을 잘 알아두도록 한다. [6.2.2]와 밑 변환 공식은 로그의 가장 기본적인 성질이다.

예 (1) $2^{\log_2 3}=3$ (2) $\log_{2^5}3^7=\dfrac{7}{5}\log_2 3$

(3) $2^{\log_3 4}=4^{\log_3 2}$ (4) $\log_3 7\times\log_7 3=1$

6.2.5 상용로그

$\log_{10}N$과 같이 밑을 10으로 하는 로그를 상용로그라 하고, 보통 밑 10을 생략하여 $\log N$으로 나타낸다. $\log 10=1,\ \log 10^n=n.$

예 $\log_{10}5=\log 5,\ \log 1000=\log 10^3=3\log 10=3$

6.2.6 자연로그

밑이 e인 $\log_e x$를 자연로그라 하고 $\ln x$으로 나타낸다. 즉, $\ln x=\log_e x$이다. 여기에서 $e=\lim\limits_{h\to 0}(1+h)^{\frac{1}{h}}=2.718281\cdots$ (무리수)이다.

- 십진법을 사용하는 수의 계산에는 상용로그를 사용하는 것이 편리하다. 그러나 공학 문제를 해석할 때 사용하는 로그는 대부분 자연로그이다.

6.2.7 로그함수

(1) 로그함수: 지수함수 $y=a^x$의 역함수 $y=\log_a x$ $(a\neq 1,\ a>0)$를 a를 밑으로 하는 로그함수라 한다.

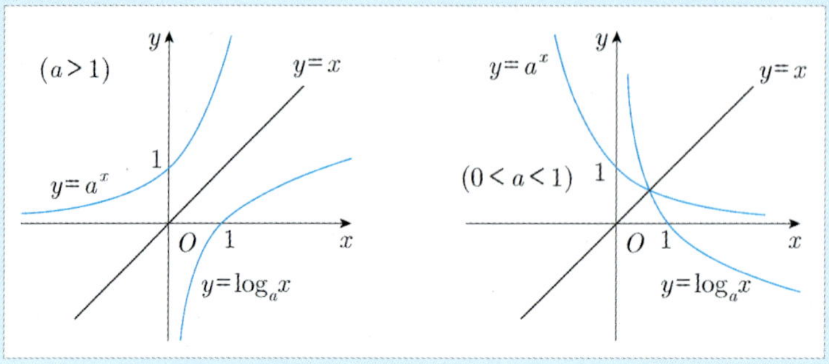

(2) 로그함수 $y=\log_a x$ $(a\neq 1,\ a>0)$의 성질

① 정의역은 $\{x\mid x>0\}$이고, 치역은 실수 전체의 집합이다.

② 그래프는 점 $(1,\ 0)$을 지나고 직선 $x=0$(y축)을 점근선으로 한다.

③ $a>1$일 때, x의 값이 증가하면 y의 값도 증가한다.
$0<a<1$일 때, x의 값이 증가하면 y의 값은 감소한다.

• $y=a^x$와 $y=\log_a x$의 그래프: 두 함수는 서로 역함수이므로 두 함수의 그래프는 $y=x$에 대하여 대칭이다.

설명 지수함수 $y=a^x$ $(a\neq 1,\ a>0)$은 정의역이 실수 전체의 집합이고 치역이 양의 실수의 집합인 일대일대응함수이므로 역함수가 존재한다. $y=a^x$에서 x를 구하면 로그의 정의에 의해 $x=\log_a y$이고, x와 y를 바꾸어 쓰면 $y=\log_a x$가 된다. 즉, 지수함수 $y=a^x$의 역함수는 $y=\log_a x$이다.

예 (1) 로그함수 예: $y=\log_2 x$, $y=\log x$, $y=\ln x$

(2) $y=2^x$의 역함수는 $y=\log_2 x$.

예제 6.2.1

다음을 간단히 하여라.

(1) $\log_2 4$ (2) $\log_2 \sqrt[3]{16}$

(3) $\log_3 \sqrt{3}$ (4) $\log_3 81$

풀이 (1) $\log_2 4 = \log_2 2^2 = 2\log_2 2 = 2$

(2) $\log_2 \sqrt[3]{16} = \log_2 (2^4)^{\frac{1}{3}} = \log_2 2^{\frac{4}{3}} = \frac{4}{3}\log_2 2 = \frac{4}{3}$

(3) $\log_3 \sqrt{3} = \log_3 3^{\frac{1}{2}} = \frac{1}{2}\log_3 3 = \frac{1}{2}$

(4) $\log_3 81 = \log_3 3^4 = 4\log_3 3 = 4$

예제 6.2.2

다음 식에서 x의 값을 구하여라.

(1) $\log_{10} x = 4$ (2) $\log_x 27 = 3$

풀이 (1) $\log_{10} x = 4$에서 $x = 10^4 = 10,000$

(2) $\log_x 27 = 3$에서

$$27 = x^3$$
$$3^3 = x^3$$
$$\therefore\ x = 3$$

예제 6.2.3

$\frac{1}{2}\log_3 \frac{81}{5} + \log_3 \sqrt{5}$ 의 값을 구하여라.

풀이
$$\frac{1}{2}\log_3 \frac{81}{5} + \log_3 \sqrt{5} = \frac{1}{2}(\log_3 81 - \log_3 5) + \frac{1}{2}\log_3 5$$
$$= \frac{1}{2}\log_3 81 = \frac{1}{2}\log_3 3^4$$
$$= \frac{1}{2} \times 4$$
$$= 2$$

예제 6.2.4

$\log_2 \sqrt{3} + \frac{1}{2}\log_2 \frac{1}{4} - \log_2 \sqrt{6}$ 의 값을 구하여라.

풀이 $\log_2\sqrt{3}+\frac{1}{2}\log_2\frac{1}{4}-\log_2\sqrt{6}=\frac{1}{2}\log_2 3+\frac{1}{2}(\log_2 1-\log_2 4)-\frac{1}{2}\log_2 6$

$$=\frac{1}{2}\log_2 3+\frac{1}{2}(0-2)-\frac{1}{2}(\log_2 2+\log_2 3)$$

$$=-1-\frac{1}{2}\times\log_2 2$$

$$=-\frac{3}{2}$$

예제 6.2.5

$\log_2 3=a$, $\log_2 5=b$일 때 $\log_2 10-\log_2 12+\log_3 6$을 a, b로 나타내어라.

풀이 $\log_2 10-\log_2 12+\log_3 6=\log_2(2\times5)-\log_2(2^2\times3)+\frac{\log_2(2\times3)}{\log_2 3}$

$$=1+\log_2 5-2-\log_2 3+\frac{1+\log_2 3}{\log_2 3}$$

$$=\frac{1}{a}-a+b$$

예제 6.2.6

$\log_{10}2=0.3010$, $\log_{10}3=0.4771$일 때 $\log_{10}36$의 값을 구하여라.

풀이 $\log_{10}36=\log_{10}(2^2\times3^2)=\log_{10}2^2+\log_{10}3^2$

$$=2\log_{10}2+2\log_{10}3$$

$$=2\times0.3010+2\times0.4771$$

$$=1.5562$$

예제 6.2.7

$\log\frac{2^x\sqrt{x^4+1}}{\sqrt[3]{(x^2+1)^2}}$을 자연로그의 합과 차로 나타내어라.

풀이 밑 변환 공식으로부터

$$\log\frac{2^x\sqrt{x^4+1}}{\sqrt[3]{(x^2+1)^2}}=\frac{\ln\frac{2^x\sqrt{x^4+1}}{\sqrt[3]{(x^2+1)^2}}}{\ln 10}$$
$$=\frac{1}{\ln 10}\left\{x\ln 2+\frac{1}{2}\ln(x^4+1)-\frac{2}{3}\ln(x^2+1)\right\}$$

예제 6.2.8

$y=\log_2 8(x-2)-4$의 그래프를 그리고 정의역, 치역, 점근선의 방정식을 구하여라.

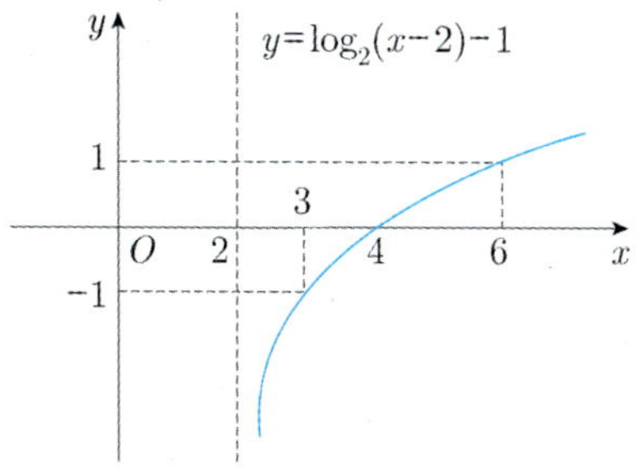

| 풀이 $y=\log_2 8(x-2)-4=\log_2 8+\log_2(x-2)-4$

$$=3+\log_2(x-2)-4$$
$$=\log_2(x-2)-1$$

정의역 $\{x \mid x>2\}$, 치역은 실수 전체의 집합, 점근선은 $x=2$이다.

예제 6.2.9

$\sum_{k=1}^{100}\log\left(1+\frac{1}{k}\right)$의 값을 구하여라.

| 풀이 로그의 성질 $\log_a x+\log_a y=\log_a xy$를 이용한다.

$$\sum_{k=1}^{100}\log\left(1+\frac{1}{k}\right)=\sum_{k=1}^{100}\log\left(\frac{k+1}{k}\right)$$
$$=\log\frac{2}{1}+\log\frac{3}{2}+\log\frac{4}{3}+\cdots+\log\frac{101}{100}$$
$$=\log\left(\frac{2}{1}\times\frac{3}{2}\times\frac{4}{3}\times\cdots\times\frac{101}{100}\right)$$
$$=\log 101$$

연습문제 6.2

01 다음 값을 구하여라.

(1) $\log_2 64^2$

(2) $\log_2 4\sqrt{2\sqrt[3]{16}}$

(3) $\log_5 \sqrt[5]{5\sqrt[3]{25}}$

(4) $\log_7 49\sqrt{7}$

(5) $\log_3 \frac{2}{\sqrt{3}} + \log_3 \frac{\sqrt[3]{27}}{2}$

(6) $\log_2 24 + \log_2 \frac{\sqrt{2}}{3}$

(7) $2\log_2 6 - \log_{\sqrt{2}} 6 + \log_{\sqrt{2}} 4$

(8) $\log_2 \sqrt{3} \times \log_{\sqrt{3}} 4\sqrt{2}$

(9) $\log_3 \sqrt[3]{25} \times \log_5 \sqrt[4]{27}$

(10) $\log_{\sqrt{3}} \sqrt[5]{25} \times \log_{\sqrt{5}} \sqrt[3]{9}$

02 $\log_2 3 = a$일 때 $\log_{18} \sqrt[3]{12}$를 a로 나타내어라.

03 $\log_{10} 2 = a$, $\log_{10} 3 = b$일 때 $\log_{10} 0.12$를 a, b로 나타내어라.

04 $\log_a x = 2$, $\log_{\sqrt{a}} y = 3$ $(a > 0,\ a \neq 1,\ x > 0,\ y > 0)$일 때 $\log_{\sqrt{a}} (x^2 \sqrt[3]{y})$의 값을 구하여라.

05 $2^{2\log_2 \sqrt{2} - 3\log_2 3 + \log_2 9}$의 값을 구하여라.

06 $\log_{\sqrt{2}} 27 \times \log_{\sqrt{3}} \sqrt[8]{25} \times \log_{\sqrt{5}} \sqrt[3]{32}$의 값을 구하여라.

07 $\log 2 = 0.3010$일 때 $\log 5$의 값을 구하여라.

08 $\log 19.95 = 1.3$일 때 $\log \frac{1}{1995}$의 값을 구하여라.

09 $\log_3 \sqrt{2} = a$, $\log_b \sqrt{3} = 4$일 때 b^a의 값을 구하여라.

10 이차방정식 $x^2-6x+2=0$의 두 근을 $\log_2\alpha$, $\log_2\beta$라고 할 때 $\log_\alpha\beta+\log_\beta\alpha$의 값을 구하여라.

11 $\log_2 10=a$, $\log_3 10=b$일 때 $12^x=18$을 만족하는 x를 a, b로 나타내어라.

12 $mn\neq 1$인 양수 m, n에 대하여 $m^a=n^b=k$ $(k>0,\ k\neq 1)$ 일 때 $\log_{mn}\sqrt{m}$을 a, b로 나타내어라.

13 $y=\log_3 27(-x+1)-2$의 정의역, 치역, 점근선의 방정식을 구하고 그래프를 그려라.

14 $2^a=x$, $2^b=y$, $2^c=z$일 때 $\log_2\left(\dfrac{x^2y^3}{z^4}\right)$을 a, b, c로 나타내어라.

15 1이 아닌 양수 a, b, k에 대해 $\log_a k=2$, $\log_b k=3$일 때 $\log_{ab}k$의 값을 구하여라.

16 $\log_5 2=a$, $\log_5 3=b$일 때 $\log_6 12$를 a, b로 나타내어라.

17 $10^a=2$, $10^b=3$일 때 $\log_{12}18$을 a, b로 나타내어라.

18 $x=\dfrac{4}{\sqrt{5}+1}$일 때 $\log_5(x^3+1)-\log_5(x^2-x+1)$의 값을 구하여라.

19 $\alpha=\log_4(9-4\sqrt{5})$일 때 $2^\alpha+2^{-\alpha}$의 값을 구하여라.

- $9-4\sqrt{5}=9-2\sqrt{4\times 5}=(\sqrt{5}-\sqrt{4})^2=(\sqrt{5}-2)^2$, $a^{\log_a X}=X$

20 $\displaystyle\sum_{k=2}^{100}\log\left(1-\frac{1}{k}\right)$의 값을 구하여라.

- $\left(1-\dfrac{1}{k}\right)=\dfrac{k-1}{k}$, $\log_a xy=\log_a x+\log_a y$

6.3 지수방정식

6.3.1 지수방정식

지수에 미지수(x)를 포함하는 방정식을 지수방정식이라 하고, 항이 두 개일 때는 다음과 같이 밑이 같은 경우와 다른 경우로 나눌 수 있다.

(1) $a^{f(x)} = a^{g(x)}$: $a \neq 1$, $a > 0$인 경우 $f(x) = g(x)$를 푼다.
$a = 1$이면 항상 성립한다.

(2) $a^{f(x)} = b^{g(x)}$: 방정식의 로그를 잡아서 $\log_c a^{f(x)} = \log_c b^{g(x)}$를 푼다.
(단, $a > 0$, $a \neq 1$, $b > 0$, $b \neq 1$, $c > 0$, $c \neq 1$)

(3) 항이 3개 이상일 때는 $a^x = X$ ($a > 0$, $a \neq 1$, $X > 0$)로 치환하여 X를 구한 다음 (1) 혹은 (2)를 이용하여 x를 구한다.

예 (1) $2^{2x-1} = 32$이면 $32 = 2^5$이므로

$$2^{2x-1} = 2^5$$
$$2x - 1 = 5$$
$$\therefore\ x = 3$$

(2) $2^{2x} = 3^{x+1}$인 경우, 양변에 상용로그를 잡으면

$$\log 2^{2x} = \log 3^{x+1}$$

따라서

$$2x \log 2 = (x+1)\log 3$$
$$(2\log 2 - \log 3)x = \log 3$$

$$\therefore\ x = \frac{\log 3}{2\log 2 - \log 3}$$

(3) $2^{2x} - 3\times 2^x - 4 = 0$일 때, $2^{2x} = (2^x)^2$이므로 $2^x = X$로 하면 준 식에서 다음과 같다.

$$X^2 - 3X - 4 = 0$$
$$(X+1)(X-4) = 0$$
$$\therefore\ X = 4\ (\because\ X > 0\text{이므로 } X = -1\text{이 될 수 없다.})$$

따라서 $2^x = X$이므로 준 식을 만족하는 x는 다음과 같다.

$$2^x = 4 = 2^2$$
$$\therefore\ x = 2$$

예제 6.3.1

다음 지수방정식을 풀어라.

(1) $4^{2x-1} = \dfrac{1}{8\sqrt[3]{64}}$

(2) $3^{3x+2} = \left(\dfrac{9}{\sqrt{3}}\right)^{4x+6}$

(3) $\left(\dfrac{1}{4}\right)^{x^2-4x} - 8\times 2^{2x+1} = 0$

풀이 (1) $4^{2x-1} = (2^2)^{2x-1} = 2^{4x-2}$, $\dfrac{1}{8\sqrt[3]{64}} = \dfrac{1}{2^3\sqrt[3]{2^6}} = \dfrac{1}{2^5} = 2^{-5}$

이므로 준 식에서

$$2^{4x-2} = 2^{-5}$$
$$4x - 2 = -5$$
$$\therefore\ x = -\frac{3}{4}$$

(2) $\left(\dfrac{9}{\sqrt{3}}\right)^{4x+6} = \left(3^{2-\frac{1}{2}}\right)^{4x+6} = 3^{6x+9}$이므로 준 식에서

$$3^{3x+2} = 3^{6x+9}$$
$$3x + 2 = 6x + 9$$

$$\therefore\ x=-\frac{7}{3}$$

(3) $\left(\frac{1}{4}\right)^{x^2-4x}=\left(2^{-2}\right)^{x^2-4x}=2^{-2x^2+8x}$

$$8\times 2^{2x+1}=2^3\times 2^{2x+1}=2^{2x+4}$$

이므로 준 식에서

$$2^{-2x^2+8x}=2^{2x+4}$$
$$\therefore\ -2x^2+8x=2x+4$$

이 식을 풀면

$$x^2-3x+2=0$$
$$(x-1)(x-2)=0$$
$$\therefore\ x=1,\ 2$$

예제 6.3.2

다음 지수방정식을 풀어라.

(1) $4^x-5\times 2^{x+1}+16=0$

(2) $2^x+\frac{6}{2^x}-5=0$

(3) $4\times 3^{x+2}-5\times 2^{2x+3}=0$

풀이 (1) $4^x=\left(2^2\right)^x=\left(2^x\right)^2$, $2^{x+1}=2\times 2^x$ 이므로 준 식은

$$\left(2^x\right)^2-10\times 2^x+16=0$$

이다. 여기에서 $2^x=X\ (X>0)$로 놓으면

$$X^2-10X+16=0$$
$$(X-2)(X-8)=0$$
$$\therefore\ X=2,\ 8$$

따라서 $2^x=X$이므로

$$2^x=2,\ 8$$
$$\therefore\ x=1,\ 3$$

(2) $2^x = X$ 로 놓으면 준 식은

$$X + \frac{6}{X} - 5 = 0$$
$$\therefore\ X^2 - 5X + 6 = 0$$
$$(X-2)(X-3) = 0$$
$$\therefore\ X = 2,\ 3$$

따라서 $2^x = X$이므로

$$2^x = 2,\ 3$$
$$\therefore\ x = 1,\ \log_2 3$$

(3) 준 식은 $4 \times 3^{x+2} = 5 \times 2^{2x+3}$이고, 이 식의 양변의 상용로그를 잡으면

$$2\log 2 + (x+2)\log 3 = 1 - \log 2 + (2x+3)\log 2$$
$$\left(\leftarrow\ \log 5 = \log\frac{10}{2} = \log 10 - \log 2 = 1 - \log 2\right)$$
$$(2\log 2 - \log 3)x = 2\log 3 - 1$$
$$\therefore\ x = \frac{2\log 3 - 1}{2\log 2 - \log 3}$$

예제 6.3.3

$\dfrac{2^x - 2^{-x}}{2^x + 2^{-x}} = \dfrac{3}{5}$를 만족하는 x를 구하여라.

풀이 준 식의 좌변에서 분모와 분자에 2^x를 곱하면

$$\frac{2^{2x} - 1}{2^{2x} + 1} = \frac{3}{5}$$

이다. 여기에서 $2^{2x} = A$로 놓고 A를 구한다.

$$\frac{A-1}{A+1} = \frac{3}{5}$$
$$5(A-1) = 3(A+1)$$
$$2A = 8 \qquad \therefore\ A = 4$$

따라서 $2^{2x} = A = 4 = 2^2$이므로 $x = 1$이다.

예제 6.3.4

x에 대한 방정식 $a^{2x}-2a^{x}-3=0\ (a>0)$의 해가 $\frac{1}{2}$이 되도록 하는 상수 a의 값을 구하여라.

풀이 $a^{x}=X\ (X>0)$로 하면

$$(a^{x})^{2}-2(a^{x})-3=0$$
$$X^{2}-2X-3=0$$
$$(X-3)(X+1)=0$$

여기에서 $X>0$이므로 방정식을 만족하는 $X=3$이다. 따라서 $a^{x}=3$이 고 $x=\frac{1}{2}$이므로

$$a^{\frac{1}{2}}=3$$
$$\therefore\ a=3^{2}=9$$

이다.

연습문제 6.3

01 다음 지수방정식을 풀어라.

(1) $2^{4x+1} = \frac{\sqrt{8}}{4^3}$

(2) $2^x - 8 \times \sqrt[3]{2} = 0$

(3) $(32^x)^{2x} = 16^x$

(4) $\left(\frac{1}{\sqrt{3}}\right)^{x^2} = (\sqrt[3]{3})^{2x}$

(5) $\sqrt{2} \times 2^{x^2+2} - 16 \times 2^{x+1} = 0$

(6) $(x-2)^{x-3} = 3^{x-3}$ $(x > 2)$

(7) $x^{x+12} = (x^x)^x$ $(x > 0)$

(8) $(2x+4)^x = 8^x$ $(x > -2)$

(9) $2^{2x+1} - 5 \times 2^x - 12 = 0$

(10) $3^{2x} - 2 \times 3^{x+1} + 9 = 0$

02 $(x^2+4x+4)^{x^3-3x^2+4} = 1$을 만족하는 실수 x의 개수를 구하여라.

03 $(x^2+2x-2)^{x^2+2x-2} = 1$을 만족하는 실수 x를 구하여라.

04 $3^x + \frac{4}{3^{x-1}} - 7 = 0$의 해를 구하여라.

05 $3^{2x} + 3^{x+2} - 3^{x-2} - 1 = 0$의 해를 구하여라.

06 $9^x + 9^{-x} - 2(3^{x+1} + 3^{-x+1}) + 10 = 0$의 해를 구하여라.

07 $7^{2x} - 4 \times 7^x + 1 = 0$을 만족하는 두 근을 α, β라고 할 때 $\alpha + \beta$의 값을 구하여라.

08 방정식 $x^{5x-6} = (x^x)^x$ $(x > 0)$을 만족하는 실수 x를 구하여라.

6.4 | 로그방정식

6.4.1 로그방정식

로그의 진수 또는 밑에 미지수를 포함한 방정식을 로그방정식이라 하며, 로그방정식을 푸는 기본은 로그의 밑을 같게 하는 데 있다.

(1) $\log_a f(x) = b \Rightarrow f(x) = a^b$ (단, $f(x) > 0$)를 푼다.

(2) $\log_a f(x) = \log_a g(x) \Rightarrow f(x) = g(x)$ (단, $f(x) > 0$, $g(x) > 0$)를 푼다.

(3) 같은 꼴이 있을 때 $\Rightarrow \log_a x = X$로 치환하여 푼다.

(4) 밑과 진수에 모두 미지수가 있을 때 $\Rightarrow$ 양변의 로그를 잡는다.

- 로그방정식에서는 '밑>0, 밑$\neq 1$, 진수>0'라는 것에 주의한다.

예 (1) $\log_2(x-1) = 3$이면

$$x - 1 = 2^3$$
$$\therefore\ x = 9$$

(2) $\log_2(x+1) = \log_2(x-2) + 1$의 해.

준 식은 $\log_2(x+1) = \log_2(x-2) + \log_2 2 = \log_2 2(x-2)$

$$= \log_2(2x-4)$$

$$\therefore\ x + 1 = 2x - 4$$
$$\therefore\ x = 5$$

(3) $(\log x)^2 - \log x - 2 = 0$의 해.

$\log x = X$로 치환하면 준 식은 $X^2 - X - 2 = 0$

따라서 $(X+1)(X-2) = 0$에서 $X = -1,\ 2$이므로

$$\log x = -1,\ 2$$

$$\therefore\ x = \frac{1}{10},\ 100$$

(4) $x^{\log x} = \dfrac{x^3}{100}$의 해.

양변의 상용로그를 잡으면 $(\log x)(\log x) = 3\log x - 2$

$$\therefore\ (\log x)^2 - 3\log x + 2 = 0$$

$\log x = X$로 치환하면 $(X-1)(X-2) = 0$이 되므로

$$\log x = 1,\ 2$$

$$\therefore\ x = 10,\ 100$$

예제 6.4.1

다음 로그방정식을 풀어라.

(1) $\log_5 x + \log_5(x-4) - 1 = 0$

(2) $\log_{x^2}(x+1) = \log_{x+6}(x+1)$

(3) $\log_3 x - 4\log_x 9 - 2 = 0$

(4) $(\sqrt{x})^{\log_2 x} = \dfrac{x^2}{\sqrt{16}}$

풀이 (1) 준 식은 $\log_5 x(x-4) = \log_5 5$이다. 따라서

$$x(x-4) = 5$$

이므로 이 식을 인수분해하면

$$(x-5)(x+1) = 0\text{에서 } x = -1,\ 5$$

인데 $x = -1$은 진수< 0이므로 해가 아니다.

$$\therefore\ x = 5$$

(2) (i) 진수 $x+1 = 1$일 때 $x = 0$는 밑이 0이 되므로 해가 아니다.

(ii) $x+1 \neq 1$이면 밑 $x^2 = x+6$

$$\therefore\ (x-3)(x+2) = 0\text{에서 } x = -2,\ 3$$

그런데 $x = -2$은 진수< 0이므로 해가 아니다.

$$\therefore\ x=3$$

(3) $\log_x 9=\dfrac{\log_3 9}{\log_3 x}=\dfrac{2}{\log_3 x}$ 이므로 준 식은

$$\log_3 x-\frac{8}{\log_3 x}-2=0$$

$\log_3 x=X$ 로 하면

$$X-\frac{8}{X}-2=0$$

$$\therefore\ X^2-2X-8=0$$

이 식을 인수분해하면

$$(X-4)(X+2)=0\quad \therefore\ X=-2,\ 4$$

따라서 $\log_3 x=-2,\ 4$이므로 $x=\dfrac{1}{9},\ 81$이다.

(4) 양변에 밑을 2로 하는 로그를 잡으면

$$\log_2 x\times\log_2\sqrt{x}=2\log_2 x-\log_2\sqrt{16}$$

이다. 여기에서 $\log_2 X=X$로 하면

$$\frac{1}{2}X^2=2X-2$$

$$\therefore\ (X-2)^2=0$$

$$\therefore\ \log_2 x=X=2$$

$$\therefore\ x=2^2=4$$

예제 6.4.2

$\log_2(\log_3 x)=\log_4(\log_5 y)=0$일 때 $x+y$의 값을 구하여라.

풀이 $\log_2(\log_3 x)=0$에서 $\log_3 x=1\quad\therefore\ x=3^1=3$

$\log_4(\log_5 y)=0$에서 $\log_5 y=1\quad\therefore\ y=5^1=5$

$\therefore\ x+y=3+5=8$

예제 6.4.3

x에 대한 방정식 $(\log_2 x)^2 - 3\log_2 x + 1 = 0$의 두 근을 α, β라 할 때 $\alpha\beta$의 값을 구하여라.

풀이 $\log_2 x = X$로 하면 주어진 방정식은 $X^2 - 3X + 1 = 0$가 되어 X에 대한 이차방정식이 된다. 이 이차방정식의 두 근을 A, B라 하면 근과 계수와의 관계로부터

$$A + B = 3$$

이다. 따라서 주어진 방정식의 두 근을 α, β라 하면

$$\log_2 \alpha = A, \ \log_2 \beta = B$$

이므로

$$A + B = \log_2 \alpha + \log_2 \beta = \log_2 \alpha\beta = 3$$
$$\therefore \ \alpha\beta = 2^3 = 8$$

예제 6.4.4

방정식 $\log_3 x = ax \ (a > 0)$의 두 실근의 비가 $1:3$일 때 상수 a의 값을 구하여라.

풀이 두 근의 비가 $1:3$이므로 두 근을 각각 k, $3k$로 하면

$$\log_3 k = ak \quad \cdots ①$$
$$\log_3 (3k) = a \times (3k) \quad \cdots ②$$

를 만족한다. 여기에서 식 ②는

$$\log_3 3 + \log_3 k = 3ak$$
$$\therefore \ 1 + \log_3 k = 3ak \quad \cdots ③$$

가 된다. 그런데 식 ①에서 $ak = \log_3 k$이므로 이것을 식 ③에 대입하면

$$1 + \log_3 k = 3\log_3 k$$
$$\log_3 k = \frac{1}{2}$$

$$\therefore\ k = 3^{\frac{1}{2}} = \sqrt{3}$$

이다. 이 값을 식 ①에 대입하면

$$\log_3 \sqrt{3} = a \times \sqrt{3}$$

$$\frac{1}{2} = \sqrt{3}\, a$$

$$\therefore\ a = \frac{1}{2\sqrt{3}} = \frac{\sqrt{3}}{6}$$

이다.

연습문제 6.4

01 다음 로그방정식을 풀어라.

(1) $\log_2(2x+1)=3$

(2) $\log_3(x^2+5x-5)=2$

(3) $\log_2 x^2=\log_2 3$

(4) $2\log_2 x=\log_2 3$

(5) $\log_3(x+4)=\log_3 5+\log_3 2$

(6) $\log_3(x-2)=\log_9 5$

(7) $\log_3|x-2|=\log_9 5$

(8) $\log_2(x+1)^2=\log_2 4$

(9) $\log_{10}x+\log_{10}(x-3)-1=0$

(10) $\log_{(x+2)}(x-2)=\log_{2x-4}(x-2)$

02 방정식 $\log_{81}\{\log_3(\log_9 x)\}=\dfrac{1}{4}$의 해를 α라 할 때 $\log_3\alpha$의 값을 구하여라.

03 방정식 $\log_2(x^4+x^2+1)-\log_2(x^2+x+1)=2$를 만족하는 해를 모두 곱한 값을 구하여라.

- $x^4+x^2+1=(x^4+2x^2+1)-x^2=(x^2+1)^2-x^2$

04 x에 대한 방정식 $\log_2 x=x+k$의 두 근의 비가 $1:2$일 때 k의 값과 근을 구하여라.

05 x에 대한 방정식 $\log_4 x=ax$ $(a>0)$의 두 실근의 비가 $1:4$일 때 상수 a의 값을 구하여라.

06 방정식 $\left(\log_2\dfrac{x}{4}\right)^2-12\log_8 x+1=0$의 두 근을 α, β라 할 때 $\log_4\alpha\beta$의 값을 구하여라.

07 x에 대한 방정식 $(\log_3 x)\left(\log_3\dfrac{81}{x}\right)=k$가 실근을 갖도록 하는 상수 k의 범위를 구하여라.

제 7 장

삼각함수

7.1 | 각과 삼각비

7.1.1 일반각

(1) 시초선과 동경: 평면 위에서 반직선 OP가 점 O를 중심으로 고정된 반직선 OX에서부터 회전할 때 OX를 시초선, OP를 동경이라 하고 회전량 θ를 $\angle XOP$의 크기라 정의한다.

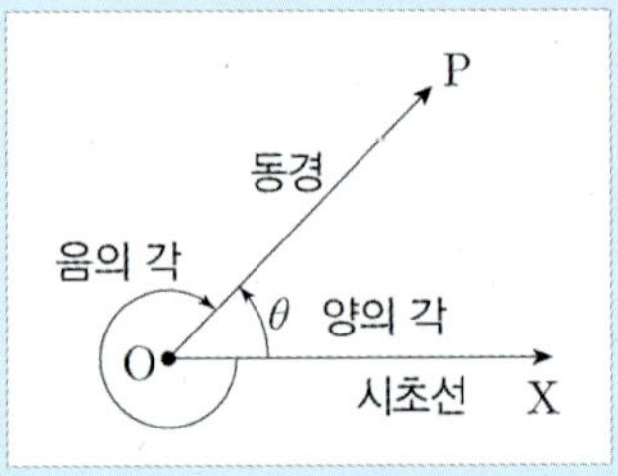

(2) 일반각: $\angle XOP$의 크기의 하나를 $\alpha°$라 할 때 $\theta = \alpha° + 360° \times n$ (n은 정수)로 나타내는 것을 동경 OP의 일반각이라 정의한다. 정수 n의 값에 관계없이 θ가 나타내는 동경 OP의 위치는 같고, $\alpha°$는 보통 $0 \leq \alpha° < 360°$ 또는 $-180° < \alpha° \leq 180°$이다.

(3) 양의 각, 음의 각: 동경 OP가 시계 반대 방향으로 회전한 각을 양(+)의 각, 시계 방향으로 회전한 각을 음(−)의 각이라 정의한다.

예 (1) 30°, 390°, 750°가 나타내는 동경의 위치는 모두 같다.

(2) 양의 각 210°와 음의 각 −150°가 나타내는 동경의 위치는 같다.

7.1.2 호도법

(1) 반지름의 길이와 호($\overset{\frown}{AB}$)의 길이가 같을 때의 중심각의 크기($\angle AOB$)를 1라디안(radian)이라 하고, 이것을 단위로 하여 각을 나타내는 방법을 호도법이라 한다. 반지름의 길이가 1인 부채꼴에서 호의 길이가 a이면 중심각의 크기는 a rad이 된다.

(2) 호도법과 60분법의 관계: 호의 길이는 중심각의 크기에 비례하므로 $\angle AOB$를 $\beta°$라 하면, $\beta° : r = 360° : 2\pi r$에서 $\beta° = \dfrac{180°}{\pi}$이다. 즉,

$1\,\text{rad} = \dfrac{180°}{\pi}$, $1° = \dfrac{\pi}{180}\,\text{rad}$이다.

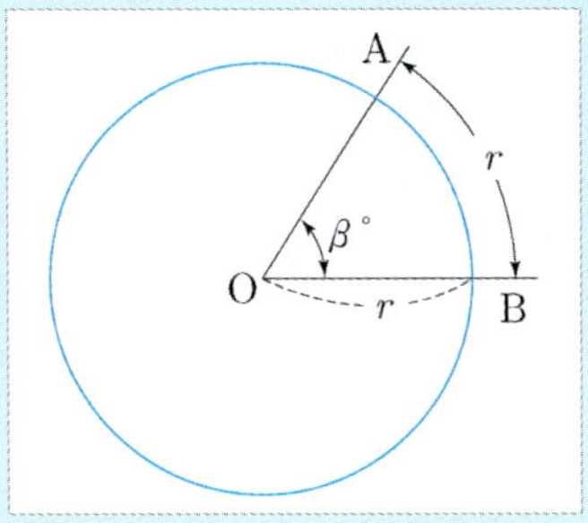

(3) [7.1.1]에서 $\angle XOP$의 크기의 하나가 α rad일 때 동경 OP가 나타내는 일반각 $\theta = \alpha + 2\pi n$ (n은 정수)이다.
α는 보통 $0 \le \alpha < 2\pi$ 또는 $-\pi < \alpha \le \pi$이다.

- 라디안은 호의 길이와 반지름의 길이의 비이므로 실수이고, 보통 단위(rad)를 생략하여 $\frac{\pi}{4}$, π, 2π 등과 같이 나타낸다.

예 (1) 반지름의 길이가 1인 $\dfrac{1}{4}$원의 중심각의 크기는 $\dfrac{\pi}{2}$ rad이고, 호의 길이는 $\dfrac{\pi}{2}$이다.

(2) $60° = 60 \times \dfrac{\pi}{180}\,\text{rad} = \dfrac{\pi}{3}\,\text{rad}$

$\dfrac{\pi}{4}\,\text{rad} = \dfrac{\pi}{4} \times \dfrac{180°}{\pi} = 45°$

7.1.3 부채꼴의 호의 길이와 넓이

반지름의 길이 r, 중심각 θ(rad)인 부채꼴의 호의 길이를 l, 넓이를 S라 하면, 호의 길이와 넓이는 중심각의 크기에 비례하므로

$\theta : l = 2\pi : 2\pi r$에서 $l = r\theta$이고,

$\theta : S = 2\pi : \pi r^2$에서 $S = \frac{1}{2}r^2\theta = \frac{1}{2}rl$가 된다.

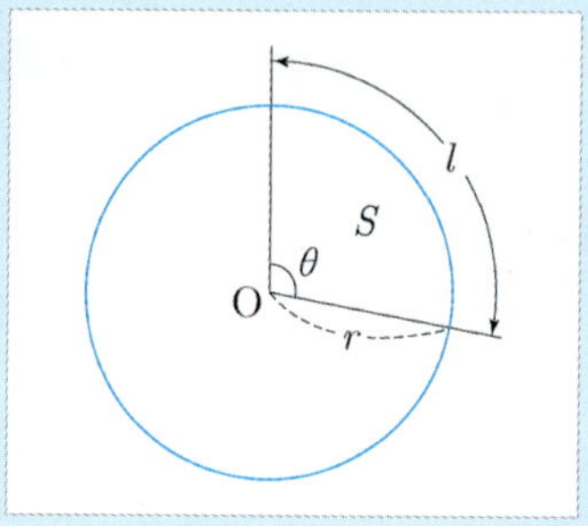

• 각 θ는 호도법에 의한 단위라는 사실에 주의한다. radian은 무차원수이다.

예 (1) 반지름 4cm, 중심각 $\frac{\pi}{4}$인 부채꼴의 호의 길이(l)와 면적(S)

$$l = r\theta = 4\text{cm} \times \frac{\pi}{4} = \pi\,\text{cm}$$

$$S = \frac{1}{2}r^2\theta = \frac{1}{2} \times (4\text{cm})^2 \times \frac{\pi}{4} = 2\pi\,\text{cm}^2$$

(2) 반지름 6cm, 호의 길이 3cm인 부채꼴의 면적(S)

$$S = \frac{1}{2}rl = \frac{1}{2} \times 6\text{cm} \times 3\text{cm} = 9\text{cm}^2$$

7.1.4 삼각비와 피타고라스 정리

(1) 삼각비의 정의: $\angle C = 90°$인 직각삼각형 ABC에서 세 변의 길이 사이의 비의 값을 다음과 같이 정의한다.

$$\sin A = \frac{a}{c},\quad \cos A = \frac{b}{c},\quad \tan A = \frac{a}{b}$$

sin, cos, tan는 각각 sine, cosine, tangent의 약자이고 A는 $\angle$A의 크기를 나타낸다.

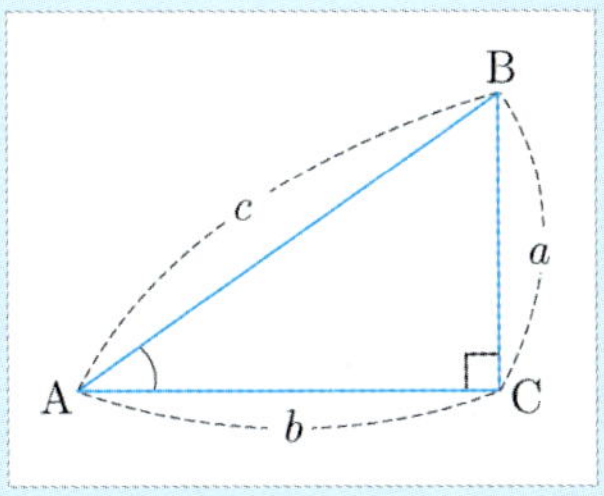

(2) 피타고라스 정리: 그림과 같은 직각삼각형에서 $a^2+b^2=c^2$.

7.1.5 특수각의 삼각비

삼각비 \ θ	$30°\left(\frac{\pi}{6}\right)$	$45°\left(\frac{\pi}{4}\right)$	$60°\left(\frac{\pi}{3}\right)$
$\sin\theta$	$\frac{1}{2}$	$\frac{1}{\sqrt{2}}$	$\frac{\sqrt{3}}{2}$
$\cos\theta$	$\frac{\sqrt{3}}{2}$	$\frac{1}{\sqrt{2}}$	$\frac{1}{2}$
$\tan\theta$	$\frac{1}{\sqrt{3}}$	1	$\sqrt{3}$

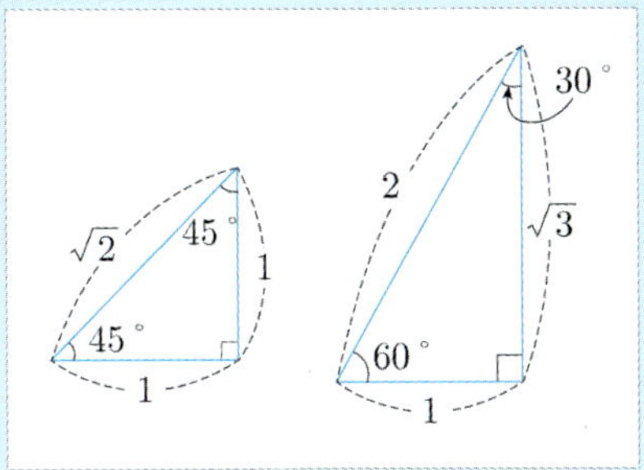

예제 7.1.1

중심각이 45°인 부채꼴의 넓이가 $2\pi\text{cm}^2$일 때 부채꼴의 반지름과 호의 길이를 구하여라.

풀이 $45° = 45 \times \frac{\pi}{180}\,\text{rad} = \frac{\pi}{4}\,\text{rad}$이므로 $S = \frac{1}{2}r^2\theta$에서

부채꼴의 반지름 $r = \sqrt{\frac{2S}{\theta}} = \sqrt{\frac{2\times 2\pi\text{cm}^2}{\frac{\pi}{4}}} = 4\text{cm}$

부채꼴의 호의 길이 $l = r\theta = 4\text{cm} \times \frac{\pi}{4} = \pi\text{cm}$

예제 7.1.2

둘레가 20cm인 부채꼴의 최대 넓이와 그때의 중심각의 크기를 구하여라.

풀이 반지름과 호의 길이를 각각 $r$cm, $l$cm, 넓이를 Scm^{2}라고 하면, 둘레가 $20\text{cm} = (2r+l)\,\text{cm}$이므로

$$l = 20 - 2r$$

$$\therefore\ S = \frac{1}{2}rl = \frac{1}{2}r(20-2r) = 10r - r^2 = -(r-5)^2 + 25$$

따라서 $r=5$일 때 S는 최댓값 25를 갖는다.
이때의 중심각을 θ라 하면

$$S = \frac{1}{2}r^2\theta \text{ 에서 } \theta = \frac{2S}{r^2} = \frac{2\times 25}{5^2} = 2(\text{rad})$$

즉, 부채꼴의 최대 넓이는 25 cm^2, 중심각의 크기는 2 rad이다.

예제 7.1.3

빗변의 길이가 4cm인 다음 그림의 직각삼각형에서 나머지 두 변의 길이 a와 b를 구하여라.

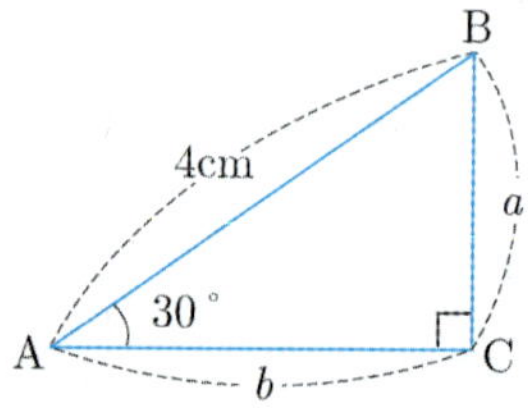

풀이 $\sin 30° = \dfrac{a}{4\text{cm}}$ $\therefore\ a = 4\sin 30°\ \text{cm} = 4\times\dfrac{1}{2}\text{cm} = 2\,\text{cm}$

$\cos 30° = \dfrac{b}{4\text{cm}}$ $\therefore\ b = 4\cos 30°\ \text{cm} = 4\times\dfrac{\sqrt{3}}{2}\text{cm} = 2\sqrt{3}\ \text{cm}$

예제 7.1.4

그림과 같은 $\triangle ABC$에서 $\angle A = 45°$, $\overline{AB} = 4\sqrt{2}$, $\overline{AC} = 7$일 때 변 $\overline{BC}$의 길이 x를 구하여라.

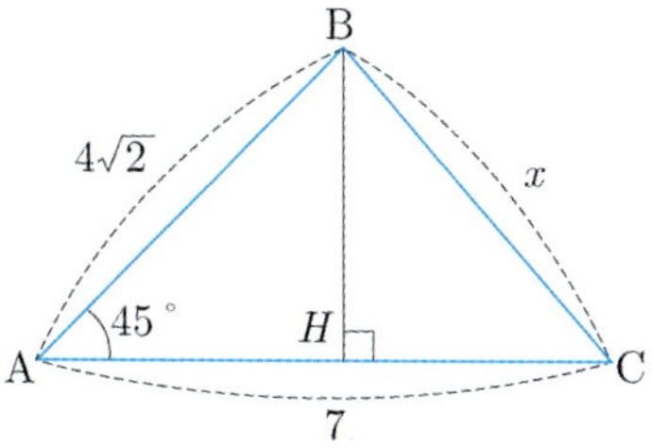

풀이 꼭짓점 B에서 내린 수선과 변 $\overline{AC}$의 교점을 H라 하면 $\triangle ABH$에서

$$\cos 45° = \frac{1}{\sqrt{2}} = \frac{\overline{AH}}{4\sqrt{2}},\ \sin 45° = \frac{1}{\sqrt{2}} = \frac{\overline{BH}}{4\sqrt{2}}$$
$$\therefore\ \overline{AH} = 4,\ \overline{BH} = 4$$

이다. 따라서

$$\overline{CH} = 7 - \overline{AH} = 7 - 4 = 3$$

이므로 $\triangle BCH$에 피타고라스 정리를 적용하면 다음과 같이 x가 구해진다.

$$x = \sqrt{(\overline{BH})^2 + (\overline{CH})^2} = \sqrt{4^2 + 3^2} = 5$$

연습문제 7.1

01 다음 각은 각각 몇 사분면의 각인가?

(1) $-210°$ (2) $550°$

(3) $\frac{7\pi}{3}$ (4) $-\frac{9\pi}{5}$

02 다음 각을 60분법은 호도법으로, 호도법은 60분법으로 나타내어라.

(1) $135°$ (2) $540°$

(3) $\frac{7\pi}{6}$ (4) $\frac{5\pi}{3}$

03 다음 부채꼴의 호의 길이와 넓이를 구하여라.

(1) 반지름 12cm, 중심각 $\frac{5\pi}{6}$ (2) 반지름 15cm, 중심각 $36°$

04 반지름이 2cm 이고, 호의 길이가 5π cm 인 부채꼴의 넓이를 구하여라.

05 호의 길이가 4π cm 이고 넓이가 $6\pi \text{ cm}^2$ 인 부채꼴의 반지름과 중심각의 크기를 구하여라.

06 둘레가 5cm 인 부채꼴의 넓이가 최대일 때의 넓이와 그때의 반지름 및 중심각의 크기를 구하여라.

07 반지름이 R인 원과 부채꼴에서, 부채꼴의 둘레가 원둘레의 $\frac{1}{3}$일 때 부채꼴의 중심각을 구하여라.

08 그림과 같은 삼각형 ABC의 높이 $\overline{BH}$를 구하여라.

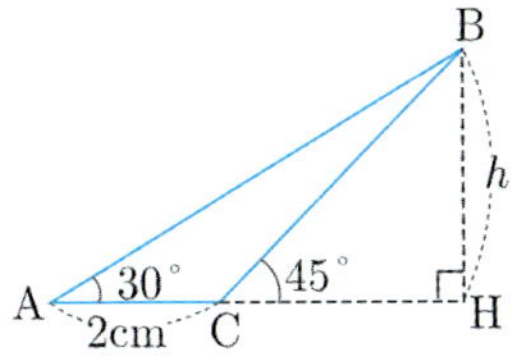

09 그림과 같은 삼각형 ABC에서 $\angle A = 60°$, $\angle C = 45°$, $\overline{AC} = 20$일 때 $\overline{AB}$를 구하여라.

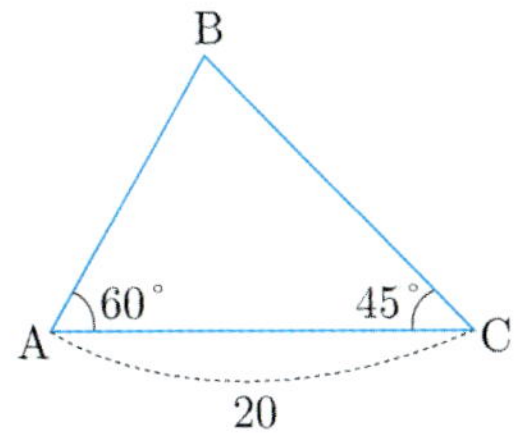

10 그림과 같은 삼각형 ABC에서 $\angle C = 30°$, $\overline{AC} = 3\sqrt{3}$, $\overline{BC} = 4$일 때 $\overline{AB}$의 길이 x를 구하여라.

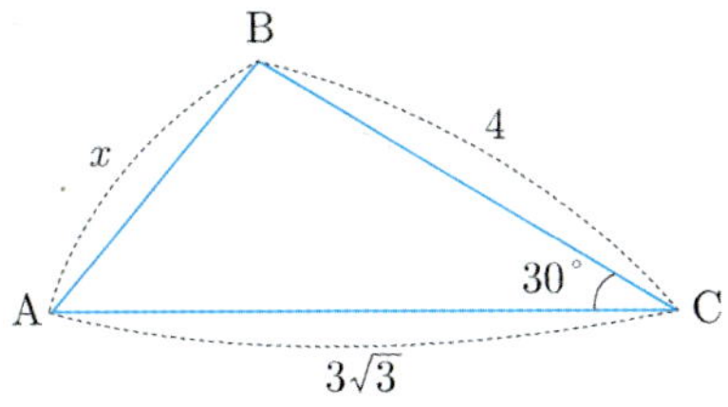

11 $\angle A = 15°$, $\angle C = 90°$인 그림과 같은 직각삼각형에서 다음을 구하여라.

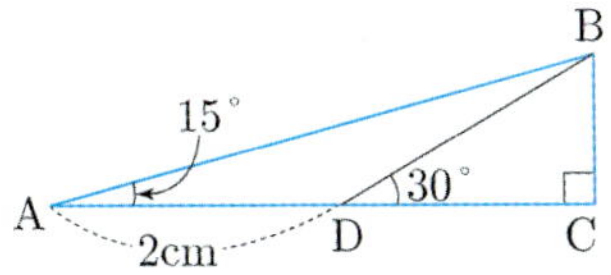

(1) 선분 $\overline{AB}$, $\overline{BC}$, $\overline{CD}$의 길이　　　(2) $\sin 15°$, $\cos 15°$, $\tan 15°$의 값

• $\triangle ABD$는 이등변삼각형이다. 직각 삼각형 ABC에서 삼각비의 값을 구한다.

7.2 삼각함수의 기본 성질

7.2.1 삼각함수의 정의

동경 OP가 x축의 양의 방향과 이루는 각의 크기를 θ, 동경과 반지름의 길이가 r인 원과의 교점을 $\mathrm{P}(x, y)$라고 할 때 θ의 사인함수, 코사인함수, 탄젠트함수와 코시컨트함수, 시컨트함수, 코탄젠트함수는 다음과 같이 정의되고 이 여섯 가지 함수를 통틀어 삼각함수라 한다.

$$\sin\theta = \frac{y}{r},\ \cos\theta = \frac{x}{r},\ \tan\theta = \frac{y}{x}\ \ (r = \sqrt{x^2 + y^2})$$

$$\csc\theta = \frac{r}{y},\ \sec\theta = \frac{r}{x},\ \cot\theta = \frac{x}{y}$$

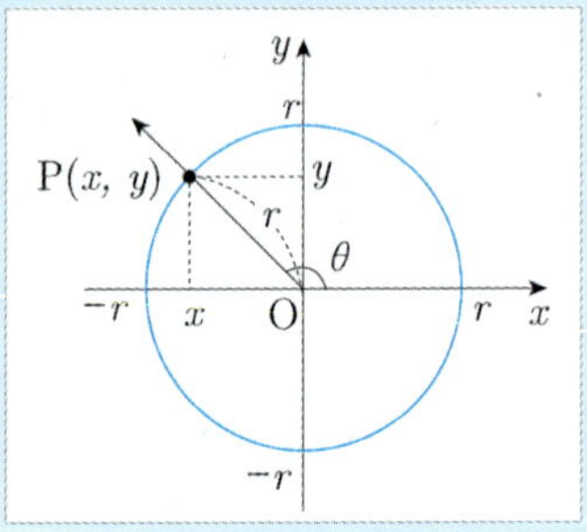

- 삼각비는 θ가 예각$(0 < \theta < \frac{\pi}{2})$인 경우의 삼각함수라고 할 수 있다.
- $\csc\theta$는 $\mathrm{cosec}\theta$로 나타내기도 한다.
- 삼각함수의 값의 부호는 각 θ의 동경이 위치하는 사분면에 따라 정해진다.

예 원점 O와 점 $\mathrm{P}(-4, 3)$를 지나는 동경이 x축의 양의 방향과 이루는 각을 θ라 하면, $r = \sqrt{(-4)^2 + 3^2} = 5$이므로

$$\sin\theta = \frac{3}{5},\ \cos\theta = -\frac{4}{5},\ \tan\theta = -\frac{3}{4},\ \csc\theta = \frac{5}{3},\ \sec\theta = -\frac{5}{4},\ \cot\theta = -\frac{4}{3}$$

7.2.2 삼각함수의 기본 공식

(1) 사인함수, 코사인함수, 탄젠트함수와 코시컨트함수, 시컨트함수, 코탄젠트함수의 관계식

$$\csc\theta = \frac{1}{\sin\theta},\ \sec\theta = \frac{1}{\cos\theta},\ \cot\theta = \frac{1}{\tan\theta}$$

(2) 사인함수, 코사인함수와 탄젠트함수, 코탄젠트함수의 관계식

$$\tan\theta = \frac{\sin\theta}{\cos\theta},\ \cot\theta = \frac{\cos\theta}{\sin\theta}$$

(3) 제곱 공식

$$\sin^2\theta + \cos^2\theta = 1,\ 1+\tan^2\theta = \sec^2\theta,\ 1+\cot^2\theta = \csc^2\theta$$

증명 (1) $\tan\theta = \frac{y}{x} = \frac{(y/r)}{(x/r)} = \frac{\sin\theta}{\cos\theta},\ \cot\theta = \frac{1}{\tan\theta} = \frac{\cos\theta}{\sin\theta}$

(2) $\sin^2\theta + \cos^2\theta = \left(\frac{y}{r}\right)^2 + \left(\frac{x}{r}\right)^2 = \frac{x^2+y^2}{r^2} = 1\ \left(\because\ r = \sqrt{x^2+y^2}\right)$

(3) $1+\tan^2\theta = 1+\frac{y^2}{x^2} = \frac{x^2+y^2}{x^2} = \frac{r^2}{x^2} = \left(\frac{r}{x}\right)^2 = \sec^2\theta$

(4) $1+\cot^2\theta = 1+\frac{x^2}{y^2} = \frac{x^2+y^2}{y^2} = \frac{r^2}{y^2} = \left(\frac{r}{y}\right)^2 = \csc^2\theta$

예 (1) $\sin\theta = \frac{\sqrt{3}}{2},\ \cos\theta = \frac{1}{2}$일 때 $\tan\theta = \frac{\sin\theta}{\cos\theta} = \frac{(\sqrt{3}/2)}{(1/2)} = \sqrt{3}$

(2) $\sin\theta = \frac{1}{2}$일 때 $\cos\theta = \pm\sqrt{1-\sin^2\theta} = \pm\sqrt{1-(1/2)^2} = \pm\frac{\sqrt{3}}{2}$

(3) $\tan\theta = \sqrt{3}$일 때 $\cos\theta$의 값:

$$1+\tan^2\theta = 1+3 = 4 = \sec^2\theta\ \ \therefore\ \sec\theta = \pm 2\ \ \therefore\ \cos\theta = \frac{1}{\sec\theta} = \pm\frac{1}{2}$$

7.2.3 여러 가지 각의 삼각함수의 공식

(1) $-\theta$의 삼각함수

$$\sin(-\theta) = -\sin\theta,\ \cos(-\theta) = \cos\theta,\ \tan(-\theta) = -\tan\theta$$

(2) $\frac{\pi}{2} \pm \theta$의 삼각함수

$$\sin\left(\frac{\pi}{2}+\theta\right) = \cos\theta,\ \cos\left(\frac{\pi}{2}+\theta\right) = -\sin\theta,\ \tan\left(\frac{\pi}{2}+\theta\right) = -\cot\theta$$

$$\sin\left(\frac{\pi}{2}-\theta\right) = \cos\theta,\ \cos\left(\frac{\pi}{2}-\theta\right) = \sin\theta,\ \tan\left(\frac{\pi}{2}-\theta\right) = \cot\theta$$

(3) $\pi \pm \theta$의 삼각함수

$$\sin(\pi+\theta) = -\sin\theta,\ \cos(\pi+\theta) = -\cos\theta,\ \tan(\pi+\theta) = \tan\theta$$

$$\sin(\pi-\theta) = \sin\theta,\ \cos(\pi-\theta) = -\cos\theta,\ \tan(\pi-\theta) = -\tan\theta$$

(4) $\frac{3\pi}{2} \pm \theta$의 삼각함수

$$\sin\left(\frac{3\pi}{2}+\theta\right) = -\cos\theta,\ \cos\left(\frac{3\pi}{2}+\theta\right) = \sin\theta,\ \tan\left(\frac{3\pi}{2}+\theta\right) = -\cot\theta$$

$$\sin\left(\frac{3\pi}{2}-\theta\right) = -\cos\theta,\ \cos\left(\frac{3\pi}{2}-\theta\right) = -\sin\theta,\ \tan\left(\frac{3\pi}{2}-\theta\right) = \cot\theta$$

(5) 삼각함수의 주기성: n이 정수일 때

$$\sin(2n\pi+\theta) = \sin\theta,\ \cos(2n\pi+\theta) = \cos\theta,\ \tan(n\pi+\theta) = \tan\theta$$

예 (1) $\sin\left(-\frac{\pi}{3}\right) = -\sin\frac{\pi}{3} = -\frac{\sqrt{3}}{2}$

(2) $\sin\left(\frac{5\pi}{6}\right) = \sin\left(\frac{\pi}{2}+\frac{\pi}{3}\right) = \cos\frac{\pi}{3} = \frac{1}{2}$

(3) $\sin\left(\frac{7\pi}{6}\right) = \sin\left(\pi+\frac{\pi}{6}\right) = -\sin\frac{\pi}{6} = -\frac{1}{2}$

(4) $\sin\left(\frac{10\pi}{6}\right) = \sin\left(\frac{3\pi}{2}+\frac{\pi}{6}\right) = -\cos\frac{\pi}{6} = -\frac{\sqrt{3}}{2}$

(5) $\sin\left(\frac{13\pi}{6}\right) = \sin\left(2\pi+\frac{\pi}{6}\right) = \sin\frac{\pi}{6} = \frac{1}{2}$

예제 7.2.1

$\sin\theta = \frac{5}{13}$ $(\frac{\pi}{2} < \theta < \pi)$일 때 $\cos\theta$, $\tan\theta$의 값을 구하여라.

풀이 $\sin^2\theta + \cos^2\theta = 1$에서

$$\cos\theta = \pm\sqrt{1-\sin^2\theta} = \pm\sqrt{1-\left(\frac{5}{13}\right)^2} = \pm\sqrt{\frac{144}{169}} = \pm\frac{12}{13}$$

여기에서 $\frac{\pi}{2} < \theta < \pi$이므로 $\cos\theta < 0$이다. 따라서 $\cos\theta = -\frac{12}{13}$이고

$$\tan\theta = \frac{\sin\theta}{\cos\theta} = \frac{\frac{5}{13}}{-\frac{12}{13}} = -\frac{5}{12}$$

예제 7.2.2

$\sin\theta\cos\theta = -\frac{\sqrt{3}}{4}$일 때 $\sin\theta + \cos\theta$의 값을 구하여라.

풀이 $(\sin\theta + \cos\theta)^2 = \sin^2\theta + \cos^2\theta + 2\sin\theta\cos\theta = 1 - \frac{\sqrt{3}}{2}$

$$\therefore \sin\theta + \cos\theta = \pm\sqrt{1-\frac{\sqrt{3}}{2}} = \pm\sqrt{\frac{2-\sqrt{3}}{2}} = \pm\sqrt{\frac{4-2\sqrt{3}}{4}}$$

$$= \pm\frac{\sqrt{3}-1}{2}$$

예제 7.2.3

$\frac{\sin\theta}{1+\cos\theta} - \frac{1+\cos\theta}{\sin\theta} = -2\cot\theta$를 증명하여라.

풀이 $\frac{\sin\theta}{1+\cos\theta} - \frac{1+\cos\theta}{\sin\theta} = \frac{\sin^2\theta - (1+\cos\theta)^2}{\sin\theta(1+\cos\theta)}$

$$= \frac{\sin^2\theta - 1 - 2\cos\theta - \cos^2\theta}{\sin\theta(1+\cos\theta)}$$

$$= \frac{-2\cos\theta - 2\cos^2\theta}{\sin\theta(1+\cos\theta)} \quad (\leftarrow 1 = \sin^2 + \cos^2\theta)$$

$$= \frac{-2\cos\theta(1+\cos\theta)}{\sin\theta(1+\cos\theta)}$$

$$= -2 \cdot \frac{\cos\theta}{\sin\theta}$$

$$= -2\cot\theta$$

참고 쌍곡선함수

7.2.4 쌍곡선함수의 정의[1)]

밑을 e로 하는 지수함수 $y=e^{x}$와 $y=e^{-x}$의 결합으로 이루어지는 함수를 다음과 같이 정의하고 이들을 통틀어 쌍곡선함수(hyperbolic function)라 한다.

$$\sinh x = \frac{e^{x}-e^{-x}}{2}, \quad \cosh x = \frac{e^{x}+e^{-x}}{2}, \quad \tanh x = \frac{\sinh x}{\cosh x}$$

$$\mathrm{sech}\, x = \frac{1}{\cosh x}, \quad \mathrm{csch}\, x = \frac{1}{\sinh x}, \quad \coth x = \frac{1}{\tanh x}$$

이상의 함수를 각각 쌍곡선 sine함수, 쌍곡선 cosine함수, 쌍곡선 tangent함수, 쌍곡선 secant함수, 쌍곡선 cosecant함수, 쌍곡선 cotangent함수라 한다.

7.2.5 쌍곡선함수의 성질

(1) $\sinh(-x) = -\sinh x$, $\cosh(-x) = \cosh x$, $\tanh(-x) = -\tanh x$

(2) $\cosh x + \sinh x = e^{x}$, $\cosh x - \sinh x = e^{-x}$

(3) $\cosh^{2}x - \sinh^{2}x = 1$

(4) $\tanh^{2}x + \mathrm{sech}^{2}x = 1$

(5) $\coth^{2}x - \mathrm{csch}^{2}x = 1$

(6) $\sinh(x \pm y) = \sinh x \cosh y \pm \cosh x \sinh y$ (복호동순)

$\cosh(x \pm y) = \cosh x \cosh y \pm \sinh x \sinh y$ (복호동순)

$\tanh(x \pm y) = \dfrac{\tanh x \pm \tanh y}{1 \pm \tanh x \tanh y}$ (복호동순)

1) 쌍곡선함수는 일반적으로 고등학교에서는 배우지 않았으므로 여기에서 소개한다. 쌍곡선함수는 삼각함수와 유사한 관계식을 갖는다. 계산기에서 쌍곡선함수의 값을 구하는 버튼은 대개 'hyp'로 표시되어 있다. 쌍곡선함수의 정의를 알아두도록 한다.

(7) $\sinh 2x = 2\sinh x \cosh x$

(8) $\sinh^2 x = \dfrac{\cosh 2x - 1}{2}$, $\cosh^2 x = \dfrac{\cosh 2x + 1}{2}$

7.2.6 쌍곡선함수의 그래프

쌍곡선함수 $y = \sinh x$, $y = \cosh x$, $y = \tanh x$, $y = \coth x$의 모양은 다음 그림과 같다.

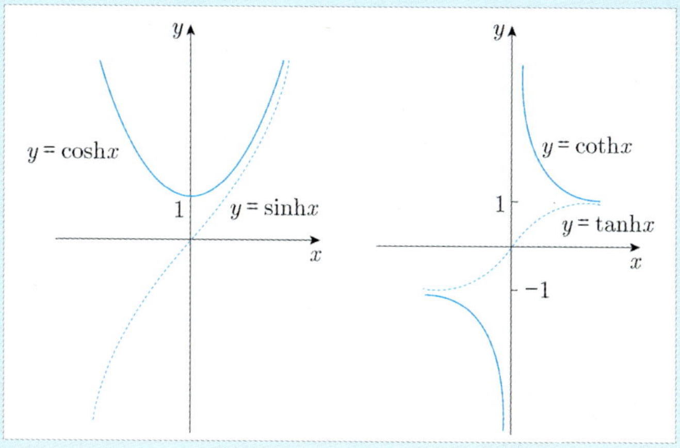

7.2.7 역쌍곡선함수

쌍곡선함수의 역함수를 역쌍곡선함수(inverse hyperbolic function)라 하고,

$$y = \sinh^{-1} x,\ y = \cosh^{-1} x,\ y = \tanh^{-1} x$$

또는

$$y = \operatorname{arcsinh} x,\ y = \operatorname{arccosh} x,\ y = \operatorname{arctanh} x$$

로 나타낸다. 역쌍곡선함수는 다음과 같이 로그함수로 표현된다.

$$\sinh^{-1} x = \ln\left(x + \sqrt{x^2 + 1}\right)$$
$$\cosh^{-1} x = \ln\left(x + \sqrt{x^2 - 1}\right) \quad (x \geq 1)$$
$$\tanh^{-1} x = \frac{1}{2}\ln\frac{1+x}{1-x} \quad (|x| < 1)$$

예제 7.2.4

$\cosh(-x) = \cosh x$, $\sinh(-x) = -\sinh x$임을 보여라.

풀이 $\cosh(-x) = \dfrac{e^{-x} + e^{-(-x)}}{2} = \dfrac{e^{-x} + e^{x}}{2} = \cosh x$

$\sinh(-x) = \dfrac{e^{-x} - e^{-(-x)}}{2} = \dfrac{e^{-x} - e^{x}}{2} = -\left(\dfrac{e^{x} - e^{-x}}{2}\right) = -\sinh x$

예제 7.2.5

$\cosh^2 x - \sinh^2 x = 1$임을 증명하여라.

풀이 $\cosh^2 x - \sinh^2 x = \left(\dfrac{e^{x} + e^{-x}}{2}\right)^2 - \left(\dfrac{e^{x} - e^{-x}}{2}\right)^2$

$= \dfrac{e^{2x} + 2 + e^{-2x}}{4} - \dfrac{e^{2x} - 2 + e^{-2x}}{4}$

$(\leftarrow e^{x} \times e^{-x} = e^{x-x} = e^{0} = 1)$

$= \dfrac{e^{2x} + 2 + e^{-2x} - e^{2x} + 2 - e^{-2x}}{4} = \dfrac{2+2}{4} = 1$

예제 7.2.6

$\sinh(x+y) = \sinh x \cosh y + \cosh x \sinh y$임을 보여라.

풀이 $\sinh x \cosh y + \cosh x \sinh y$

$= \dfrac{e^{x} - e^{-x}}{2} \times \dfrac{e^{y} + e^{-y}}{2} + \dfrac{e^{x} + e^{-x}}{2} \times \dfrac{e^{y} - e^{-y}}{2}$

$= \dfrac{e^{x+y} + e^{x-y} - e^{-x+y} - e^{-x-y}}{4} + \dfrac{e^{x+y} - e^{x-y} + e^{-x+y} - e^{-x-y}}{4}$

$= \dfrac{2e^{x+y} - 2e^{-x-y}}{4}$

$= \dfrac{e^{x+y} - e^{-(x+y)}}{2}$

$= \sinh(x+y)$

예제 7.2.7

$\sinh\alpha = \dfrac{3}{4}$일 때 $\cosh\alpha$, $\tanh\alpha$를 구하여라.

풀이 $\cosh^2\alpha = 1 + \sinh^2\alpha = 1 + \left(\dfrac{3}{4}\right)^2 = \dfrac{16+9}{16} = \dfrac{25}{16}$

$\therefore\ \cosh\alpha = \dfrac{5}{4}$ $\left(\leftarrow \cosh\alpha = \dfrac{e^{\alpha}+e^{-\alpha}}{2} > 0\right.$ 이므로 $\left.\cosh\alpha \neq -\dfrac{5}{4}\right)$

$\therefore\ \tanh\alpha = \dfrac{\sinh\alpha}{\cosh\alpha} = \dfrac{3}{5}$

예제 7.2.8

$\sinh^{-1}x = \ln(x + \sqrt{x^2+1})$임을 증명하여라.

풀이 $y = \sinh x = \dfrac{e^x - e^{-x}}{2}$에서 x를 구한다.

$y = \dfrac{e^x - e^{-x}}{2}$의 양변에 $2e^x$를 곱하여 정리하면

$$(e^x)^2 - 2ye^x - 1 = 0$$

이다. 이 식은 e^x에 대한 2차방정식이므로 근의 공식에 의해

$$e^x = y \pm \sqrt{y^2+1}$$

이 된다. 여기에서 $e^x > 0$이므로 $y - \sqrt{y^2+1} < 0$는 e^x가 되지 않는다. 따라서

$$e^x = y + \sqrt{y^2+1}$$

이다. 이 식의 양변의 자연로그를 잡으면

$$x = \ln(y + \sqrt{y^2+1})$$

이고, 여기에서 x와 y를 바꾸면

$$y = \ln(x + \sqrt{x^2+1})$$

이므로 $y = \sinh x$의 역함수 $\sinh^{-1}x = \ln(x + \sqrt{x^2+1})$이다.

연습문제 7.2

01 점 P의 좌표가 다음과 같을 때 동경 OP가 x축의 양의 방향과 이루는 각 θ에 대하여 $\sin\theta$, $\cos\theta$, $\tan\theta$의 값을 구하여라. 단, 점 O는 원점을 나타낸다.

(1) $(3,\ 2)$ (2) $(-2,\ 1)$

(3) $(-2,\ -1)$ (4) $(2,\ -3)$

02 다음의 θ에 대하여 $\sin\theta$, $\cos\theta$, $\tan\theta$의 값을 구하여라.

(1) $\theta = \dfrac{5\pi}{6}$ (2) $\theta = -\dfrac{23\pi}{4}$

(3) $\theta = \dfrac{34\pi}{3}$ (4) $\theta = -\dfrac{17\pi}{6}$

03 $\tan\theta = \dfrac{2}{3}$ $\left(\pi < \theta < \dfrac{3\pi}{2}\right)$일 때 $\sin\theta$, $\cos\theta$의 값을 구하여라.

04 θ가 제3사분면의 각이고 $\sin\theta\cos\theta = \dfrac{3}{10}$일 때 $\sin\theta + \cos\theta$의 값을 구하여라.

05 $\tan^4\theta - \sec^4\theta = 1 - 2\sec^2\theta$를 증명하여라.

06 $\tan\theta + \cot\theta = 3$일 때 다음 식의 값을 구하여라.

(1) $\tan\theta - \cot\theta$ (2) $\tan^2\theta + \cot^2\theta$

• $\left(x - \dfrac{1}{x}\right)^2 = \left(x + \dfrac{1}{x}\right)^2 - 4$, $\tan\theta\cot\theta = 1$.

07 $\dfrac{1 - \tan^2\theta}{\sec^2\theta + 2\tan\theta} = \dfrac{1 - \tan\theta}{1 + \tan\theta}$를 증명하여라.

08 $\dfrac{\csc\theta}{\sec\theta - \tan\theta} + \dfrac{\csc\theta}{\sec\theta + \tan\theta}$를 $\cos\theta$와 $\sin\theta$로 나타내어라.

7.3 | 삼각함수의 그래프

7.3.1 주기함수

함수 $y=f(x)$의 정의역의 모든 원소 x에 대하여 $f(x+p)=f(x)$를 만족하는 상수 $p(p\neq 0)$가 존재할 때, $y=f(x)$를 주기함수라 하고, 상수 p 중에서 최소인 양수를 그 함수의 주기라고 한다.

7.3.2 $y=\sin x$의 그래프

(1) 함수 $y=\sin x$의 정의역은 $\{x \mid x$는 실수$\}$, 치역은 $\{y \mid -1\le y\le 1\}$

(2) 주기$=2\pi$

(3) 기함수이고 원점에 대하여 대칭

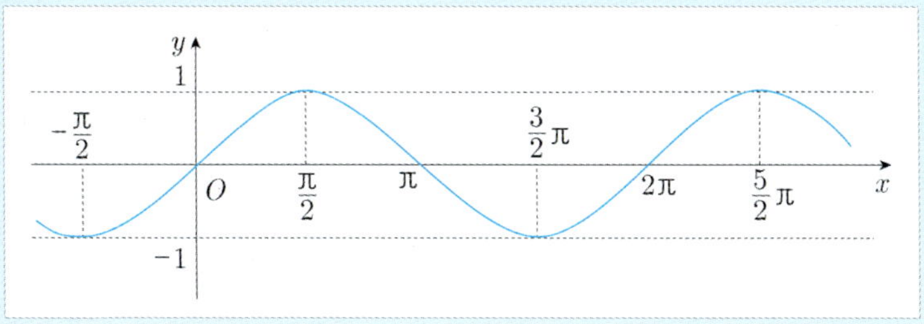

예 (1) $y=2\sin x$의 최댓값은 2, 최솟값은 -2

(2) 좌우 대칭성: $\sin\left(\frac{\pi}{2}-\theta\right)=\sin\left(\frac{\pi}{2}+\theta\right)=\cos\theta$

$$\sin\left(\frac{3\pi}{2}-\theta\right)=\sin\left(\frac{3\pi}{2}+\theta\right)=-\cos\theta$$

7.3.3 $y=\cos x$의 그래프

(1) 함수 $y=\cos x$의 정의역은 $\{x \mid x$는 실수$\}$, 치역은 $\{y \mid -1 \le y \le 1\}$

(2) 주기$=2\pi$

(3) 우함수이고 y축에 대하여 대칭

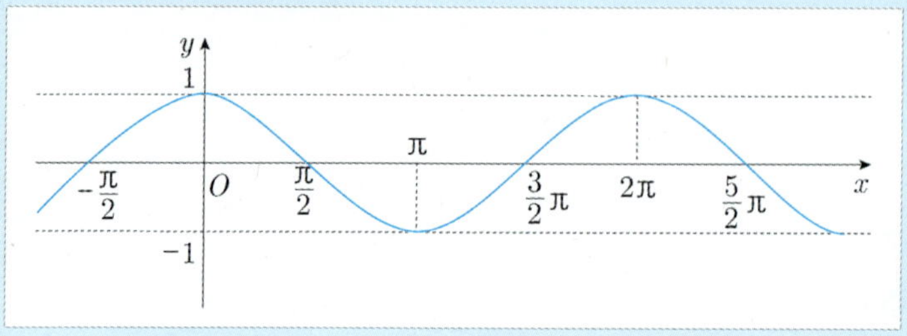

7.3.4 $y=\tan x$의 그래프

(1) 함수 $y=\tan x$의 정의역은 $\left\{x \mid x\text{는 실수}, x \ne \dfrac{\pi}{2}+n\pi, n\text{은 정수}\right\}$,

치역은 $\{y \mid y$는 실수$\}$

(2) 주기$=\pi$

(3) 기함수이고 원점에 대하여 대칭

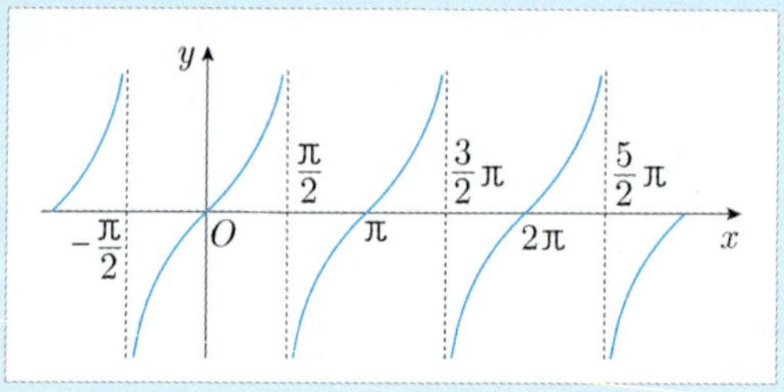

7.3.5 $\theta=\omega x+\alpha$인 삼각함수의 성질

(1) $y=A\sin(\omega x+\alpha)+C$

① 주기: $\dfrac{2\pi}{|\omega|}$ ② 최댓값 : $|A|+C$ ③ 최솟값: $-|A|+C$

(2) $y=A\cos(\omega x+\alpha)+C$

① 주기: $\dfrac{2\pi}{|\omega|}$ ② 최댓값 : $|A|+C$ ③ 최솟값: $-|A|+C$

(3) $y = A\tan(\omega x + \alpha) + C$, $\omega x + \alpha \neq \dfrac{\pi}{2} + n\pi$ (n은 정수)

① 주기: $\dfrac{\pi}{|\omega|}$ ② 최댓값과 최솟값은 없다.

- $y = f(\omega x + \alpha) + C$의 그래프는 $y = f(\omega x)$의 그래프를 x축 방향으로 $-\dfrac{\alpha}{\omega}$ 만큼, y축 방향으로 C 만큼 평행 이동한 그래프와 같다.

예 (1) $y = 2\sin(3x + 4) + 5$:

주기는 $\dfrac{2\pi}{3}$, 최댓값은 7, 최솟값은 3

그래프는 $y = 2\sin(3x)$의 그래프를 x축 방향으로 $-\dfrac{4}{3}$만큼, y축 방향으로 5만큼 평행 이동한 그래프와 같다.

(2) $y = 3\tan(2x - 1) - 4$:

주기는 $\dfrac{\pi}{2}$, 최댓값과 최솟값은 없다.

그래프는 $y = 3\tan(2x)$의 그래프를 x축 방향으로 $\dfrac{1}{2}$만큼, y축 방향으로 -4만큼 평행 이동한 그래프와 같다.

예제 7.3.1

함수 $y = \cos(x - \pi) + 1$의 그래프를 그려라.

풀이 $y = \cos(x - \pi) + 1$의 그래프는 $y = \cos x$의 그래프를 x축 방향으로 π만큼, y축 방향으로 1만큼 평행 이동한 것으로 다음과 같다.

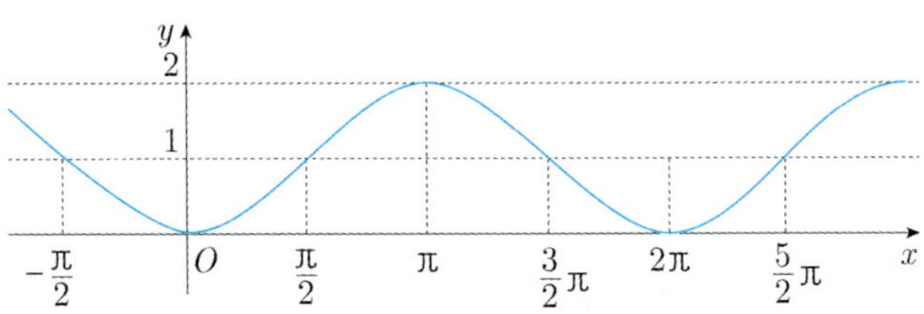

예제 7.3.2

함수 $y = \sin 2x$의 주기를 구하고 그래프를 그려라.

풀이 주기는 $\frac{2\pi}{|\omega|} = \frac{2\pi}{2} = \pi$이고 그래프는 다음과 같다.

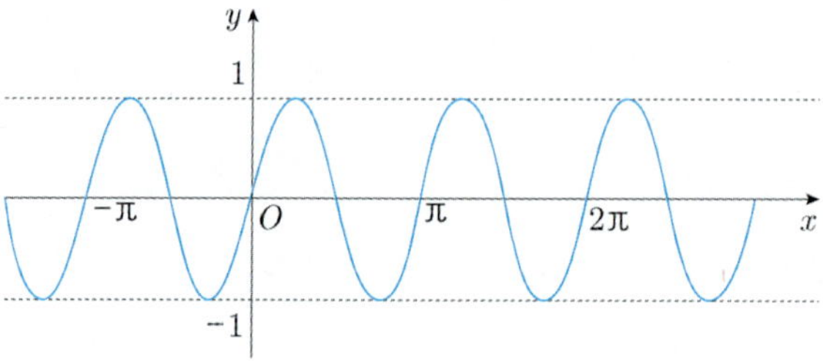

예제 7.3.3

함수 $y = \sin^2 x - \cos^2 x + 2\sin x + 4$ $(0 \le x \le 2\pi)$의 최댓값과 최솟값을 구하여라.

풀이 $\sin^2 x + \cos^2 x = 1$이므로

$$y = \sin^2 x - \cos^2 x + 2\sin x + 4 = \sin^2 x - (1 - \sin^2 x) + 2\sin x + 4$$
$$= 2\sin^2 x + 2\sin x + 3$$

$\sin x = X$로 하면

$$y = 2X^2 + 2X + 3 = 2\left(x + \frac{1}{2}\right)^2 + \frac{5}{2}$$

$0 \le x \le 2\pi$에서 $-1 \le \sin x \le 1$이므로 $-1 \le X \le 1$이다.
따라서 $X = -1$일 때 $y = 3$, $X = 1$일 때 $y = 7$이므로
$X = -\frac{1}{2}$에서 최솟값 $\frac{5}{2}$, $X = 1$에서 최댓값 7을 갖는다.

연습문제 7.3

01 다음 함수의 주기, 최댓값 및 최솟값을 구하고 그래프를 그려라.

(1) $y = 3\sin(2x - \pi) + 1$　　(2) $y = 2\cos\left(\frac{1}{2}x + \pi\right) - 1$

02 함수 $y = \tan(2x - \pi)$의 주기를 구하고 그래프를 그려라.

03 함수 $y = 2\sin\left(\pi x - \frac{\pi}{2}\right) + 1$의 주기, 최댓값 및 최솟값을 구하고 그래프를 그려라.

04 다음 함수의 그래프를 x축의 방향으로 π만큼, y축의 방향으로 1만큼 평행 이동한 그래프의 식을 구하여라.

(1) $y = 2\sin(3x - \pi) + 4$　　(2) $y = 3\cos\left(\frac{1}{4}x + \pi\right) + 2$

05 함수 $y = A\sin(\omega x) + C$의 주기는 2, 최댓값은 $\frac{7}{2}$, 최솟값은 $\frac{5}{2}$일 때 상수 A, ω, C의 값을 구하여라. (단, $A > 0$, $\omega > 0$이다)

06 주기가 2인 탄젠트함수 $y = \tan(\omega x)$의 그래프를 x축의 양의 방향으로 4만큼 평행 이동시켜서 얻은 함수가 $y = \tan(\omega x + \alpha)$일 때 상수 ω와 α의 값을 구하여라. (단, $\omega > 0$이다)

07 함수 $y = -2\sin^2 x + \cos^2 x + 2\cos x + 3$ $(0 \le x \le 2\pi)$의 최댓값과 최솟값을 구하여라.

- $\cos x = t$ $(-1 \le t \le 1)$로 치환한다. $\sin^2 x + \cos^2 x = 1$.

08 함수 $y = \tan^2 x - \tan x + 2$ $(-\pi/4 \le x \le \pi/4)$의 최댓값과 최솟값을 구하여라.

- $\tan x = t$ $(-1 \le t \le 1)$로 치환한다.

7.4 사인법칙과 코사인법칙

7.4.1 사인법칙

세 각의 크기가 A, B, C인 $\triangle ABC$에서 세 각의 대변의 길이를 각각 a, b, c라 하고 $\triangle ABC$의 외접원의 반지름을 R이라고 하면 다음 사인법칙이 성립한다.

$$\frac{a}{\sin A}=\frac{b}{\sin B}=\frac{c}{\sin C}=2R$$

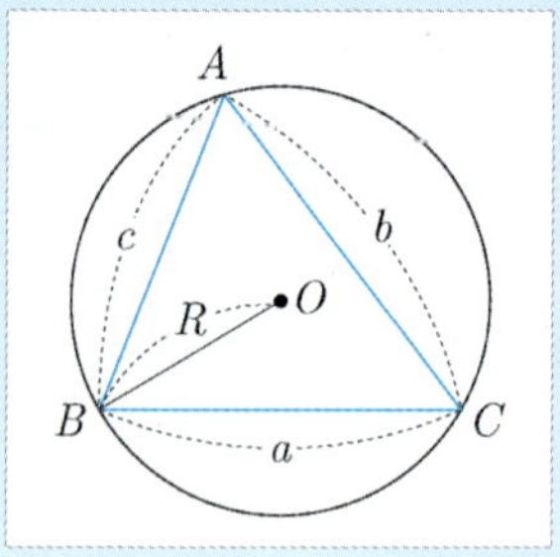

증명 각 A가 예각, 직각, 둔각인 세 경우로 나누어 $\sin A=\dfrac{a}{2R}$이 됨을 증명하자.

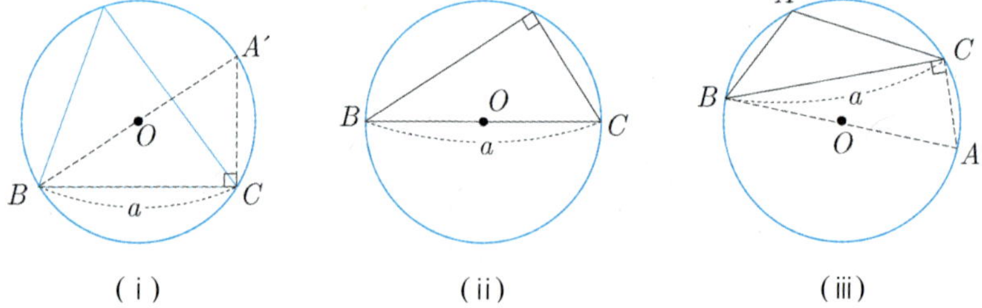

(1) $A<\dfrac{\pi}{2}$일 때, 그림 (i)에서 $A=A'$, $\angle A'CB=\dfrac{\pi}{2}$, $\overline{A'B}=2R$

$$\therefore\ \sin A = \sin A' = \frac{a}{2R}$$

(2) $A = \frac{\pi}{2}$일 때, $\sin A = 1$이고, 그림 (ⅱ)에서 $a = 2R$이므로 $\frac{a}{2R} = 1$

$$\therefore\ \sin A = \frac{a}{2R}$$

(3) $A > \frac{\pi}{2}$일 때, 그림 (ⅲ)에서 $A = \pi - A'$, $\angle A'CB = \frac{\pi}{2}$, $\overline{A'B} = 2R$

$$\therefore\ \sin A = \sin(\pi - A') = \sin A' = \frac{a}{2R}$$

(1), (2), (3)에 의해 $\sin A = \frac{a}{2R}$임이 증명되었다.

같은 방법으로 $\sin B = \frac{b}{2R}$, $\sin C = \frac{c}{2R}$임을 알 수 있다. 따라서

$$\frac{a}{\sin A} = \frac{b}{\sin B} = \frac{c}{\sin C} = 2R$$

7.4.2 코사인법칙

$\triangle ABC$의 세 각의 크기 A, B, C와 세 각의 대변의 길이 a, b, c 사이에 다음 관계가 성립한다.

(1) 제 1 코사인법칙

$a = b\cos C + c\cos B$ ⋯①

$b = c\cos A + a\cos C$ ⋯②

$c = a\cos B + b\cos A$ ⋯③

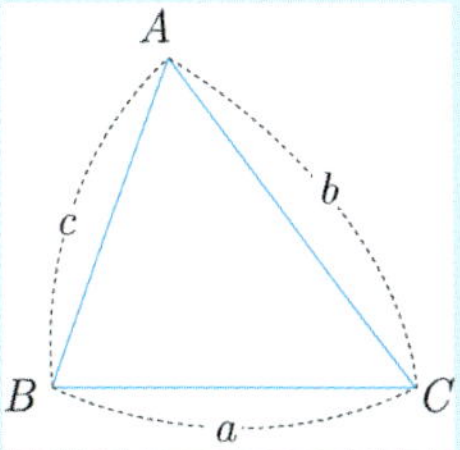

(2) 제 2 코사인법칙

$a^2 = b^2 + c^2 - 2bc\cos A$

$b^2 = c^2 + a^2 - 2ca\cos B$

$c^2 = a^2 + b^2 - 2ab\cos C$

증명 (1) 제 1 코사인법칙

세 각의 크기가 예각인 경우 각 꼭짓점 A, B, C에서 대변 a, b, c로 수선

을 그어 변의 길이를 수선과 변과의 교점으로 나누어 보면 세 변의 길이는 각각

$$a = b\cos C + c\cos B,\ \ b = c\cos A + a\cos C,\ \ c = a\cos B + b\cos A$$

임을 알 수 있다. 한 각이 직각이거나 둔각인 경우도 같은 방법으로 증명된다. 단, 둔각인 경우는 변의 연장선과 수선의 교점을 택하여 증명한다.

(2) 제 2 코사인법칙

①$\times a -$ ②$\times b -$ ③$\times c$를 계산하여 정리하면

$$a^2 - b^2 - c^2 = -2bc\cos A$$
$$\therefore\ a^2 = b^2 + c^2 - 2bc\cos A$$

마찬가지로 다른 두 식은 ②$\times b -$ ③$\times c -$ ①$\times a$, ③$\times c -$ ①$\times a -$ ②$\times b$를 하면 증명된다.

7.4.3 삼각형의 넓이

세 각의 크기가 A, B, C이고, 세 각의 대변의 길이가 a, b, c인 $\triangle ABC$의 넓이 S는 다음과 같다.

$$S = \frac{1}{2}ab\sin C = \frac{1}{2}bc\sin A = \frac{1}{2}ca\sin B$$

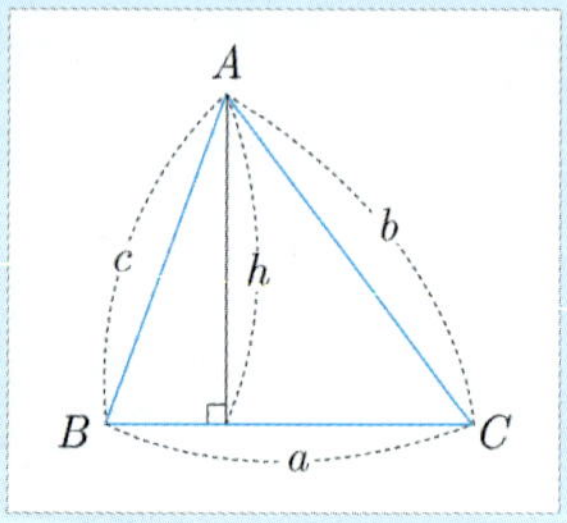

증명 $\angle B$가 예각인 경우, 그림에서 $\triangle ABC$의 넓이 $S = \frac{1}{2}ah$이고 높이 $h = c\sin B$이므로 $S = \frac{1}{2}ca\sin B$가 된다. $\angle B$가 직각($\pi/2$)인 경우 $h = c = c\sin B$가 되고, 둔각인 경우에는 $h = c\sin(\pi - B) = c\sin B$가 된다.

예제 7.4.1

$\angle A = 30°$, $\angle C = 45°$, $\overline{BC} = a = 6$인 $\triangle ABC$에서 다음을 구하여라.

(1) 외접원의 반지름과 변 $\overline{AB}$의 길이

(2) 변 $\overline{AC}$의 길이

(3) $\cos 75°$의 값

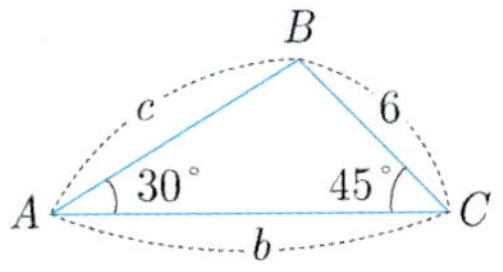

풀이 (1) $\dfrac{a}{\sin A} = \dfrac{c}{\sin C} = 2R \quad \therefore \dfrac{6}{\sin 30°} = \dfrac{c}{\sin 45°} = 2R$

$$\therefore R = \frac{6}{2\sin 30°} = \frac{6}{2 \times (1/2)} = 6$$

$$\therefore \overline{AB} = c = 2R\sin 45° = 2 \times 6 \times \frac{1}{\sqrt{2}} = 6\sqrt{2}$$

(2) $\overline{AC} = b = c\cos A + a\cos C = 6\sqrt{2}\cos 30° + 6\cos 45°$

$= 3(\sqrt{6} + \sqrt{2})$

(3) $\angle B = 180° - (\angle A + \angle C) = 180° - 75°$이므로

$$\cos B = \cos(180° - 75°) = -\cos 75°$$

제 2 코사인법칙에서

$$\cos B = \frac{c^2 + a^2 - b^2}{2ca} = \frac{(6\sqrt{2})^2 + 6^2 - 3^2 \times (\sqrt{6} + \sqrt{2})^2}{2 \times 6\sqrt{2} \times 6}$$

$$= \frac{\sqrt{2} - \sqrt{6}}{4}$$

$$\therefore \cos 75° = \frac{\sqrt{6} - \sqrt{2}}{4}$$

예제 7.4.2

$\angle A = 60°$, $\overline{AB} = 2$, $\overline{AC} = 3$인 $\triangle ABC$에서 $\overline{BC}$의 길이를 구하여라.

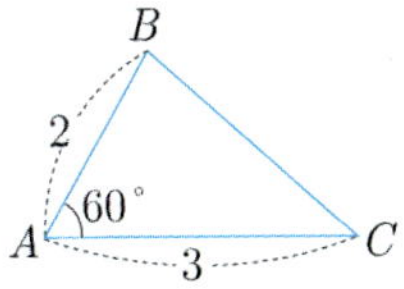

풀이 $c=\overline{AB},\ b=\overline{AC},\ a=\overline{BC}$로 하면,

$$a^2=b^2+c^2-2bc\cos A$$
$$=2^2+3^2-2\times2\times3\cos60°=7$$
$$\therefore\ \overline{BC}=a=\sqrt{7}$$

예제 7.4.3

세 변의 길이가 2, 3, 4인 삼각형의 넓이를 구하여라.

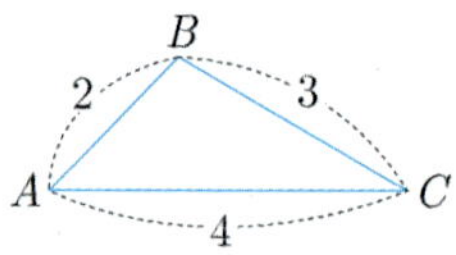

풀이 제 2 코사인법칙으로부터

$$\cos A=\frac{b^2+c^2-a^2}{2bc}$$
$$=\frac{2^2+4^2-3^2}{2\times2\times4}=\frac{11}{16}$$
$$\therefore\ \sin A=\sqrt{1-\cos^2 A}$$
$$=\sqrt{1-\left(\frac{11}{16}\right)^2}=\frac{3\sqrt{15}}{16}$$
$$\therefore\ S=\frac{1}{2}bc\sin A=\frac{1}{2}\times2\times4\times\frac{3\sqrt{15}}{16}=\frac{3\sqrt{15}}{4}$$

연습문제 7.4

01 반지름이 2인 원에 내접하는 $\triangle ABC$에서 $\angle A = 45°$일 때 $\overline{BC}$의 길이를 구하여라.

02 반지름이 2인 원에 내접하는 $\triangle ABC$에서 $\angle A = 45°$, $\angle B = 60°$일 때 $\overline{AB}$의 길이를 구하여라.

03 $\triangle ABC$에서 $\angle A = 45°$, $\angle B = 105°$, $\overline{AB} = 2$일 때 $\overline{BC}$의 길이를 구하여라.

04 $\triangle ABC$에서 $\angle A = 30°$, $\overline{AB} = \sqrt{6} - \sqrt{2}$, $\overline{AC} = 2\sqrt{2}$일 때 $\overline{BC}$의 길이를 구하여라.

05 $\triangle ABC$의 넓이가 2이고 $\overline{AB} = 2$, $\overline{AC} = 4$일 때 $\angle A$를 구하여라.

06 세 변의 길이가 $\sqrt{2}$, $\sqrt{3}$, 2인 삼각형의 넓이를 구하여라.

07 $\overline{AB} = 4$, $\overline{AC} = 5$인 $\triangle ABC$의 넓이가 5일 때 $\overline{BC}$의 길이를 구하여라.

08 $\triangle ABC$에서 $\angle A = 60°$, $\overline{BC} = 3$, $\overline{AC} = \sqrt{6}$일 때 $\angle B$와 삼각형의 넓이를 구하여라.

09 삼각형의 두 내각이 30°와 45°이고 외접원의 반지름이 2일 때 삼각형의 넓이를 구하여라.

10 $\triangle ABC$에서 $\angle C = 90°$일 때 $\sin^2 A + \sin^2 B = \sin^2 C$임을 증명하여라.

11 $a\sin^2 A = b\sin^2 B$를 만족하는 삼각형은 어떤 모양의 삼각형인가?

12 세 변의 길이가 7, 8, 13인 삼각형에서 최대각의 크기를 구하여라.

7.5 | 덧셈정리와 여러 가지 공식

7.5.1 덧셈정리

(1) $\sin(\alpha+\beta)=\sin\alpha\cos\beta+\cos\alpha\sin\beta$

(2) $\sin(\alpha-\beta)=\sin\alpha\cos\beta-\cos\alpha\sin\beta$

(3) $\cos(\alpha+\beta)=\cos\alpha\cos\beta-\sin\alpha\sin\beta$

(4) $\cos(\alpha-\beta)=\cos\alpha\cos\beta+\sin\alpha\sin\beta$

(5) $\tan(\alpha+\beta)=\dfrac{\tan\alpha+\tan\beta}{1-\tan\alpha\tan\beta}$

(6) $\tan(\alpha-\beta)=\dfrac{\tan\alpha-\tan\beta}{1+\tan\alpha\tan\beta}$

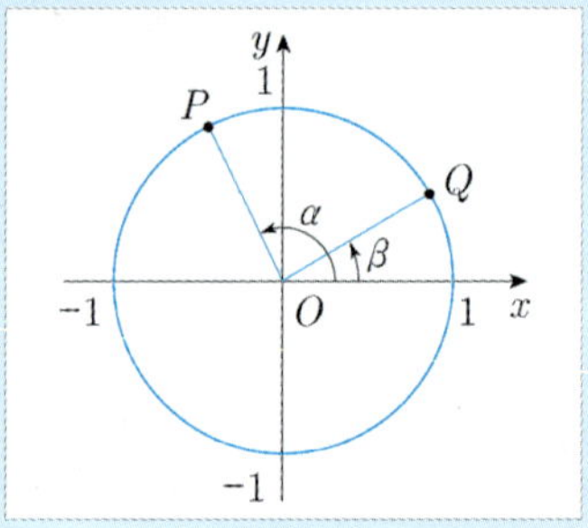

증명 그림과 같이 원점 O를 중심으로 하는 단위원 상의 두 점을 P, Q라 하고, OP, OQ가 x축의 양의 방향과 이루는 각을 α, β라 하면 점 P, Q의 좌표는 각각 $(\cos\alpha,\ \sin\alpha)$, $(\cos\beta,\ \sin\beta)$가 된다. 따라서

$$\begin{aligned}\overline{PQ}^2&=(\cos\alpha-\cos\beta)^2+(\sin\alpha-\sin\beta)^2\\&=2-2(\cos\alpha\cos\beta+\sin\alpha\sin\beta)\end{aligned}$$

이다. 한편 $\triangle OPQ$에서 제 2 코사인법칙을 적용하면

$$\overline{PQ}^2 = 2 - 2\cos(\alpha - \beta)$$

이므로

$$\cos(\alpha - \beta) = \cos\alpha\cos\beta + \sin\alpha\sin\beta$$

가 된다. 이 식의 α 대신에 $\frac{\pi}{2} + \alpha$를 대입하면

$$\cos\left(\frac{\pi}{2} + \theta\right) = -\sin\theta,\ \sin\left(\frac{\pi}{2} + \theta\right) = \cos\theta$$

이므로

$$-\sin(\alpha - \beta) = -\sin\alpha\cos\beta + \cos\alpha\sin\beta$$

가 되어

$$\sin(\alpha - \beta) = \sin\alpha\cos\beta - \cos\alpha\sin\beta$$

를 얻는다. 또,

$$\tan(\alpha - \beta) = \frac{\sin(\alpha - \beta)}{\cos(\alpha - \beta)} = \frac{\sin\alpha\cos\beta - \cos\alpha\sin\beta}{\cos\alpha\cos\beta + \sin\alpha\sin\beta}$$

에서 분모와 분자를 $\cos\alpha\cos\beta$로 나누면

$$\tan(\alpha - \beta) = \frac{\tan\alpha - \tan\beta}{1 + \tan\alpha\tan\beta}$$

가 구해진다. 이상에서 구한 $\cos(\alpha - \beta)$, $\sin(\alpha - \beta)$, $\tan(\alpha - \beta)$의 β 대신 $-\beta$를 대입하면 $\cos(\alpha + \beta)$, $\sin(\alpha + \beta)$, $\tan(\alpha + \beta)$의 관계식을 구할 수 있다.

7.5.2 배각공식

(1) $\sin 2\alpha = 2\sin\alpha\cos\alpha$

(2) $\cos 2\alpha = \cos^2\alpha - \sin^2\alpha = 1 - 2\sin^2\alpha = 2\cos^2\alpha - 1$

(3) $\tan 2\alpha = \dfrac{2\tan\alpha}{1 - \tan^2\alpha}$

증명 덧셈정리 **[7.5.1]**의 $\cos(\alpha+\beta)$, $\sin(\alpha+\beta)$, $\tan(\alpha+\beta)$에서 β 대신 α를 대입하면 배각공식이 구해진다.

7.5.3 반각공식

(1) $\sin^2\dfrac{\alpha}{2}=\dfrac{1-\cos\alpha}{2}$ (2) $\cos^2\dfrac{\alpha}{2}=\dfrac{1+\cos\alpha}{2}$ (3) $\tan^2\dfrac{\alpha}{2}=\dfrac{1-\cos\alpha}{1+\cos\alpha}$

증명 배각공식 $\cos 2\alpha=1-2\sin^2\alpha$, $\cos 2\alpha=2\cos^2\alpha-1$에서 α 대신 $\dfrac{\alpha}{2}$를 대입하여 $\sin^2\dfrac{\alpha}{2}$, $\cos^2\dfrac{\alpha}{2}$에 대한 식을 구하고,

$$\tan^2\frac{\alpha}{2}=\sin^2\frac{\alpha}{2}/\cos^2\frac{\alpha}{2}$$

에서 $\tan^2\dfrac{\alpha}{2}$를 구할 수 있다.

7.5.4 곱을 합으로 고치는 공식

(1) $\sin\alpha\cos\beta=\dfrac{1}{2}\{\sin(\alpha+\beta)+\sin(\alpha-\beta)\}$

(2) $\cos\alpha\sin\beta=\dfrac{1}{2}\{\sin(\alpha+\beta)-\sin(\alpha-\beta)\}$

(3) $\cos\alpha\cos\beta=\dfrac{1}{2}\{\cos(\alpha+\beta)+\cos(\alpha-\beta)\}$

(4) $\sin\alpha\sin\beta=-\dfrac{1}{2}\{\cos(\alpha+\beta)-\cos(\alpha-\beta)\}$

증명 덧셈정리 **[7.5.1]**에서 $(1)+(2)$를 하면 $\sin\alpha\cos\beta$, $(1)-(2)$를 하면 $\cos\alpha\sin\beta$, $(3)+(4)$를 하면 $\cos\alpha\cos\beta$, $(3)-(4)$를 하면 $\sin\alpha\sin\beta$에 대한 식이 각각 구해진다.

7.5.5 합을 곱으로 고치는 공식

(1) $\sin A+\sin B=2\sin\dfrac{A+B}{2}\cos\dfrac{A-B}{2}$

(2) $\sin A-\sin B=2\cos\dfrac{A+B}{2}\sin\dfrac{A-B}{2}$

(3) $\cos A+\cos B=\ 2\cos\dfrac{A+B}{2}\cos\dfrac{A-B}{2}$

(4) $\cos A-\cos B=-2\sin\dfrac{A+B}{2}\sin\dfrac{A-B}{2}$

증명 $\alpha+\beta=A$, $\alpha-\beta=B$로 하면 $\alpha=\dfrac{A+B}{2}$, $\beta=\dfrac{A-B}{2}$가 된다. 이들을 곱을 합으로 고치는 공식 [7.5.4]에 대입하여 정리하면 합을 곱으로 고치는 공식 [7.5.5]가 구해진다.

7.5.6 삼각함수의 합성

(1) $a\sin\theta+b\cos\theta=\sqrt{a^2+b^2}\sin(\theta+\alpha)$

$\cos\alpha=\dfrac{a}{\sqrt{a^2+b^2}}$, $\sin\alpha=\dfrac{b}{\sqrt{a^2+b^2}}$

(2) $a\sin\theta+b\cos\theta=\sqrt{a^2+b^2}\cos(\theta-\beta)$

$\cos\beta=\dfrac{b}{\sqrt{a^2+b^2}}$, $\sin\beta=\dfrac{a}{\sqrt{a^2+b^2}}$

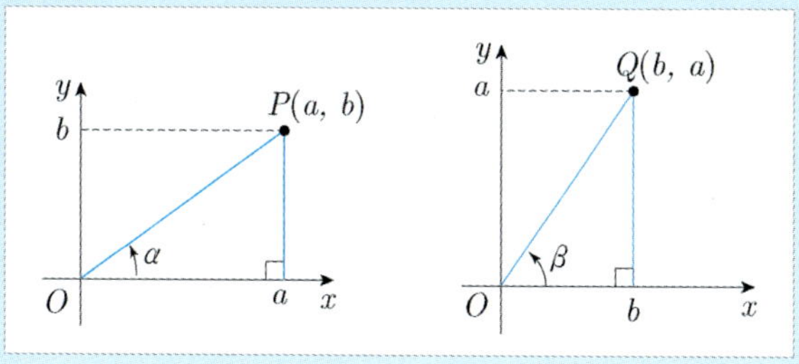

증명 (1) $\sin\theta$의 계수를 x좌표, $\cos\theta$의 계수를 y좌표로 하는 점 $P(a, b)$를 잡으면

$$\overline{OP}=\sqrt{a^2+b^2}$$

이고 이 값으로 준 식을 정리하면

$$\begin{aligned}a\sin\theta+b\cos\theta&=\sqrt{a^2+b^2}\left(\frac{a}{\sqrt{a^2+b^2}}\sin\theta+\frac{b}{\sqrt{a^2+b^2}}\cos\theta\right)\\&=\sqrt{a^2+b^2}(\sin\theta\cos\alpha+\cos\theta\sin\alpha)\\&=\sqrt{a^2+b^2}\sin(\theta+\alpha)\end{aligned}$$

단, α는 $\overline{OP}$가 x축의 양의 방향과 이루는 각이다.

(2) $\cos\theta$의 계수를 x좌표, $\sin\theta$의 계수를 y좌표로 하는 점 $Q(b,\ a)$를 잡으면

$$\overline{OQ}=\sqrt{a^2+b^2}$$

이고 이 값으로 준 식을 정리하면

$$\begin{aligned} a\sin\theta+b\cos\theta &= \sqrt{a^2+b^2}\left(\frac{a}{\sqrt{a^2+b^2}}\sin\theta+\frac{b}{\sqrt{a^2+b^2}}\cos\theta\right) \\ &= \sqrt{a^2+b^2}\,(\sin\theta\sin\beta+\cos\theta\cos\beta) \\ &= \sqrt{a^2+b^2}\,\cos(\theta-\beta) \end{aligned}$$

단, β는 $\overline{OQ}$가 x축의 양의 방향과 이루는 각이다.

예제 7.5.1

덧셈정리를 사용하여 다음 값을 구하여라.

(1) $\sin75°$ (2) $\cos75°$ (3) $\tan75°$

풀이 (1) $\sin75°=\sin(30°+45°)=\sin30°\cos45°+\cos30°\sin45°$

$$=\frac{1}{2}\times\frac{1}{\sqrt{2}}+\frac{\sqrt{3}}{2}\times\frac{1}{\sqrt{2}}=\frac{\sqrt{6}+\sqrt{2}}{4}$$

(2) $\cos75°=\cos(30°+45°)=\cos30°\cos45°-\sin30°\sin45°$

$$=\frac{\sqrt{3}}{2}\times\frac{1}{\sqrt{2}}-\frac{1}{2}\times\frac{1}{\sqrt{2}}=\frac{\sqrt{6}-\sqrt{2}}{4}$$

(3) $\tan75°=\tan(30°+45°)=\dfrac{\tan30°+\tan45°}{1-\tan30°\times\tan45°}$

$$=\frac{\frac{1}{\sqrt{3}}+1}{1-\frac{1}{\sqrt{3}}\times1}=\frac{\sqrt{3}+1}{\sqrt{3}-1}=2+\sqrt{3}$$

예제 7.5.2

$\sin x+\cos x=\dfrac{2}{\sqrt{3}}$일 때 $2+\sin2x$의 값을 구하여라.

풀이 $2+\sin2x=1+(1+2\sin x\cos x)=1+(\sin^2x+\cos^2x+2\sin x\cos x)$

$$= 1 + (\sin x + \cos x)^2$$

$$= 1 + \left(\frac{2}{\sqrt{3}}\right)^2 = \frac{7}{3}$$

예제 7.5.3

반각공식을 사용하여 $\tan\frac{\pi}{8}$의 값을 구하여라.

풀이 $\tan^2\frac{\pi}{8} = \dfrac{1-\cos\frac{\pi}{4}}{1+\cos\frac{\pi}{4}} = \dfrac{1-\frac{1}{\sqrt{2}}}{1+\frac{1}{\sqrt{2}}} = \dfrac{\sqrt{2}-1}{\sqrt{2}+1} = (\sqrt{2}-1)^2$

$\therefore \tan\frac{\pi}{8} = \sqrt{2}-1 \quad (\because \tan\frac{\pi}{8} > 0)$

예제 7.5.4

$\dfrac{1}{\tan 2x} + \dfrac{1}{\sin 2x} = \cot x$가 성립함을 증명하여라.

풀이 $\dfrac{1}{\tan 2x} + \dfrac{1}{\sin 2x} = \dfrac{\cos 2x}{\sin 2x} + \dfrac{1}{\sin 2x} = \dfrac{\cos 2x + 1}{\sin 2x}$

$$= \frac{2\cos^2 x}{2\sin x\cos x} = \frac{\cos x}{\sin x}$$

$$= \cot x$$

$(\because \cos 2x = 2\cos^2 x - 1,\ \sin 2x = 2\sin x\cos x)$

예제 7.5.5

$\sin\alpha = \dfrac{1}{\sqrt{5}}\left(0 < \alpha < \dfrac{\pi}{2}\right)$일 때 다음 값을 구하여라.

(1) $\sin 2\alpha$　　(2) $\cos 2\alpha$　　(3) $\tan 2\alpha$

풀이 (1) $\cos^2\alpha = 1 - \sin^2\alpha = 1 - \left(\dfrac{1}{\sqrt{5}}\right)^2 = \dfrac{4}{5}$

$\therefore \cos\alpha = \dfrac{2}{\sqrt{5}} \quad \left(\because 0 < \alpha < \dfrac{\pi}{2}\text{ 이므로 } \cos\alpha > 0\right)$

$$\therefore \sin 2\alpha = 2\sin\alpha\cos\alpha = 2\times\frac{1}{\sqrt{5}}\times\frac{2}{\sqrt{5}}=\frac{4}{5}$$

(2) $\cos 2\alpha = 1-2\sin^2\alpha = 1-2\times\left(\frac{1}{\sqrt{5}}\right)^2=\frac{3}{5}$

(3) $\tan 2\alpha = \frac{\sin 2\alpha}{\cos 2\alpha}=\frac{4}{3}$

예제 7.5.6

다음 값을 구하여라.

(1) $\sin 45°\cos 15°$ (2) $\sin 45°\sin 15°$

풀이 (1) $\sin 45°\cos 15° = \frac{1}{2}(\sin 60° + \sin 30°)$

$$= \frac{1}{2}\left(\frac{\sqrt{3}}{2}+\frac{1}{2}\right)=\frac{\sqrt{3}+1}{4}$$

(2) $\sin 45°\sin 15° = -\frac{1}{2}(\cos 60° - \cos 30°)$

$$= -\frac{1}{2}\left(\frac{1}{2}-\frac{\sqrt{3}}{2}\right)=\frac{\sqrt{3}-1}{4}$$

예제 7.5.7

다음 값을 구하여라.

(1) $\sin 105° + \sin 15°$ (2) $\cos 105° + \cos 15°$

풀이 (1) $\sin 105° + \sin 15° = 2\sin\frac{105°+15°}{2}\cos\frac{105°-15°}{2}$

$$= 2\sin 60°\cos 45°$$

$$= 2\times\frac{\sqrt{3}}{2}\times\frac{1}{\sqrt{2}}=\frac{\sqrt{6}}{2}$$

(2) $\cos 105° + \cos 15° = 2\cos\frac{105°+15°}{2}\cos\frac{105°-15°}{2}$

$$= 2\cos 60°\cos 45°$$

$$= 2\times\frac{1}{2}\times\frac{1}{\sqrt{2}}=\frac{1}{\sqrt{2}}$$

예제 7.5.8

$y=\sin x+\sqrt{3}\cos x$를 $A\sin(x+\alpha)$와 $A\cos(x-\beta)$의 꼴로 나타내어라. (단, $A>0$, $-\frac{\pi}{2}<\alpha<\frac{\pi}{2}$, $0<\beta<\pi$이다.)

풀이 (1) $y=\sin x+\sqrt{3}\cos x=2\left(\sin x\times\frac{1}{2}+\cos x\times\frac{\sqrt{3}}{2}\right)$

$$=2\left(\sin x\cos\frac{\pi}{3}+\cos x\sin\frac{\pi}{3}\right)$$

$$=2\sin\left(x+\frac{\pi}{3}\right)$$

$(\leftarrow\ \tan\alpha=\frac{b}{a}=\sqrt{3}$에서 $\alpha=\frac{\pi}{3})$

(2) $y=\sin x+\sqrt{3}\cos x=2\left(\cos x\times\frac{\sqrt{3}}{2}+\sin x\times\frac{1}{2}\right)$

$$=2\left(\cos x\cos\frac{\pi}{6}+\sin x\sin\frac{\pi}{6}\right)$$

$$=2\cos\left(x-\frac{\pi}{6}\right)$$

$(\leftarrow\ \tan\beta=\frac{a}{b}=\frac{1}{\sqrt{3}}$에서 $\beta=\frac{\pi}{6})$

예제 7.5.9

$0\le x\le 2\pi$에서 $y=\sin x+\cos x$의 최댓값, 최솟값과 그때의 x값을 구하여라.

풀이 $y=\sin x+\cos x=\sqrt{2}\left(\sin x\times\frac{1}{\sqrt{2}}+\cos x\times\frac{1}{\sqrt{2}}\right)$

$$=\sqrt{2}\left(\sin x\times\cos\frac{\pi}{4}+\cos x\times\sin\frac{\pi}{4}\right)$$

$$=\sqrt{2}\sin\left(x+\frac{\pi}{4}\right)\quad(\leftarrow\ \tan\alpha=\frac{1}{1}=1\text{에서 }\alpha=\frac{\pi}{4})$$

따라서 $x+\frac{\pi}{4}=\frac{\pi}{2}$가 되는 $x=\frac{\pi}{4}$에서 최댓값 $\sqrt{2}$,

$x+\frac{\pi}{4}=\frac{3\pi}{2}$인 $x=\frac{5\pi}{4}$에서 최솟값 $-\sqrt{2}$를 갖는다.

연습문제 7.5

01 덧셈정리를 사용하여 다음 값을 구하여라.

(1) $\sin 15°$ (2) $\cos 15°$

02 $\sin\frac{\pi}{8}$와 $\cos\frac{\pi}{8}$의 값을 구하여라.

03 다음 값을 구하여라.

(1) $\sin 75°\cos 15°$ (2) $\sin 75° + \cos 15°$

04 두 점 $P(\cos\alpha, \sin\alpha)$, $Q(\cos\beta, \sin\beta)$ 간의 거리가 2일 때 $\cos(\alpha-\beta)$의 값을 구하여라.

05 $\sin x = \dfrac{2\sqrt{3}+\sqrt{6}}{6}$ $(0 < x < \frac{\pi}{2})$일 때 다음 값을 구하여라.

(1) $\sin 2x$ (2) $\cos 2x$

06 다음 각 경우에 대하여 $\sin 2x$의 값을 구하여라.

(1) $\sin x + \cos x = \dfrac{\sqrt{6}}{2}$ (2) $\sin x - \cos x = \dfrac{1}{\sqrt{2}}$

07 $f(t) = \sqrt{5}\sin\pi t\cos\pi t$ 의 진폭, 주기, 진동수를 구하여라.

08 $\sin\alpha = \frac{4}{5}$ $(\frac{\pi}{2} < \alpha < \pi)$일 때 $\cos 2\alpha$, $\tan\frac{\alpha}{2}$의 값을 구하여라.

09 $\tan\alpha = \sqrt{2}$일 때 $\tan 2\alpha$, $\cos 2\alpha$, $\sin 2\alpha$의 값을 구하여라.

10 곱을 합으로 변형하는 공식을 사용하여 다음 식이 성립함을 증명하여라.

(1) $\cos(\alpha+\beta)\cos(\alpha-\beta)=\cos^2\alpha-\sin^2\beta=\cos^2\beta-\sin^2\alpha$

(2) $\sin(\alpha+\beta)\sin(\alpha-\beta)=\sin^2\alpha-\sin^2\beta=\cos^2\beta-\cos^2\alpha$

11 합을 곱으로 변형하는 공식을 사용하여 다음 식이 성립함을 증명하여라.

(1) $\dfrac{\cos(\alpha+\beta)-\cos(\alpha-\beta)}{\cos(\alpha+\beta)+\cos(\alpha-\beta)}=-\tan\alpha\tan\beta$

(2) $\dfrac{\sin(\alpha+\beta)-\sin(\alpha-\beta)}{\sin(\alpha+\beta)+\sin(\alpha-\beta)}=\dfrac{\tan\beta}{\tan\alpha}$

12 $\sin(\alpha+\beta)=\dfrac{2}{3}$, $\sin(\alpha-\beta)=\dfrac{1}{2}$일 때 $\dfrac{\tan\alpha}{\tan\beta}$의 값을 구하여라.

13 $y=\sin^2x+4\sin x\cos x+3\cos^2x$의 최댓값과 최솟값을 구하여라.

14 $y=3\sin x-4\cos x$ $(0\le x\le 2\pi)$의 최댓값과 최솟값을 구하여라.

15 $y=\cos x-\cos\left(x+\dfrac{\pi}{3}\right)$가 $x=\alpha$에서 최댓값을 가질 때 $\sin\left(\alpha+\dfrac{\pi}{3}\right)$의 값을 구하여라. 단, $0\le x\le 2\pi$이다.

16 그림과 같은 두 개의 직각 삼각형 ABC와 ADE에서 $\tan\beta$의 값을 구하여라.

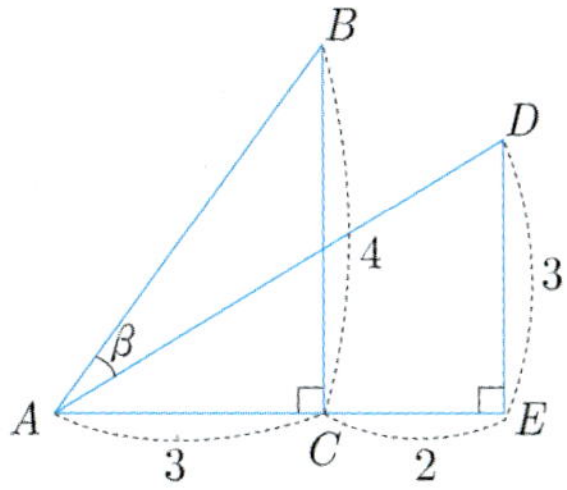

7.6 삼각방정식

7.6.1 삼각방정식

(1) 삼각방정식: 삼각함수를 포함하는 방정식에서 삼각함수의 각의 크기가 미지수인 방정식

(2) 특수해: 미지수의 범위가 제한되어 있는 경우의 해

(3) 일반해: 미지수의 범위에 대한 제한이 없는 경우의 해

예 (1) 삼각방정식: $\sin x + 2\cos x = 1$, $\cos^2 x + 4\cos x - 1 = 0$ 등과 같은 방정식을 만족하는 각 x를 구하는 문제.

(2) 특수해: $0 \le x \le 2\pi$, $-\pi \le x \le \pi$ 등과 같이 x의 범위를 제한할 때의 해. $\sin x = \dfrac{1}{\sqrt{2}}$ 에서 미지수 x의 범위를 $-\dfrac{\pi}{2} \le x \le \dfrac{\pi}{2}$로 제한하면 $x = \dfrac{\pi}{4}$ 가 된다.

(3) 일반해: x의 범위에 대한 제한이 없으면 삼각함수의 주기적인 성질에 의해 $\sin x = \dfrac{1}{\sqrt{2}}$의 해는 무한히 많다: $x = \dfrac{\pi}{4}$, $\dfrac{3\pi}{4}$, $\pm 2\pi + \dfrac{\pi}{4}$, $\pm 2\pi + \dfrac{3\pi}{4}$, $\cdots$.

7.6.2 삼각방정식의 일반해

다음 각 방정식을 만족하는 특수해를 α라 하면 일반해 x는 다음과 같다. 단, n은 정수이다.

(1) $\sin x = a$: $x = n\pi + (-1)^n \alpha$

(2) $\cos x = a$: $x = 2n\pi \pm \alpha$

(3) $\tan x = a$: $x = n\pi + \alpha$

증명 (1) $\sin\alpha = \sin(\pi - \alpha)$이므로 $x = \alpha$가 해이면 $x = \pi - \alpha$도 해가 된다. 따라서 사인함수의 주기가 2π이므로 m을 정수라 하면

$$x = 2m\pi + \alpha,\ x = 2m\pi + (\pi - \alpha) = (2m+1)\pi - \alpha$$

가 모두 해가 된다. 여기에서 $2m$은 짝수이고, $2m+1$은 홀수이므로 이 식들을 하나로 표현하면

$$x = n\pi + (-1)^n\alpha \ \ (n\text{은 정수})$$

로 나타낼 수 있다.

(2) $\cos\alpha = \cos(-\alpha)$이므로 $x = \pm\alpha$가 모두 해가 된다. 따라서 코사인함수의 주기가 2π이므로 일반해는

$$x = 2n\pi \pm \alpha \ \ (n\text{은 정수})$$

가 된다.

(3) 탄젠트함수의 주기는 π이므로 일반해는

$$x = n\pi + \alpha \ \ (n\text{은 정수})$$

이다.

• 삼각함수의 주기적인 성질에 의해 특수해와 일반해로 나누어진다. 삼각방정식의 해를 구할 때는 그래프를 이용하는 것이 편리하다.

예 (1) $\sin x = \frac{1}{2}$: $-\frac{\pi}{2} \le x \le \frac{\pi}{2}$에서의 특수해 $\alpha = \frac{\pi}{6}$

일반해 $x = n\pi + (-1)^n\frac{\pi}{6}$ (n은 정수)

(2) $\cos x = \frac{1}{\sqrt{2}}$: $0 \le x \le \pi$에서의 특수해 $\alpha = \frac{\pi}{4}$

일반해 $x = 2n\pi \pm \frac{\pi}{4}$ (n은 정수)

(3) $\tan x = \frac{1}{\sqrt{3}}$: $-\frac{\pi}{2} \le x \le \frac{\pi}{2}$에서의 특수해 $\alpha = \frac{\pi}{6}$

일반해 $x = n\pi + \frac{\pi}{6}$ (n은 정수)

7.6.3 역삼각함수

(1) **역사인함수:** $y=\sin x$의 역함수를 $y=\sin^{-1}x$ 또는 $y=\arcsin x$로 나타내고 역사인함수라 한다.

(2) **역코사인함수:** $y=\cos x$의 역함수를 $y=\cos^{-1}x$ 또는 $y=\arccos x$로 나타내고 역코사인함수라 한다.

(3) **역탄젠트함수:** $y=\tan x$의 역함수를 $y=\tan^{-1}x$ 또는 $y=\arctan x$로 나타내고 역탄젠트함수라 한다.

설명 (1) 일반적으로 삼각함수는 일대일대응함수가 아니므로 역함수를 갖지 않는다. 그러나 $y=\sin x$의 정의역을 $-\frac{\pi}{2}\le x\le\frac{\pi}{2}$, $y=\cos x$의 정의역을 $0\le x\le\pi$, $y=\tan x$의 정의역을 $-\frac{\pi}{2}<x<\frac{\pi}{2}$로 정하면 일대일대응함수가 되어 각각 역함수를 갖는다.

(2) 역함수의 정의에 의해

$$y=\sin x\Leftrightarrow x=\sin^{-1}y,\ y=\cos x\Leftrightarrow x=\cos^{-1}y,$$
$$y=\tan x\Leftrightarrow x=\tan^{-1}y$$

이므로 정의역이 같으면

$$\sin x=a,\ \cos x=a,\ \tan x=a$$

의 특수해 α를 구하는 것은 곧 역삼각함수의 값을 구하는 것이라고 할 수 있다. 즉, 특수해

$$\alpha=\sin^{-1}a,\ \alpha=\cos^{-1}a,\ \alpha=\tan^{-1}a$$

이다.

예 (1) $\sin x=1$이면 $x=\sin^{-1}1=\frac{\pi}{2}$ $\left(\because \sin\frac{\pi}{2}=1\right)$

(2) $\tan x=\frac{1}{\sqrt{3}}$이면 $x=\tan^{-1}\frac{1}{\sqrt{3}}=\frac{\pi}{6}$ $\left(\because \tan\frac{\pi}{6}=\frac{1}{\sqrt{3}}\right)$

예제 7.6.1

$2\sin x = \sqrt{3}$ 의 일반해를 구하고, $0 \le x \le 2\pi$일 때 x의 값을 구하여라.

풀이 $\sin x = \dfrac{\sqrt{3}}{2}$ 을 만족하는 특수해 $\alpha = \dfrac{\pi}{3}$ $(\because \sin\dfrac{\pi}{3} = \dfrac{\sqrt{3}}{2})$

$\therefore$ 일반해 $x = n\pi + (-1)^n \dfrac{\pi}{3}$ (n은 정수)

$$0 \le x \le 2\pi \text{ 일 때 } x = \frac{\pi}{3}, \frac{2\pi}{3}$$

$y = \sin x$의 그래프에 해를 나타내면 다음과 같다.

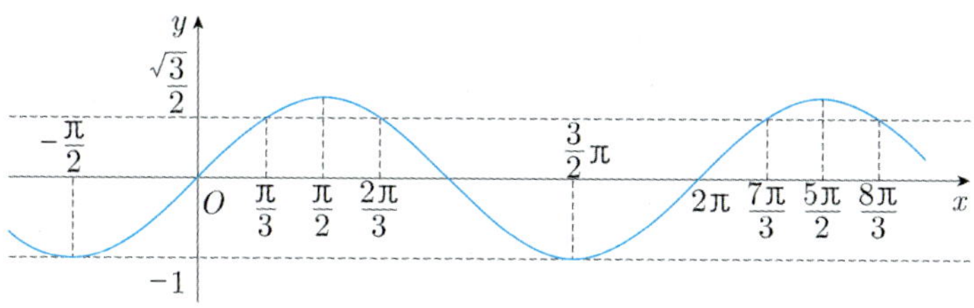

예제 7.6.2

$\sin 2x = \dfrac{1}{2}$ 의 일반해를 구하고, $0 \le x \le 2\pi$일 때의 x의 값을 구하여라.

풀이 $\sin\alpha = \dfrac{1}{2}$ 을 만족하는 특수해 $\alpha = \dfrac{\pi}{6}$ 이므로 $(\because \sin\dfrac{\pi}{6} = \dfrac{1}{2})$

일반해 $2x = n\pi + (-1)^n \dfrac{\pi}{6}$ (n은 정수)

$\therefore x = \dfrac{n\pi}{2} + (-1)^n \dfrac{\pi}{12}$ (n은 정수)

$0 \le 2x \le 4\pi$일 때 $x = \dfrac{\pi}{12}, \dfrac{5\pi}{12}, \dfrac{13\pi}{12}, \dfrac{17\pi}{12}$

예제 7.6.3

다음 방정식의 일반해를 구하고 $0 \le x \le 2\pi$일 때의 x의 값을 구하여라.

$$2\sqrt{2}\cos^2 x - (3\sqrt{2} + 2)\cos x + 3 = 0$$

풀이 $2\sqrt{2}\cos^2 x-(3\sqrt{2}+2)\cos x+3=(\sqrt{2}\cos x-1)(2\cos x-3)=0$

$\therefore\ -1\le\cos x\le 1$이므로 $\cos x=\dfrac{1}{\sqrt{2}}$이고 특수해 $\alpha=\dfrac{\pi}{4}$

$\therefore$ 일반해 $x=2n\pi\pm\dfrac{\pi}{4}$ (n은 정수)

$0\le x\le 2\pi$일 때 $x=\dfrac{\pi}{4},\ \dfrac{7\pi}{4}$

예제 7.6.4

$0\le x\le 2\pi$일 때 $\sqrt{3}\tan^2 x+(\sqrt{3}-1)\tan x-1=0$을 만족하는 x의 값을 구하여라.

풀이 $\sqrt{3}\tan^2 x+(\sqrt{3}-1)\tan x-1=(\sqrt{3}\tan x-1)(\tan x+1)=0$

$$\therefore\ \tan x=\frac{1}{\sqrt{3}},\ -1$$

$$\tan x=\frac{1}{\sqrt{3}}\text{에서 } x=\frac{\pi}{6},\ \frac{7\pi}{6}$$

$$\tan x=-1\text{에서 } x=\frac{3\pi}{4},\ \frac{7\pi}{4}$$

$$\therefore\ x=\frac{\pi}{6},\ \frac{7\pi}{6},\ \frac{3\pi}{4},\ \frac{7\pi}{4}$$

예제 7.6.5

$0\le x\le 2\pi$에서 $\sqrt{3}\sin x+\cos x-2=0$의 해를 구하여라.

풀이 삼각함수의 합성에 의해 $\sqrt{3}\sin x+\cos x=2\sin\left(x+\dfrac{\pi}{6}\right)$

($\because\ \tan\alpha=\dfrac{1}{\sqrt{3}}$에서 $\alpha=\dfrac{\pi}{6}$)

$\therefore\ \sin\left(x+\dfrac{\pi}{6}\right)=1$이므로 $x+\dfrac{\pi}{6}=\dfrac{\pi}{2}\quad\therefore\ x=\dfrac{\pi}{3}$

연습문제 7.6

01 다음 삼각방정식의 해를 구하여라. (단, $0 \le x \le 2\pi$이다.)

(1) $\sin x = \frac{1}{2}$

(2) $\cos x = -\frac{1}{\sqrt{2}}$

(3) $\tan x = -\sqrt{3}$

(4) $\sqrt{3}\cos x = \sin x$

02 다음 삼각방정식의 해를 구하여라. (단, $0 \le x \le 2\pi$이다.)

(1) $2\sin\left(2x + \frac{\pi}{3}\right) = \sqrt{3}$

(2) $2\sin^2 x - 3\cos x - 3 = 0$

(3) $2\sqrt{2}\cos^2 x - (2 - \sqrt{2})\cos x - 1 = 0$

(4) $\tan^2 x + (\sqrt{3} - 1)\tan x - \sqrt{3} = 0$

03 다음 삼각방정식의 일반해를 구하여라.

(1) $\sin\left(2x - \frac{\pi}{3}\right) = \sin\frac{\pi}{5}$

(2) $\sin 2x - \cos x = 0$

(3) $\sin x + \cos x - 1 = 0$

(4) $\sin 2x - \sqrt{3}\cos 2x - 1 = 0$

04 다음 삼각 방정식의 해를 구하여라.

(1) $2\sin^2 x + \cos x - 1 = 0 \quad (0 \le x \le 2\pi)$

(2) $2\cos^2 x + \sin x - 2 = 0 \quad (0 \le x \le \pi)$

05 방정식 $\sqrt{3}\cos x - \sin x = 1$의 해가 α일 때 $\tan\left(\alpha + \frac{\pi}{6}\right)$의 값을 구하여라. 단, $0 \le \alpha \le \pi$이다.

06 $\sin\left(x + \frac{\pi}{4}\right) + \cos\left(x + \frac{\pi}{4}\right) = 1$의 해를 구하여라. 단, $0 \le x \le 2\pi$이다.

제8장

행렬

8.1 행렬의 뜻 | 8.2 행렬의 덧셈과 뺄셈 |
8.3 행렬의 곱셈 | 8.4 역행렬 | 8.5 연립일차방정식과 행렬

8.1 행렬의 뜻

8.1.1 행렬의 정의와 용어

(1) 행렬: 수 또는 문자를 직사각형 모양으로 배열하여 괄호로 묶은 것을 행렬(matrix)이라 한다.

(2) 성분: 행렬을 이루는 각각의 수나 문자를 그 행렬의 성분이라 한다.

(3) 행과 열: 행렬에서 가로줄을 행(row)이라 하고, 위에서부터 차례로 제 1행, 제 2행, …이라고 하며, 세로줄을 열(column)이라 하고, 왼쪽에서부터 차례로 제 1열, 제 2열, …이라 한다.

설명 다음과 같은 성적표가 있다.

	국어	영어	수학
전우치	90	70	85
홍길동	95	40	50

이 표에서 다른 요소들을 생략하고 점수만을 뽑아서 양쪽에 괄호를 붙여 한 묶음으로 나타내면 다음과 같은 모양을 만들 수 있다.

$$\begin{bmatrix} 90 & 70 & 85 \\ 95 & 40 & 50 \end{bmatrix}$$

이와 같이 수나 문자를 직사각형 모양으로 배열하여 괄호로 묶은 것을 행렬이라 한다. 여기에서 90, 70, 85, 95, 40, 50과 같이 행렬을 이루는 괄호 안의 수나 문자를 그 행렬의 성분이라 한다.

$$
\begin{array}{cc}
 & \text{제1열}\ \ \text{제2열}\ \ \text{제3열} \\
 & \downarrow\qquad\ \downarrow\qquad\ \downarrow \\
\begin{array}{r}\text{제1행} \rightarrow \\ \text{제2행} \rightarrow\end{array} & \begin{bmatrix} 90 & 70 & 85 \\ 95 & 40 & 50 \end{bmatrix}
\end{array}
$$

이와 같이 구성된 행렬에서 제1행 $(90\ \ 70\ \ 85)$와 제2행 $(95\ \ 40\ \ 50)$은 각각 전우치와 홍길동의 성적을 나타낸다. 또 제1열 $\begin{pmatrix} 90 \\ 95 \end{pmatrix}$는 국어 점수, 제2열 $\begin{pmatrix} 70 \\ 40 \end{pmatrix}$은 영어 점수, 제3열 $\begin{pmatrix} 85 \\ 50 \end{pmatrix}$은 수학 점수를 각각 나타낸다.

- 행렬이란 말에서 행과 열은 각각 가로줄과 세로줄을 의미한다. 따라서 '가로, 세로'로 하여 '행, 열'로 기억하면 된다.
- 행렬을 나타낼 때 사용하는 괄호에는 ( ), [ ], { } 등이 있다.

8.1.2 행렬의 모양 : $m \times n$ 행렬

(1) 행의 개수가 m개, 열의 개수가 n개인 행렬을 $m \times n$ 행렬이라고 한다.

(2) 특히 행과 열의 개수가 같은 행렬을 정사각행렬이라 하고, 행과 열의 개수가 모두 n개인 $n \times n$ 행렬을 n차정사각행렬이라 한다.

예 (1) 행렬 $\begin{bmatrix} 8 & 2 & 1 \\ 9 & 5 & 4 \end{bmatrix}$은 행이 2개, 열이 3개이므로 2×3 행렬이고,

행렬 $\begin{bmatrix} 1 & 2 \\ 4 & 7 \\ 5 & 1 \end{bmatrix}$은 행이 3개, 열이 2개이므로 3×2 행렬이다.

(2) 행렬 $\begin{bmatrix} 4 & 2 \\ 5 & 3 \end{bmatrix}$는 2차정사각행렬이고,

행렬 $\begin{bmatrix} 4 & 2 & 3 \\ 9 & 1 & 5 \\ 6 & 8 & 7 \end{bmatrix}$는 3차정사각행렬이다.

8.1.3 행렬의 성분 표현법

일반적으로 행렬은 대문자 A, B, C, $\cdots$로 나타내고, 행렬의 성분은 소문자 a, b, c, $\cdots$로 나타낸다.

(1) 행렬에서 제 i 행과 제 j 행이 만나는 곳에 위치한 성분을 행렬의 $(i,\ j)$성분이라 한다.

$$\begin{array}{cc} & \text{제 } j\text{열} \\ \text{제 } i\text{행} & \begin{bmatrix} & \vdots & \\ \cdots & a_{ij} & \cdots \\ & \vdots & \end{bmatrix} \end{array}$$

(2) 일반적으로 행렬 A의 $(i,\ j)$성분은 a_{ij}로 나타내며, 행렬 A를 간단하게 $A=[a_{ij}]$로 나타낸다.

예 (1) 행렬 $A=\begin{bmatrix} 4 & 7 & 2 \\ 9 & 1 & 5 \end{bmatrix}$일 때 $a_{11}=4$, $a_{12}=7$, $a_{13}=2$, $a_{21}=9$, $a_{22}=1$, $a_{23}=5$이다.

(2) 2×3행렬 A의 $(i,\ j)$성분을 a_{ij}로 나타내면

$$A=\begin{bmatrix} a_{11} & a_{12} & a_{13} \\ a_{21} & a_{22} & a_{23} \end{bmatrix}$$

이고, 이것을 간단하게 $A=[a_{ij}]$ $(i=1,2,\ j=1,2,3)$으로 나타낸다.

8.1.4 두 행렬이 서로 같을 조건

(1) 두 행렬의 행의 개수와 열의 개수가 서로 같을 때, 이 두 행렬을 서로 같은 꼴인 행렬이라고 한다.

(2) 두 행렬 A, B가 서로 같은 꼴이고, 대응하는 성분이 서로 같을 때 행렬 A, B는 서로 같다고 하며, 기호로는 $A=B$로 나타낸다.

설명 (1) 행렬 A가 $m\times n$ 행렬이고, 행렬 B가 $m\times n$ 행렬이면 두 행렬 A, B는 서로 같은 꼴인 행렬이다.

(2) $A=\begin{bmatrix} a_{11} & a_{12} \\ a_{21} & a_{22} \end{bmatrix}$, $B=\begin{bmatrix} b_{11} & b_{12} \\ b_{21} & b_{22} \end{bmatrix}$일 때

$$A=B \iff \begin{cases} a_{11}=b_{11}, & a_{12}=b_{12} \\ a_{21}=b_{21}, & b_{22}=b_{22} \end{cases}$$

예 $A=\begin{bmatrix} 2 & -4 \\ 7 & 5 \end{bmatrix}$, $B=\begin{bmatrix} 2 & x \\ y & 5 \end{bmatrix}$일 때 두 행렬 A, B는 모두 2×2행렬이므로 서로 같은 꼴인 행렬이다. 그리고 행렬 B에서 $x=-4$, $y=7$이면 두 행렬 A, B는

대응하는 성분이 모두 같으므로 행렬 A, B는 서로 같은 행렬이 된다. 즉, $A=B$이다.

예제 8.1.1

다음 행렬의 모양을 말하여라.

(1) $\begin{bmatrix} 1 & 3 & 2 \end{bmatrix}$ (2) $\begin{bmatrix} 4 \\ 3 \\ 7 \end{bmatrix}$

(3) $\begin{bmatrix} 4 & -7 \\ 5 & 2 \end{bmatrix}$ (4) $\begin{bmatrix} 2 & 1 & 7 \\ 5 & 3 & 1 \end{bmatrix}$

| 풀이 (1) 1×3 행렬 (2) 3×1 행렬 (3) 2×2 행렬 (4) 2×3 행렬
여기에서 (3)의 행렬을 2차정사각행렬이라고 한다.

예제 8.1.2

행렬 $A=\begin{bmatrix} 4 & 7 & 1 \\ 2 & 3 & 5 \\ 9 & 8 & 6 \end{bmatrix}$에서 다음을 구하여라.

(1) $(2,\ 3)$성분 (2) $(3,\ 1)$성분

(3) a_{13} (4) a_{22}

| 풀이 행렬 A의 $(i,\ j)$성분 a_{ij}는 제i행과 제j행이 만나는 곳에 있는 성분이다.

(1) $(2,\ 3)$성분은 5 (2) $(3,\ 1)$성분은 9

(3) $a_{13}=1$ (4) $a_{22}=3$

예제 8.1.3

2차 정사각행렬 $A=[a_{ij}]$의 성분이 다음과 같을 때 행렬 A를 구하여라.

(1) $a_{ij}=2i-j+3$ (2) $a_{ij}=\begin{cases} 1 & (i=j) \\ 0 & (i\neq j) \end{cases}$

| 풀이 $i=1,\ 2,\ j=1,\ 2$를 각각 대입하여 a_{ij}를 구한다.

(1) $a_{11}=2\cdot 1-1+3=4,\ a_{12}=2\cdot 1-2+3=3$

$a_{21}=2\cdot 2-1+3=6,\ a_{22}=2\cdot 2-2+3=5$

$\therefore\ A=\begin{bmatrix} 4 & 3 \\ 6 & 5 \end{bmatrix}$

(2) $a_{11}=1$, $a_{12}=0$, $a_{21}=0$, $a_{22}=1$

$$\therefore\ A=\begin{bmatrix}1&0\\0&1\end{bmatrix}$$

예제 8.1.4

두 행렬 $A=\begin{bmatrix}2a&4\\-1&b-1\end{bmatrix}$, $B=\begin{bmatrix}6&c+d\\2c-d&5\end{bmatrix}$에 대하여 $A=B$가 성립할 때 상수 a, b, c, d의 값을 구하여라.

| 풀이 두 행렬의 대응하는 성분이 같으므로

$$2a=6 \qquad \cdots\cdots ①$$
$$4=c+d \qquad \cdots\cdots ②$$
$$-1=2c-d \qquad \cdots\cdots ③$$
$$b-1=5 \qquad \cdots\cdots ④$$

①에서 $a=3$, ④에서 $b=6$이다.
그리고 ②+③에서 $c=1$이고 이것을 ②에 대입하면 $d=3$이 구해진다.
따라서 $a=3$, $b=6$, $c=1$, $d=3$이다.

연습문제 8.1

01 다음 행렬의 모양을 말하여라.

(1) $\begin{bmatrix} 2 & -4 \\ 3 & 5 \end{bmatrix}$

(2) $\begin{bmatrix} 1 & 1 & 0 & 0 \\ 0 & 0 & 1 & 0 \end{bmatrix}$

(3) $\begin{bmatrix} 0 & 1 & 0 & 1 & 0 \end{bmatrix}$

02 행렬 $A = \begin{bmatrix} 0 & 5 & 1 \\ 3 & 2 & 6 \\ 4 & 8 & 7 \end{bmatrix}$ 에서 다음을 구하여라.

(1) $(1, 2)$성분

(2) $(2, 3)$성분

(3) a_{31}

(4) a_{33}

03 2×3행렬 $A = [a_{ij}]$의 성분이 다음과 같을 때 행렬 A를 구하여라.

(1) $a_{ij} = i - 2j + 3$

(2) $a_{ij} = \begin{cases} 1 & (i = j) \\ 0 & (i \neq j) \end{cases}$

04 2차 정사각행렬 A의 (i, j)성분 $a_{ij} = 2i + j + k$일 때 $A = \begin{bmatrix} 5 & x \\ y & z \end{bmatrix}$이다. 이때 $x + y + z$의 값을 구하여라. 단, k는 상수이다.

05 다음과 같이 정의되는 3차 정사각행렬 A를 구하여라.

$$i \geq j\text{이면 } a_{ij} = j, \ i < j\text{이면 } a_{ij} = i$$

06 두 행렬 $A = \begin{bmatrix} 2a - b & 7 \\ 3a - 4 & c + d \end{bmatrix}$, $B = \begin{bmatrix} 1 & b + c \\ 2 & 3 \end{bmatrix}$에 대하여 $A = B$가 성립할 때 상수 a, b, c, d의 값을 구하여라.

07 등식 $\begin{bmatrix} a - b & x^2 - x \\ a + b & x^2 + x \end{bmatrix} = \begin{bmatrix} 5 & 6 \\ -1 & 2 \end{bmatrix}$을 만족하는 상수 a, b, x의 값을 구하여라.

8.2 행렬의 덧셈과 뺄셈

8.2.1 행렬의 덧셈과 뺄셈

다음과 같은 행렬 A, B가 있을 때

$$A=\begin{bmatrix} a_{11} & a_{12} \\ a_{21} & a_{22} \end{bmatrix},\ B=\begin{bmatrix} b_{11} & b_{12} \\ b_{21} & b_{22} \end{bmatrix}$$

행렬의 덧셈 $A+B$와 뺄셈 $A-B$는 다음과 같이 정의된다.

(1) $A+B=\begin{bmatrix} a_{11}+b_{11} & a_{12}+b_{12} \\ a_{21}+b_{21} & a_{22}+b_{22} \end{bmatrix}$

(2) $A-B=\begin{bmatrix} a_{11}-b_{11} & a_{12}-b_{12} \\ a_{21}-b_{21} & a_{22}-b_{22} \end{bmatrix}$

설명 행렬 A, B가 같은 꼴의 행렬일 때 A와 B의 대응하는 각 성분의 합을 각 성분으로 하는 행렬을 행렬 A와 B의 합이라 하고 $A+B$로 나타낸다. 그리고 행렬 A의 각 성분에서 그에 대응하는 행렬 B의 성분을 뺀 차를 각 성분으로 하는 행렬을 행렬 A에서 행렬 B를 뺀 차라 하고 $A-B$로 나타낸다.

- 행렬의 덧셈과 뺄셈은 두 행렬이 같은 꼴일 때만 정의된다.

예 (1) 두 행렬 $A=\begin{bmatrix} 5 & 1 \\ -2 & 4 \end{bmatrix}$, $B=\begin{bmatrix} 2 & 3 \\ 0 & -1 \end{bmatrix}$일 때

$$A+B=\begin{bmatrix} 5+2 & 1+3 \\ -2+0 & 4-1 \end{bmatrix}=\begin{bmatrix} 7 & 4 \\ -2 & 3 \end{bmatrix}$$

$$A-B=\begin{bmatrix} 5-2 & 1-3 \\ -2-0 & 4-(-1) \end{bmatrix}=\begin{bmatrix} 3 & -2 \\ -2 & 5 \end{bmatrix}$$

(2) $A=[1\ \ 3\ \ 7]$, $B=[4\ \ 8\ \ -5]$일 때

$$A+B=[1+4 \quad 3+8 \quad 7+(-5)]=[5 \quad 11 \quad 2]$$
$$A-B=[1-4 \quad 3-8 \quad 7-(-5)]=[-3 \quad -5 \quad 12]$$

8.2.2 행렬의 덧셈의 성질

같은 꼴의 행렬 A, B, C에 대하여 다음 법칙이 성립한다.

(1) 교환법칙: $A+B=B+A$

(2) 결합법칙: $(A+B)+C=A+(B+C)$

증명 같은 꼴의 행렬 A, B에서 i행, j열에 있는 각각의 성분을 a_{ij}, b_{ij}라 하면 실수의 덧셈에 대한 교환법칙에 $a_{ij}+b_{ij}=b_{ij}+a_{ij}$가 성립한다. 따라서

$$\begin{aligned} A+B &= \begin{bmatrix} & \vdots & \\ \cdots & a_{ij} & \cdots \\ & \vdots & \end{bmatrix} + \begin{bmatrix} & \vdots & \\ \cdots & b_{ij} & \cdots \\ & \vdots & \end{bmatrix} = \begin{bmatrix} & \vdots & \\ \cdots & a_{ij}+b_{ij} & \cdots \\ & \vdots & \end{bmatrix} \\ &= \begin{bmatrix} & \vdots & \\ \cdots & b_{ij}+a_{ij} & \cdots \\ & \vdots & \end{bmatrix} \\ &= \begin{bmatrix} & \vdots & \\ \cdots & b_{ij} & \cdots \\ & \vdots & \end{bmatrix} + \begin{bmatrix} & \vdots & \\ \cdots & a_{ij} & \cdots \\ & \vdots & \end{bmatrix} \\ &= B+A \end{aligned}$$

$$\therefore \; A+B=B+A$$

마찬가지로

$$(a_{ij}+b_{ij})+c_{ij}=a_{ij}+(b_{ij}+c_{ij})$$

이므로

$$(A+B)+C=A+(B+C)$$

가 성립한다.

- 행렬의 덧셈에 대한 결합법칙이 성립하므로 $(A+B)+C$와 $A+(B+C)$를 괄호를 사용하지 않고 간단하게 $A+B+C$로 나타낸다.

예 $A=\begin{bmatrix} 1 & 3 \\ -2 & 4 \end{bmatrix}$, $B=\begin{bmatrix} 2 & 1 \\ 4 & -5 \end{bmatrix}$, $C=\begin{bmatrix} 4 & 0 \\ 5 & -1 \end{bmatrix}$일 때 **[8.2.2]**가 성립함을 확인하여라.

(1) $A+B=\begin{bmatrix} 1 & 3 \\ -2 & 4 \end{bmatrix}+\begin{bmatrix} 2 & 1 \\ 4 & -5 \end{bmatrix}=\begin{bmatrix} 3 & 4 \\ 2 & -1 \end{bmatrix}$

$B+A=\begin{bmatrix} 2 & 1 \\ 4 & -5 \end{bmatrix}+\begin{bmatrix} 1 & 3 \\ -2 & 4 \end{bmatrix}=\begin{bmatrix} 3 & 4 \\ 2 & -1 \end{bmatrix}$

$\therefore\ A+B=B+A$

(2) $$\begin{aligned}(A+B)+C&=\left\{\begin{bmatrix} 1 & 3 \\ -2 & 4 \end{bmatrix}+\begin{bmatrix} 2 & 1 \\ 4 & -5 \end{bmatrix}\right\}+\begin{bmatrix} 4 & 0 \\ 5 & -1 \end{bmatrix}\\ &=\begin{bmatrix} 3 & 4 \\ 2 & -1 \end{bmatrix}+\begin{bmatrix} 4 & 0 \\ 5 & -1 \end{bmatrix}\\ &=\begin{bmatrix} 7 & 4 \\ 7 & -2 \end{bmatrix}\end{aligned}$$

$$\begin{aligned}A+(B+C)&=\begin{bmatrix} 1 & 3 \\ -2 & 4 \end{bmatrix}+\left\{\begin{bmatrix} 2 & 1 \\ 4 & -5 \end{bmatrix}+\begin{bmatrix} 4 & 0 \\ 5 & -1 \end{bmatrix}\right\}\\ &=\begin{bmatrix} 1 & 3 \\ -2 & 4 \end{bmatrix}+\begin{bmatrix} 6 & 1 \\ 9 & -6 \end{bmatrix}\\ &=\begin{bmatrix} 7 & 4 \\ 7 & -2 \end{bmatrix}\end{aligned}$$

$\therefore\ (A+B)+C=A+(B+C)$

8.2.3 영행렬

행렬의 모든 성분이 0인 행렬을 영행렬이라 하고, 일반적으로 기호 O로 나타낸다. 영행렬 O는 행렬의 덧셈에 대한 항등원이다.

설명 $[0\ 0]$, $\begin{bmatrix} 0 & 0 \\ 0 & 0 \end{bmatrix}$, $\begin{bmatrix} 0 & 0 & 0 \\ 0 & 0 & 0 \end{bmatrix}$, $\cdots$는 모두 영행렬이다.

영행렬 O는 모든 성분이 0이기 때문에 임의의 행렬 A와 같은 꼴의 영행렬 O에 대해

$$A+O=O+A=A$$

가 성립한다. 따라서 영행렬 O는 같은 꼴의 행렬의 집합에서 행렬의 덧셈에 대한 항등원이다.

8.2.4 영행렬 $-A$

행렬 A의 모든 성분의 부호를 바꾼 행렬을 $-A$로 나타낸다.

설명 행렬 $A=\begin{bmatrix} a & b \\ c & d \end{bmatrix}$일 때

$$-A=\begin{bmatrix} -a & -b \\ -c & -d \end{bmatrix}$$

이다. 이때 행렬의 덧셈의 정의에 의해

$$A+(-A)=(-A)+A=O$$

이 성립한다. 따라서 행렬 $-A$는 같은 꼴의 행렬의 집합에서 행렬 A의 덧셈에 대한 역원이 된다.

예 $A=\begin{bmatrix} 4 & -3 \\ 7 & 1 \end{bmatrix}$일 때 $-A=\begin{bmatrix} -4 & 3 \\ -7 & -1 \end{bmatrix}$이다.

8.2.5 행렬에서의 등식의 성질

같은 꼴의 행렬에 대하여 등식의 양변에 같은 꼴의 행렬을 더하거나 빼도 등식이 성립한다. 행렬 A, B, C가 같은 꼴의 행렬일 때

$$A=B \quad \Rightarrow \quad A+C=B+C$$
$$A=B \quad \Rightarrow \quad A-C=B-C$$

이다.

설명 방정식을 풀 때 등식의 성질을 이용하여 이항할 수 있다. 이와 마찬가지로 행렬의 덧셈과 뺄셈에서도 이 성질을 이용하여 좌변과 우변에 있는 행렬을 부호를 바꾸어 각각 우변과 좌변으로 이항할 수 있다. 다음과 같은 방정식

$$A+X=B \quad \cdots ①$$

의 양변에 $-A$를 더하면

$$-A+A+X=B-A \quad \cdots ②$$

이다. 여기에서 $-A+A=O$이고 $O+X=X$이므로 식 ②는

$$X=B-A \quad \cdots ③$$

가 된다. 이것은 식 ①의 좌변에 있는 A의 부호를 바꾸어 우변으로 이항한 것과 같다.

예 $A=\begin{bmatrix} 3 & 4 \\ -2 & 1 \end{bmatrix}$, $B=\begin{bmatrix} 4 & -1 \\ 2 & 7 \end{bmatrix}$일 때 $A+X=B$를 만족하는 행렬 X는 다음과 같이 구해진다.

$A+X=B$에서 A를 우변으로 이항하면 $X=B-A$

$$\therefore\ X=B-A=\begin{bmatrix} 4 & -1 \\ 2 & 7 \end{bmatrix}-\begin{bmatrix} 3 & 4 \\ -2 & 1 \end{bmatrix}=\begin{bmatrix} 1 & -5 \\ 4 & 6 \end{bmatrix}$$

8.2.6 행렬의 실수배

행렬 A의 각 성분에 실수 k를 곱한 것을 성분으로 하는 행렬을 행렬 A의 k배라 하고, 이것을 kA로 나타낸다.

$$A=\begin{bmatrix} a_{11} & a_{12} \\ a_{21} & a_{22} \end{bmatrix} \text{일 때, } kA=k\begin{bmatrix} a_{11} & a_{12} \\ a_{21} & a_{22} \end{bmatrix}=\begin{bmatrix} ka_{11} & ka_{12} \\ ka_{21} & ka_{22} \end{bmatrix}$$

예 $A=\begin{bmatrix} 1 & 4 \\ -3 & 2 \end{bmatrix}$일 때, $2A=2\begin{bmatrix} 1 & 4 \\ -3 & 2 \end{bmatrix}=\begin{bmatrix} 2 & 8 \\ -6 & 4 \end{bmatrix}$

$B=\begin{bmatrix} 3 & -4 \\ 8 & 1 \end{bmatrix}$일 때, $\frac{1}{2}B=\frac{1}{2}\begin{bmatrix} 3 & -4 \\ 8 & 1 \end{bmatrix}=\begin{bmatrix} \frac{3}{2} & -2 \\ 4 & \frac{1}{2} \end{bmatrix}$

8.2.7 행렬의 실수 배의 성질 (I)

임의의 행렬 A와 실수 k에 대하여 다음 관계식을 갖는다.

(1) $1A=A$

(2) $-1A=-A$

(3) $0A=O$

(4) $kO=O$

설명 행렬의 실수 배는 일반적인 수와 식의 계산과 같다고 할 수 있다.

예를 들어 $A=\begin{bmatrix} a_{11} & a_{12} \\ a_{21} & a_{22} \end{bmatrix}$일 때,

$$0A=\begin{bmatrix} 0\times a_{11} & 0\times a_{12} \\ 0\times a_{21} & 0\times a_{22} \end{bmatrix}=\begin{bmatrix} 0 & 0 \\ 0 & 0 \end{bmatrix}=O$$

$$kO=k\begin{bmatrix} 0 & 0 \\ 0 & 0 \end{bmatrix}=\begin{bmatrix} k\times 0 & k\times 0 \\ k\times 0 & k\times 0 \end{bmatrix}=\begin{bmatrix} 0 & 0 \\ 0 & 0 \end{bmatrix}=O$$

이다.

8.2.8 행렬의 실수 배의 성질 (II)

같은 꼴의 행렬 A, B와 실수 k, l에 대하여 다음 법칙이 성립한다.

(1) 결합법칙: $(kl)A=k(lA)$

(2) 분배법칙: $(k+l)A=kA+lA$, $k(A+B)=kA+kB$

예 (1) $(3\times 4)A=3\times(4A)$가 성립하고 이것은 $12A$와 같다.

(2) $(3+4)A=3A+4A=7A$, $4(A+B)=4A+4B$

예제 8.2.1

[행렬의 덧셈] 다음을 계산하여라.

(1) $\begin{bmatrix} 3 & -2 \\ 4 & 5 \end{bmatrix}+\begin{bmatrix} 1 & 7 \\ -3 & 2 \end{bmatrix}$ (2) $\begin{bmatrix} 2 & -1 & 3 \\ 4 & 0 & 9 \end{bmatrix}+\begin{bmatrix} 5 & 7 & 4 \\ -2 & 1 & -3 \end{bmatrix}$

풀이 (1) $\begin{bmatrix} 3 & -2 \\ 4 & 5 \end{bmatrix}+\begin{bmatrix} 1 & 7 \\ -3 & 2 \end{bmatrix}=\begin{bmatrix} 3+1 & -2+7 \\ 4-3 & 5+2 \end{bmatrix}=\begin{bmatrix} 4 & 5 \\ 1 & 7 \end{bmatrix}$

(2) $\begin{bmatrix} 2 & -1 & 3 \\ 4 & 0 & 9 \end{bmatrix}+\begin{bmatrix} 5 & 7 & 4 \\ -2 & 1 & -3 \end{bmatrix}=\begin{bmatrix} 2+5 & -1+7 & 3+4 \\ 4-2 & 0+1 & 9-3 \end{bmatrix}$

$=\begin{bmatrix} 7 & 6 & 7 \\ 2 & 1 & 6 \end{bmatrix}$

예제 8.2.2

[행렬의 뺄셈] 행렬 $A=\begin{bmatrix} 4 & 1 \\ -2 & 5 \end{bmatrix}$, $B=\begin{bmatrix} 3 & -5 \\ 1 & 6 \end{bmatrix}$에 대하여 다음 등식을 만족하는 행렬 X를 구하여라.

(1) $A+X=B$ (2) $A+B+X=O$

풀이 (1) $A+X=B$에서 A를 우변으로 이항하면 $X=B-A$

$$\therefore X=B-A=\begin{bmatrix} 3 & -5 \\ 1 & 6 \end{bmatrix}-\begin{bmatrix} 4 & 1 \\ -2 & 5 \end{bmatrix}$$
$$=\begin{bmatrix} 3-4 & -5-1 \\ 1-(-2) & 6-5 \end{bmatrix}$$
$$=\begin{bmatrix} -1 & -6 \\ 3 & 1 \end{bmatrix}$$

(2) $A+B+X=O$에서 A, B를 우변으로 이항하면

$$X=O-A-B=-A-B$$
$$=-\begin{bmatrix} 4 & 1 \\ -2 & 5 \end{bmatrix}-\begin{bmatrix} 3 & -5 \\ 1 & 6 \end{bmatrix}$$
$$=\begin{bmatrix} -4 & -1 \\ 2 & -5 \end{bmatrix}-\begin{bmatrix} 3 & -5 \\ 1 & 6 \end{bmatrix}$$
$$=\begin{bmatrix} -4-3 & -1-(-5) \\ 2-1 & -5-6 \end{bmatrix}$$
$$=\begin{bmatrix} -7 & 4 \\ 1 & -11 \end{bmatrix}$$

예제 8.2.3

[행렬의 실수배] $A=\begin{bmatrix} 4 & 2 \\ 7 & 5 \end{bmatrix}$, $B=\begin{bmatrix} 1 & 4 \\ 2 & 3 \end{bmatrix}$일 때 다음 행렬을 구하여라.

(1) $(-2)\times(4A)$

(2) $2(4A-5B)-7(A-B)$

풀이 일반적인 수식과 같이 먼저 주어진 식을 간단히 정리한 후 계산한다.

(1) $(-2)\times(4A)=-8A=-8\begin{bmatrix} 4 & 2 \\ 7 & 5 \end{bmatrix}=\begin{bmatrix} -32 & -16 \\ -56 & -40 \end{bmatrix}$

(2) $2(4A-5B)-7(A-B)=(8A-10B)-7A+7B$

$$=A-3B$$
$$=\begin{bmatrix} 4 & 2 \\ 7 & 5 \end{bmatrix}-3\begin{bmatrix} 1 & 4 \\ 2 & 3 \end{bmatrix}$$
$$=\begin{bmatrix} 4 & 2 \\ 7 & 5 \end{bmatrix}-\begin{bmatrix} 3 & 12 \\ 6 & 9 \end{bmatrix}$$
$$=\begin{bmatrix} 1 & -10 \\ 1 & -4 \end{bmatrix}$$

예제 8.2.4

$A = \begin{bmatrix} -2 & 6 \\ 4 & 8 \end{bmatrix}$, $B = \begin{bmatrix} 3 & 5 \\ 4 & -2 \end{bmatrix}$일 때 다음 식을 만족하는 행렬 X를 구하여라.

$$2A - X + 3(-A + 2X) = 3X - 2B$$

풀이 먼저 주어진 식의 좌변을 계산하면

$$\begin{aligned} 2A - X + 3(-A + 2X) &= 2A - X - 3A + 6X \\ &= -A + 5X \end{aligned}$$

이므로 다음과 같이 행렬 X가 구해진다.

$$\begin{aligned} -A + 5X &= 3X - 2B \\ 2X &= A - 2B \\ \therefore\ X = \frac{1}{2}(A - 2B) &= \frac{1}{2}\left(\begin{bmatrix} -2 & 6 \\ 4 & 8 \end{bmatrix} - 2\begin{bmatrix} 3 & 5 \\ 4 & -2 \end{bmatrix}\right) \\ &= \frac{1}{2}\left(\begin{bmatrix} -2 & 6 \\ 4 & 8 \end{bmatrix} - \begin{bmatrix} 6 & 10 \\ 8 & -4 \end{bmatrix}\right) \\ &= \frac{1}{2}\begin{bmatrix} -8 & -4 \\ -4 & 12 \end{bmatrix} = \begin{bmatrix} -4 & -2 \\ -2 & 6 \end{bmatrix} \end{aligned}$$

연습문제 8.2

01 세 행렬 $A=\begin{bmatrix} 4 & -1 \\ -2 & 3 \end{bmatrix}$, $B=\begin{bmatrix} 3 & -5 \\ 4 & -2 \end{bmatrix}$, $C=\begin{bmatrix} -1 & 3 \\ 2 & 4 \end{bmatrix}$에 대하여 다음 행렬을 구하여라. 단, O는 영행렬이다.

(1) $A-O$　　(2) $O-B$

(3) $-(-C)$　　(4) $A-(B-C)$

02 다음을 계산하여라.

(1) $\begin{bmatrix} 1 & -2 \\ 5 & 4 \end{bmatrix}+\begin{bmatrix} 2 & -3 \\ -4 & 7 \end{bmatrix}$　　(2) $\begin{bmatrix} 1 & -2 & 3 \\ 0 & 4 & 5 \end{bmatrix}+\begin{bmatrix} 2 & -4 & 1 \\ -5 & -2 & -6 \end{bmatrix}$

03 다음 식을 만족하는 행렬 X를 구하여라.

$$\begin{bmatrix} 2 & -1 \\ 4 & 5 \end{bmatrix}-\begin{bmatrix} 1 & 4 \\ -2 & 7 \end{bmatrix}-X=\begin{bmatrix} -4 & 2 \\ -3 & 6 \end{bmatrix}$$

04 두 행렬 $A=\begin{bmatrix} 1 & -3 \\ 0 & 4 \end{bmatrix}$, $B=\begin{bmatrix} 4 & 7 \\ 1 & -2 \end{bmatrix}$에 대하여 다음 식을 만족하는 행렬 X의 모든 성분의 합을 구하여라.

$$2(X+A)+3(2X-B)=7X+A-2B$$

05 두 행렬 A, B에 대하여 다음 식을 만족하는 행렬 A와 B의 모든 성분의 합을 각각 구하여라.

$$A+B=\begin{bmatrix} 4 & 2 \\ 1 & 3 \end{bmatrix},\ A-B=\begin{bmatrix} 1 & 3 \\ 5 & -4 \end{bmatrix}$$

• 연립방정식을 풀 때와 같이 두 식을 연립하여 A와 B를 각각 구한다.

06 세 행렬 $A=\begin{bmatrix} 2 & 1 \\ 0 & 1 \end{bmatrix}$, $B=\begin{bmatrix} 1 & 0 \\ 3 & 2 \end{bmatrix}$, $C=\begin{bmatrix} -1 & -2 \\ 9 & 4 \end{bmatrix}$에 대하여 $xA+yB=C$를 만족하는 실수 x, y를 구하여라.

8.3 행렬의 곱셈

8.3.1 행렬의 곱셈

(1) 행렬 A의 열의 개수와 행렬 B의 행의 개수가 같을 때, 행렬 A의 제 i행과 행렬 B의 제 j열의 성분을 차례로 곱하여 더한 값을 $(i,\ j)$ 성분으로 하는 행렬을 행렬 A와 B의 곱이라 하고,

$$AB$$

로 나타낸다.

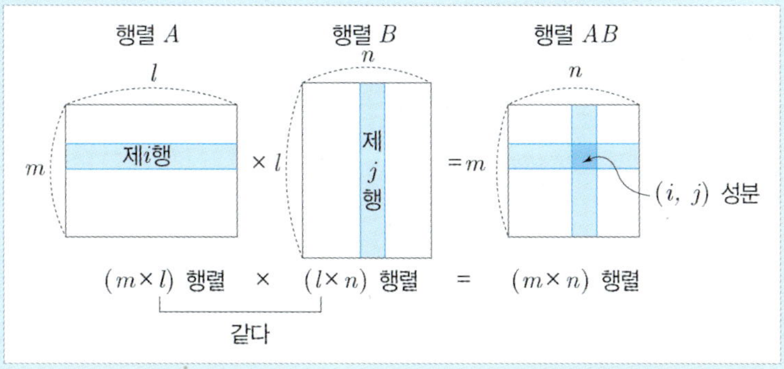

(2) 행렬 $A=[a_{ij}]$가 $m \times l$ 행렬, 행렬 $B=[b_{ij}]$가 $l \times n$ 행렬이면 두 행렬의 곱 AB는 $m \times n$ 행렬이 된다. 행렬 A와 B의 곱을 $C=[c_{ij}]$라 할 때($C=AB$), C의 $(i,\ j)$ 성분은 다음과 같다.

$$c_{ij} = a_{i1}b_{1j} + a_{i2}b_{2j} + \cdots + a_{il}b_{lj} = \sum_{k=1}^{l} a_{ik}b_{kj}$$

설명 행렬 A와 B의 곱이 정의되기 위해서는 행렬 A의 열의 개수와 행렬 B의 행의

개수가 같아야 한다. 예를 들어 두 행렬의 곱 $[a\ b\ c]\begin{bmatrix} x \\ y \end{bmatrix}$를 생각해보자. 여기에서 a, b는 차례로 x, y에 곱할 수 있지만 c에 곱해지는 성분이 뒤에 있는 행렬에 없으므로 이와 같은 행렬의 곱은 정의되지 않음을 알 수 있다.

예 (1) $[a\ b]\begin{bmatrix} x \\ y \end{bmatrix} = [ax+by]$: $(1\times2)\times(2\times1)\Rightarrow(1\times1)$ 행렬

(2) $\begin{bmatrix} a \\ b \end{bmatrix}[x\ y] = \begin{bmatrix} ax & ay \\ bx & by \end{bmatrix}$: $(2\times1)\times(1\times2)\Rightarrow(2\times2)$ 행렬

(3) $[a\ b]\begin{bmatrix} x & u \\ y & v \end{bmatrix} = [ax+by \quad au+bv]$: $(1\times2)\times(2\times2)\Rightarrow(1\times2)$ 행렬

(4) $\begin{bmatrix} a & b \\ c & d \end{bmatrix}\begin{bmatrix} x \\ y \end{bmatrix} = \begin{bmatrix} ax+by \\ cx+dy \end{bmatrix}$: $(2\times2)\times(2\times1)\Rightarrow(2\times1)$ 행렬

(5) $\begin{bmatrix} a & b \\ c & d \end{bmatrix}\begin{bmatrix} x & u \\ y & v \end{bmatrix} = \begin{bmatrix} ax+by & au+bv \\ cx+dy & cu+dv \end{bmatrix}$: $(2\times2)\times(2\times2)\Rightarrow(2\times2)$행렬

8.3.2 행렬의 곱셈의 성질

합과 곱이 정의되는 세 행렬 A, B, C와 영행렬 O 및 임의의 실수 k에 대하여

(1) $AB\neq BA$: 일반적으로 교환법칙이 성립하지 않는다.

(2) 결합법칙: $(AB)C=A(BC)$

$$k(AB)=(kA)B=A(kB)$$

(3) 분배법칙: $A(B+C)=AB+AC$

$$(A+B)C=AC+BC$$

(4) 영행렬과의 곱: $AO=OA=O$

• 실수의 연산에서는 교환법칙이 성립한다. 그러나 행렬의 곱셈에서는 일반적으로 교환법칙이 성립하지 않는다는 것에 주의한다.

설명 행렬의 곱셈에서는 일반적으로 교환법칙이 성립하지 않고, 결합법칙과 분배법칙이 성립한다. 두 행렬 $A=\begin{bmatrix} 2 & 0 \\ 1 & 3 \end{bmatrix}$, $B=\begin{bmatrix} 0 & 4 \\ 5 & -1 \end{bmatrix}$에 대하여

$$AB=\begin{bmatrix} 2 & 0 \\ 1 & 3 \end{bmatrix}\begin{bmatrix} 0 & 4 \\ 5 & -1 \end{bmatrix}=\begin{bmatrix} 2\cdot0+0\cdot5 & 2\cdot4+0\cdot(-1) \\ 1\cdot0+3\cdot5 & 1\cdot4+3\cdot(-1) \end{bmatrix}$$

$$= \begin{bmatrix} 0 & 8 \\ 15 & 1 \end{bmatrix}$$

$$BA = \begin{bmatrix} 0 & 4 \\ 5 & -1 \end{bmatrix}\begin{bmatrix} 2 & 0 \\ 1 & 3 \end{bmatrix} = \begin{bmatrix} 0 \cdot 2 + 4 \cdot 1 & 0 \cdot 0 + 4 \cdot 3 \\ 5 \cdot 2 + (-1) \cdot 1 & 5 \cdot 0 + (-1) \cdot 3 \end{bmatrix}$$

$$= \begin{bmatrix} 4 & 12 \\ 9 & -3 \end{bmatrix}$$

따라서 $\begin{bmatrix} 0 & 8 \\ 15 & 1 \end{bmatrix} \neq \begin{bmatrix} 4 & 12 \\ 9 & -3 \end{bmatrix}$이므로 $AB \neq BA$임을 알 수 있다. 즉, 행렬의 곱셈에서는 일반적으로 교환법칙이 성립하지 않는다.

8.3.3 행렬의 거듭제곱

행렬 A가 정사각행렬이고 m, n이 자연수일 때 행렬의 거듭제곱을 다음과 같이 나타낸다.

(1) $A^2 = AA,\ A^3 = A^2A,\ A^4 = A^3A,\ \cdots,\ A^{n+1} = A^nA$

(2) $A^{m+n} = A^mA^n,\quad (A^m)^n = A^{mn}$

설명 두 행렬 A, B의 곱 AB가 정의되기 위해서는 A의 열의 개수와 B의 행의 개수가 같아야 한다. 따라서 $m \times n$ 행렬 A에 대하여 $A \times A$가 정의되기 위해서는 왼쪽에 곱해진 A의 열의 개수(n)와 오른쪽에 곱해진 A의 행의 개수(m)가 같아야 하므로 $m = n$이 된다. 그러므로 행렬의 거듭제곱은 행렬 A가 정사각행렬일 때만 정의된다.

예 $A = \begin{bmatrix} 0 & -1 \\ 1 & -1 \end{bmatrix}$일 때 A^2과 A^3:

$$A^2 = AA = \begin{bmatrix} 0 & -1 \\ 1 & -1 \end{bmatrix}\begin{bmatrix} 0 & -1 \\ 1 & -1 \end{bmatrix} = \begin{bmatrix} -1 & 1 \\ -1 & 0 \end{bmatrix}$$

$$A^3 = A^2A = \begin{bmatrix} -1 & 1 \\ -1 & 0 \end{bmatrix}\begin{bmatrix} 0 & -1 \\ 1 & -1 \end{bmatrix} = \begin{bmatrix} 1 & 0 \\ 0 & 1 \end{bmatrix}$$

8.3.4 단위행렬

정사각행렬 중에서 다음과 같이 왼쪽 위에서 오른쪽 아래로의 대각선(↘) 위에 있는 성분이 모두 1이고, 그 외의 성분이 모두 0인 행렬을 단위행렬(unit matrix 또는 identity matrix)이라 하고, 기호로 I 또는 E로 나타낸다.

$$[1] \qquad \begin{bmatrix}1&0\\0&1\end{bmatrix} \qquad \begin{bmatrix}1&0&0\\0&1&0\\0&0&1\end{bmatrix}$$

(1차단위행렬) (2차단위행렬) (3차단위행렬)

(1) n**차단위행렬**: n차정사각행렬에서 $a_{ij} = \begin{cases}1 & (i=j)\\0 & (i \neq j)\end{cases}$인 행렬

(2) n차단위행렬 I는 임의의 n차정사각행렬 A에 대하여

$$AI = IA = A$$

가 성립하므로 n차단위행렬 I는 n차정사각행렬의 집합에서 곱셈에 대한 항등원이다.

(3) 단위행렬의 거듭제곱은 단위행렬이다.

$$I^2 = I,\ I^3 = I,\ \cdots,\ I^n = I \text{ (단, } n\text{은 자연수)}$$

설명 단위행렬은 정사각행렬에 대해서만 정의된다.

(1) $A = \begin{bmatrix}a&b\\c&d\end{bmatrix}$, $I = \begin{bmatrix}1&0\\0&1\end{bmatrix}$일 때

$$AI = \begin{bmatrix}a&b\\c&d\end{bmatrix}\begin{bmatrix}1&0\\0&1\end{bmatrix} = \begin{bmatrix}a&b\\c&d\end{bmatrix} = A,\ IA = \begin{bmatrix}1&0\\0&1\end{bmatrix}\begin{bmatrix}a&b\\c&d\end{bmatrix} = \begin{bmatrix}a&b\\c&d\end{bmatrix} = A$$

이므로 $AI = IA = A$가 성립한다. 따라서 단위행렬 I가 정사각행렬의 집합에서 곱셈에 대한 항등원임을 알 수 있다.

(2) 단위행렬의 거듭제곱을 살펴보면, $I = \begin{bmatrix}1&0\\0&1\end{bmatrix}$에 대하여

$$I^2 = II = \begin{bmatrix}1&0\\0&1\end{bmatrix}\begin{bmatrix}1&0\\0&1\end{bmatrix} = \begin{bmatrix}1&0\\0&1\end{bmatrix} = I$$

이므로

$$I^3 = I^2 I = II = I,\ I^4 = I^3 I = II = I, \cdots,\ I^n = I$$

이다. 즉, 단위행렬의 거듭제곱은 단위행렬이 된다.

8.3.5 행렬의 곱셈과 실수의 곱셈의 차이점 (Ⅰ)

행렬에서는 실수의 연산과 달리 다음 법칙이 일반적으로 성립하지 않는다.

(1) $AB=O$이면 $A=O$ 또는 $B=O$

(2) $A \neq O$, $AB=AC$이면 $B=C$

설명 (1) 두 행렬 $A=\begin{bmatrix} 0 & -2 \\ 0 & 3 \end{bmatrix}$, $B=\begin{bmatrix} 4 & -1 \\ 0 & 0 \end{bmatrix}$에 대하여

$$AB=\begin{bmatrix} 0 & -2 \\ 0 & 3 \end{bmatrix}\begin{bmatrix} 4 & -1 \\ 0 & 0 \end{bmatrix}=\begin{bmatrix} 0 & 0 \\ 0 & 0 \end{bmatrix}=O$$

이다. 즉 두 행렬 모두 영행렬이 아니지만($A \neq O$, $B \neq O$) 두 행렬을 곱한 결과는 영행렬이 될 수 있다($AB=O$).

(2) 세 행렬 $A=\begin{bmatrix} 1 & 1 \\ -1 & -1 \end{bmatrix}$, $B=\begin{bmatrix} 2 & 1 \\ 1 & 0 \end{bmatrix}$, $C=\begin{bmatrix} 1 & 0 \\ 2 & 1 \end{bmatrix}$에 대하여

$$AB=\begin{bmatrix} 1 & 1 \\ -1 & -1 \end{bmatrix}\begin{bmatrix} 2 & 1 \\ 1 & 0 \end{bmatrix}=\begin{bmatrix} 3 & 1 \\ -3 & -1 \end{bmatrix}$$

$$AC=\begin{bmatrix} 1 & 1 \\ -1 & -1 \end{bmatrix}\begin{bmatrix} 1 & 0 \\ 2 & 1 \end{bmatrix}=\begin{bmatrix} 3 & 1 \\ -3 & -1 \end{bmatrix}$$

이므로 $A \neq O$, $AB=AC$이지만 $B \neq C$이다.

8.3.6 행렬의 곱셈과 실수의 곱셈의 차이점 (Ⅱ)

A, B가 같은 꼴의 정사각행렬일 때,

(1) $(A+B)^2 \neq A^2+2AB+B^2$, $(A-B)^2 \neq A^2-2AB+B^2$

(2) $(A-B)(A+B) \neq A^2-B^2$

(3) $(AB)^2 \neq A^2B^2$

설명 행렬의 곱셈에서는 실수의 연산에서 사용되는 지수법칙이나 곱셈공식이 성립하지 않는다.

(1) $(A+B)^2=(A+B)(A+B)=A^2+AB+BA+B^2$

$AB \neq BA \quad \therefore (A+B)^2 \neq A^2+2AB+B^2$

(2) $(A-B)(A+B)=A^2+AB-BA+B^2$

$AB \neq BA \quad \therefore (A-B)(A+B) \neq A^2-B^2$

(3) $(AB)^2 = (AB)(AB) = A(BA)B,\ A^2B^2 = AABB = A(AB)B$

$AB \neq BA \quad \therefore (AB)^2 \neq A^2B^2$

예제 8.3.1

다음을 계산하여라.

(1) $\begin{bmatrix} 2 & 4 \end{bmatrix}\begin{bmatrix} -3 \\ 1 \end{bmatrix}$

(2) $\begin{bmatrix} 2 \\ -1 \end{bmatrix}\begin{bmatrix} 3 & 5 \end{bmatrix}$

(3) $\begin{bmatrix} 3 & 2 \end{bmatrix}\begin{bmatrix} -1 & 5 \\ 6 & 4 \end{bmatrix}$

(4) $\begin{bmatrix} 2 & -3 \\ 0 & 1 \end{bmatrix}\begin{bmatrix} 4 \\ 5 \end{bmatrix}$

(5) $\begin{bmatrix} -1 & 4 \\ 2 & 3 \end{bmatrix}\begin{bmatrix} 5 & 3 \\ 1 & 0 \end{bmatrix}$

| 풀이 (1) $\begin{bmatrix} 2 & 4 \end{bmatrix}\begin{bmatrix} -3 \\ 1 \end{bmatrix} = \begin{bmatrix} 2\cdot(-3)+4\cdot 1 \end{bmatrix} = \begin{bmatrix} -2 \end{bmatrix}$

(2) $\begin{bmatrix} 2 \\ -1 \end{bmatrix}\begin{bmatrix} 3 & 5 \end{bmatrix} = \begin{bmatrix} 2\cdot 3 & 2\cdot 5 \\ (-1)\cdot 3 & (-1)\cdot 5 \end{bmatrix} = \begin{bmatrix} 6 & 10 \\ -3 & -5 \end{bmatrix}$

(3) $\begin{bmatrix} 3 & 2 \end{bmatrix}\begin{bmatrix} -1 & 5 \\ 6 & 4 \end{bmatrix} = \begin{bmatrix} 3\cdot(-1)+2\cdot 6 & 3\cdot 5+2\cdot 4 \end{bmatrix} = \begin{bmatrix} 9 & 23 \end{bmatrix}$

(4) $\begin{bmatrix} 2 & -3 \\ 0 & 1 \end{bmatrix}\begin{bmatrix} 4 \\ 5 \end{bmatrix} = \begin{bmatrix} 2\cdot 4+(-3)\cdot 5 \\ 0\cdot 4+1\cdot 5 \end{bmatrix} = \begin{bmatrix} -7 \\ 5 \end{bmatrix}$

(5) $\begin{bmatrix} -1 & 4 \\ 2 & 3 \end{bmatrix}\begin{bmatrix} 5 & 3 \\ 1 & 0 \end{bmatrix} = \begin{bmatrix} (-1)\cdot 5+4\cdot 1 & (-1)\cdot 3+4\cdot 0 \\ 2\cdot 5+3\cdot 1 & 2\cdot 3+3\cdot 0 \end{bmatrix}$

$= \begin{bmatrix} -1 & -3 \\ 13 & 6 \end{bmatrix}$

예제 8.3.2

두 행렬 $A = \begin{bmatrix} 5 & 7 \\ 8 & 4 \end{bmatrix}$, $B = \begin{bmatrix} 3 & 6 \\ 5 & 4 \end{bmatrix}$에 대하여 행렬 $A^2 - AB$의 모든 성분의 합을 구하여라.

| 풀이 주어진 식을 그대로 계산하면 곱셈을 두 번 하므로 다음 식을 이용한다.

$$A^2 - AB = A(A-B)$$

여기에서

$$A - B = \begin{bmatrix} 5 & 7 \\ 8 & 4 \end{bmatrix} - \begin{bmatrix} 3 & 6 \\ 5 & 4 \end{bmatrix} = \begin{bmatrix} 2 & 1 \\ 3 & 0 \end{bmatrix}$$

$$\therefore\ A^2 - AB = A(A-B) = \begin{bmatrix} 5 & 7 \\ 8 & 4 \end{bmatrix}\begin{bmatrix} 2 & 1 \\ 3 & 0 \end{bmatrix} = \begin{bmatrix} 31 & 5 \\ 28 & 8 \end{bmatrix}$$

따라서 모든 성분의 합은

$$31 + 5 + 28 + 8 = 72$$

이다.

예제 8.3.3

두 행렬 $A = \begin{bmatrix} 1 & -2 \\ 2 & -1 \end{bmatrix}$, $B = \begin{bmatrix} 2 & 3 \\ x & y \end{bmatrix}$에 대하여 $AB = BA$가 성립할 때 실수 x, y의 값을 구하여라.

풀이 두 행렬의 곱 AB와 BA를 계산하면

$$AB = \begin{bmatrix} 1 & -2 \\ 2 & -1 \end{bmatrix}\begin{bmatrix} 2 & 3 \\ x & y \end{bmatrix} = \begin{bmatrix} 2-2x & 3-2y \\ 4-x & 6-y \end{bmatrix}$$

$$BA = \begin{bmatrix} 2 & 3 \\ x & y \end{bmatrix}\begin{bmatrix} 1 & -2 \\ 2 & -1 \end{bmatrix} = \begin{bmatrix} 8 & -7 \\ x+2y & -2x-y \end{bmatrix}$$

이므로 $AB = BA$에서

$$2 - 2x = 8,\ 3 - 2y = -7$$
$$4 - x = x + 2y,\ 6 - y = -2x - y$$

이다. 위의 식을 연립하여 풀면

$$x = -3,\ y = 5$$

가 구해진다.

- 행렬의 곱셈에서 교환법칙이 성립하지 않는다는 것은 모든 행렬의 곱셈에서 교환법칙이 성립하지 않는다는 것을 의미하지 않는다. 위 예제와 같이 특수한 경우에 대해서는 교환법칙이 성립할 수도 있다.

예제 8.3.4

행렬 $A = \begin{bmatrix} -2 & 3 \\ -1 & 1 \end{bmatrix}$에 대하여 A^{12}의 모든 성분의 합을 구하여라.

풀이 행렬 A의 거듭제곱을 차례로 구해본다.

$$A^2 = AA = \begin{bmatrix} -2 & 3 \\ -1 & 1 \end{bmatrix}\begin{bmatrix} -2 & 3 \\ -1 & 1 \end{bmatrix} = \begin{bmatrix} 1 & -3 \\ 1 & -2 \end{bmatrix}$$

$$A^3 = A^2A = \begin{bmatrix} 1 & -3 \\ 1 & -2 \end{bmatrix}\begin{bmatrix} -2 & 3 \\ -1 & 1 \end{bmatrix} = \begin{bmatrix} 1 & 0 \\ 0 & 1 \end{bmatrix} = I$$

$$\therefore\ A^3 = I$$

$$\therefore\ A^{12} = (A^3)^4 = I^4 = I = \begin{bmatrix} 1 & 0 \\ 0 & 1 \end{bmatrix}$$

따라서 A^{12}의 모든 성분의 합은 $1+1=2$이다.

예제 8.3.5

두 이차정사각행렬 A, B가 다음 식을 만족할 때 행렬 $(A-B)^2$을 구하여라.

$$(A+B)^2 = \begin{bmatrix} 3 & 1 \\ -3 & 4 \end{bmatrix},\ A^2+B^2 = \begin{bmatrix} 2 & 0 \\ -1 & 3 \end{bmatrix}$$

풀이 먼저 주어진 조건으로부터 행렬 $AB+BA$를 구한다.

$$(A+B)^2 = A^2+AB+BA+B^2$$

$$\therefore\ AB+BA = (A+B)^2-(A^2+B^2)$$

$$= \begin{bmatrix} 3 & 1 \\ -3 & 4 \end{bmatrix} - \begin{bmatrix} 2 & 0 \\ -1 & 3 \end{bmatrix} = \begin{bmatrix} 1 & 1 \\ -2 & 1 \end{bmatrix}$$

$$\therefore\ (A-B)^2 = A^2-AB-BA+B^2$$

$$= A^2+B^2-(AB+BA)$$

$$= \begin{bmatrix} 2 & 0 \\ -1 & 3 \end{bmatrix} - \begin{bmatrix} 1 & 1 \\ -2 & 1 \end{bmatrix} = \begin{bmatrix} 1 & -1 \\ 1 & 2 \end{bmatrix}$$

예제 8.3.6

실수 x에 대하여 행렬 $A = \begin{bmatrix} x & -2 & 1 \\ 0 & 4 & x^2 \end{bmatrix}\begin{bmatrix} 4 & 0 \\ 1 & -2 \\ 2 & -1 \end{bmatrix}$의 모든 성분의 합을 $f(x)$라 할 때 $f(x)$의 최솟값을 구하여라.

풀이 먼저 행렬 A를 구한다.

$$A=\begin{bmatrix} x & -2 & 1 \\ 0 & 4 & x^2 \end{bmatrix}\begin{bmatrix} 4 & 0 \\ 1 & -2 \\ 2 & -1 \end{bmatrix}=\begin{bmatrix} 4x-2+2 & 0+4-1 \\ 0+4+2x^2 & 0-8-x^2 \end{bmatrix}$$

$$=\begin{bmatrix} 4x & 3 \\ 4+2x^2 & -8-x^2 \end{bmatrix}$$

$$\therefore\ f(x)=4x+3+(4+2x^2)+(-8-x^2)$$

$$=x^2+4x-1$$

$$=(x+2)^2-5$$

따라서 $f(x)$는 $x=-2$에서 최솟값 -5를 가진다.

연습문제 8.3

01 다음을 계산하여라.

(1) $\begin{bmatrix} 3 & 1 \end{bmatrix}\begin{bmatrix} -4 \\ 5 \end{bmatrix}$

(2) $\begin{bmatrix} -4 \\ 3 \end{bmatrix}\begin{bmatrix} 2 & 1 \end{bmatrix}$

(3) $\begin{bmatrix} -3 & 1 \end{bmatrix}\begin{bmatrix} -2 & 5 \\ 4 & 1 \end{bmatrix}$

(4) $\begin{bmatrix} 0 & -3 \\ 1 & -2 \end{bmatrix}\begin{bmatrix} 5 \\ 4 \end{bmatrix}$

(5) $\begin{bmatrix} 4 & 0 \\ -2 & 3 \end{bmatrix}\begin{bmatrix} 2 & 3 \\ 1 & 0 \end{bmatrix}$

(6) $\begin{bmatrix} 1 & 4 & -1 \\ 0 & 2 & -3 \end{bmatrix}\begin{bmatrix} 2 & 5 \\ 1 & 0 \\ -1 & 3 \end{bmatrix}$

02 두 행렬 $A=\begin{bmatrix} 1 & 1 \\ a & b \end{bmatrix}$, $B=\begin{bmatrix} 1 & 2 \\ 2 & 3 \end{bmatrix}$에 대하여 $AB=BA$가 성립할 때 상수 a, b의 값을 구하여라.

03 행렬 $A=\begin{bmatrix} 1 & -2 \\ 1 & -1 \end{bmatrix}$일 때 행렬 A^{1995}를 구하여라.

04 행렬 $A=\begin{bmatrix} 0 & -1 \\ 1 & 1 \end{bmatrix}$일 때 행렬 A^{13}를 구하여라.

05 두 이차정사각행렬 A, B가 다음 식을 만족할 때 행렬 $(A+B)^2$을 구하여라.

$$(A-B)^2=\begin{bmatrix} 4 & 2 \\ 2 & 3 \end{bmatrix},\ A^2+B^2=\begin{bmatrix} 5 & 1 \\ 2 & 1 \end{bmatrix}$$

06 두 정사각행렬 A, B에 대하여 $A+B=O$, $AB=I$가 성립할 때 다음 식을 만족하는 상수 k를 구하여라. 단, O는 영행렬, I는 단위행렬이다.

$$A^{101}-B^{101}=kA$$

07 실수 x에 대하여 행렬 $A=\begin{bmatrix} -x & 1 & 2 \\ 0 & x^2 & 3 \end{bmatrix}\begin{bmatrix} 2 & 1 \\ 1 & 0 \\ -3 & 4 \end{bmatrix}$의 모든 성분의 합을 $f(x)$라 할 때 $f(x)$의 최솟값을 구하여라.

8.4 역행렬

8.4.1 역행렬의 정의

같은 꼴의 정사각행렬 A, X와 단위행렬 I에 대하여

$$AX = XA = I$$

를 만족하는 행렬 X가 존재할 때, X를 A의 역행렬이라 하고, 기호로 A^{-1}로 나타낸다. 즉,

$$AA^{-1} = A^{-1}A = I$$

이다. 이와 같이 A의 역행렬이 존재할 때 A를 정칙행렬(nonsingular matrix)이라 한다. 만약 A가 역행렬을 갖지 않으면, A를 특이행렬(singular matrix)이라 한다.

설명 임의의 실수 a에 대하여 $ae = ea = a$를 만족시키는 실수 e를 곱셈에 대한 항등원이라 하고, 영이 아닌 실수 a에 대하여 $ax = xa = e$를 만족하는 실수 x를 a의 곱셈에 대한 역원이라 한다. 실수의 연산에서 항등원 $e = 1$이고 $x = a^{-1} = \frac{1}{a}$이 된다. 행렬에서도 이와 같은 원리를 적용하여 같은 꼴의 정사각행렬 A, X와 행렬의 곱셈에 대한 항등원인 단위행렬 I에 대하여

$$AX = XA = I$$

를 만족하는 행렬 X가 존재할 때, X를 A의 역행렬(inverse matrix)이라 하고, 기호로 A^{-1}로 나타낸다. 그런데 실수에서는 $a^{-1} = \frac{1}{a}$로 쓸 수 있지만 행렬에서는 나눗셈이 정의되지 않기 때문에 $\frac{1}{A}$이라고 쓸 수 없다.

예를 들어 두 행렬 $A=\begin{bmatrix}1 & 0\\4 & 1\end{bmatrix}$, $B=\begin{bmatrix}1 & 0\\-4 & 1\end{bmatrix}$에 대하여

$$AB=\begin{bmatrix}1 & 0\\4 & 1\end{bmatrix}\begin{bmatrix}1 & 0\\-4 & 1\end{bmatrix}=\begin{bmatrix}1 & 0\\0 & 1\end{bmatrix}=I$$

$$BA=\begin{bmatrix}1 & 0\\-4 & 1\end{bmatrix}\begin{bmatrix}1 & 0\\4 & 1\end{bmatrix}=\begin{bmatrix}1 & 0\\0 & 1\end{bmatrix}=I$$

이므로 A는 B의 역행렬($A=B^{-1}$)이고 B는 A의 역행렬($B=A^{-1}$)이 된다.

8.4.2 이차정사각행렬의 역행렬[2)]

행렬 $A=\begin{bmatrix}a & b\\c & d\end{bmatrix}$에 대하여

(1) $ad-bc\neq 0$일 때, A의 역행렬 A^{-1}가 존재하고

$$A^{-1}=\frac{1}{ad-bc}\begin{bmatrix}d & -b\\-c & a\end{bmatrix}$$

(2) $ad-bc=0$이면 A의 역행렬이 존재하지 않는다.

- 이차정사각행렬의 역행렬은 행렬 A에서 a와 d의 자리를 바꾸고, b와 c의 부호를 바꾼 행렬에 $(ad-bc)$를 나눈 것으로 기억하면 된다.

설명 이차정사각행렬 $A=\begin{bmatrix}a & b\\c & d\end{bmatrix}$가 역행렬을 가질 때 $A^{-1}=\begin{bmatrix}x & y\\z & w\end{bmatrix}$라고 하면 역행렬의 정의에 의해

$$AA^{-1}=\begin{bmatrix}a & b\\c & d\end{bmatrix}\begin{bmatrix}x & y\\z & w\end{bmatrix}=\begin{bmatrix}ax+bz & ay+bw\\cx+dz & cy+dw\end{bmatrix}=\begin{bmatrix}1 & 0\\0 & 1\end{bmatrix}$$

따라서 행렬이 서로 같을 조건에 의해

$$ax+bz=1 \ \cdots ① \quad ay+bw=0 \ \cdots ②$$
$$cx+dz=0 \ \cdots ③ \quad cy+dw=1 \ \cdots ④$$

이 연립방정식을 풀면

$$①\times d-③\times b\text{에서 } (ad-bc)x=d \ \cdots ⑤$$
$$②\times d-④\times b\text{에서 } (ad-bc)y=-b \ \cdots ⑥$$

2) 역행렬 공식의 유도 과정은 참고로 하고 공식을 알아두면 된다.

③×a−①×c에서 $(ad-bc)z=-c$ ⋯⑦

④×a−②×c에서 $(ad-bc)w=a$ ⋯⑧

(1) $ad-bc\neq 0$일 때 ⑤, ⑥, ⑦, ⑧에서

$$x=\frac{d}{ad-bc},\ y=\frac{-b}{ad-bc},\ z=\frac{-c}{ad-bc},\ w=\frac{a}{ad-bc}$$

$$\therefore\ A^{-1}=\begin{bmatrix} x & y \\ z & w \end{bmatrix}=\begin{bmatrix} \dfrac{d}{ad-bc} & \dfrac{-b}{ad-bc} \\ \dfrac{-c}{ad-bc} & \dfrac{a}{ad-bc} \end{bmatrix}=\frac{1}{ad-bc}\begin{bmatrix} d & -b \\ -c & a \end{bmatrix}$$

(2) $ad-bc=0$이면 ⑤, ⑥, ⑦, ⑧에서 $a=b=c=d=0$이 되어 ①, ④에 모순이다. 따라서 A의 역행렬이 존재하지 않는다.

(3) 여기에서 $ad-bc$를 A의 행렬식(determinant)라 하고

$$D=\det(A)=\begin{vmatrix} a & b \\ c & d \end{vmatrix}=ad-bc$$

로 나타낸다.

예 (1) 행렬 $A=\begin{bmatrix} 4 & 1 \\ 6 & 2 \end{bmatrix}$:

$ad-bc=4\cdot 2-1\cdot 6=2\neq 0$이므로 역행렬이 존재하고

$$A^{-1}=\frac{1}{ad-bc}\begin{bmatrix} d & -b \\ -c & a \end{bmatrix}=\frac{1}{2}\begin{bmatrix} 2 & -1 \\ -6 & 4 \end{bmatrix}=\begin{bmatrix} 1 & -\dfrac{1}{2} \\ -3 & 2 \end{bmatrix}$$

(2) 행렬 $A=\begin{bmatrix} 4 & 6 \\ 2 & 3 \end{bmatrix}$:

$ad-bc=4\cdot 3-6\cdot 2=0$이므로 역행렬이 존재하지 않는다.

8.4.3 $AX=B$, $XA=B$를 만족하는 행렬 X

A의 역행렬 A^{-1}가 존재할 때

(1) $AX=B$이면 $X=A^{-1}B$

(2) $XA=B$이면 $X=BA^{-1}$

설명 행렬의 곱셈에서는 교환법칙이 성립하지 않는 것에 주의한다.

(1) $AX=B$에서 양변의 왼쪽에 A^{-1}를 곱하여 X를 구한다.

$$A^{-1}AX = A^{-1}B$$
$$(A^{-1}A)X = A^{-1}B$$
$$(I)X = A^{-1}B \ (\leftarrow \ A^{-1}A = I,\ IX = X)$$
$$\therefore \ X = A^{-1}B$$

(2) $XA = B$에서 양변의 오른쪽에 A^{-1}를 곱하여 X를 구한다.

$$XAA^{-1} = BA^{-1}$$
$$X(AA^{-1}) = BA^{-1}$$
$$X(I) = BA^{-1} \ (\leftarrow \ AA^{-1} = I,\ XI = X)$$
$$\therefore \ X = BA^{-1}$$

예제 8.4.1

행렬 $A = \begin{bmatrix} 2 & 5 \\ 1 & x \end{bmatrix}$의 역행렬이 $B = \begin{bmatrix} 3 & y \\ -1 & 2 \end{bmatrix}$일 때 실수 x, y의 값을 구하여라.

| 풀이 역행렬의 정의($AA^{-1} = I$)에 의해 $AB = I$이므로

$$AB = \begin{bmatrix} 2 & 5 \\ 1 & x \end{bmatrix}\begin{bmatrix} 3 & y \\ -1 & 2 \end{bmatrix} = \begin{bmatrix} 1 & 2y+10 \\ 3-x & y+2x \end{bmatrix}$$
$$= \begin{bmatrix} 1 & 0 \\ 0 & 1 \end{bmatrix}$$
$$\therefore \ 3 - x = 0,\ 2y + 10 = 0,\ y + 2x = 1$$

위 식을 연립하여 풀면 $x = 3$, $y = -5$이다.

예제 8.4.2

다음 행렬의 역행렬의 존재하면 그 역행렬을 구하여라.

(1) $A = \begin{bmatrix} 3 & 7 \\ 1 & 2 \end{bmatrix}$ (2) $A = \begin{bmatrix} 2 & -4 \\ -1 & 2 \end{bmatrix}$

| 풀이 (1) $ad - bc = 3 \cdot 2 - 7 \cdot 1 = -1 \neq 0$이므로 역행렬이 존재하고

$$A^{-1} = \frac{1}{ad-bc}\begin{bmatrix} d & -b \\ -c & a \end{bmatrix} = \frac{1}{-1}\begin{bmatrix} 2 & -7 \\ -1 & 3 \end{bmatrix} = \begin{bmatrix} -2 & 7 \\ 1 & -3 \end{bmatrix}$$

(2) $ad - bc = 2 \cdot 2 - (-4) \cdot (-1) = 0$이므로 역행렬이 존재하지 않는다.

예제 8.4.3

행렬 $A=\begin{bmatrix} x-1 & 4 \\ 3 & x-2 \end{bmatrix}$의 역행렬이 존재하지 않을 때 x의 값을 구하여라.

풀이 역행렬이 존재하지 않을 조건은 $ad-bc=0$이므로

$$\begin{aligned}(x-1)(x-2)-4\cdot 3&=(x^2-3x+2)-12\\&=x^2-3x-10\\&=(x-5)(x+2)=0\end{aligned}$$

$\therefore\ x=5,\ -2$

예제 8.4.4

$A=\begin{bmatrix} 2 & 1 \\ 5 & 3 \end{bmatrix}$, $B=\begin{bmatrix} -1 & 4 \\ 0 & 3 \end{bmatrix}$일 때 역행렬을 이용하여 $AX=B$를 만족하는 행렬 X를 구하여라.

풀이 행렬 A의 역행렬은

$$A^{-1}=\frac{1}{2\cdot 3-1\cdot 5}\begin{bmatrix} 3 & -1 \\ -5 & 2 \end{bmatrix}=\begin{bmatrix} 3 & -1 \\ -5 & 2 \end{bmatrix}$$

이고, $AX=B$에서

$$X=A^{-1}B=\begin{bmatrix} 3 & -1 \\ -5 & 2 \end{bmatrix}\begin{bmatrix} -1 & 4 \\ 0 & 3 \end{bmatrix}=\begin{bmatrix} -3 & 9 \\ 5 & -14 \end{bmatrix}$$

심화학습 $n\times n$ 행렬의 역행렬

8.4.4 행렬식

(1) $n\times n$ 행렬 $A=[a_{ij}]$의 행렬식(determinant)을 $\det(A)$ 또는 $|A|$로 나타낸다.

(2) 1×1 행렬 $A=[a_{11}]$의 행렬식은 $\det(A)=a_{11}$이다.

(3) 2×2 행렬 $A=\begin{bmatrix} a & b \\ c & d \end{bmatrix}$의 행렬식은 다음과 같다.

$$\det(A) = |A| = \begin{vmatrix} a & b \\ c & d \end{vmatrix} = ad - bc$$

(4) $n \times n$ 단위행렬 I의 행렬식은 $\det(I) = 1$이다.

설명 선형대수학에서 행렬식은 정사각행렬에 수를 대응시키는 함수이다. 일반적으로 A의 행렬식을 $|A|$로 많이 나타내며 절댓값과 구분하도록 한다.

8.4.5 소행렬식과 여인수

(1) 소행렬식: A가 $n \times n$ 행렬일 때, A의 소행렬식(minor)은 A에서 i행과 j열을 제거시킨 $(n-1) \times (n-1)$ 행렬의 행렬식이고 이를 M_{ij}로 나타낸다.

(2) 여인수: $C_{ij} = (-1)^{i+j} M_{ij}$를 a_{ij}의 여인수(cofactor)라 한다.

설명 $n \times n$ 정방행렬 A의 임의의 원소 a_{ij}에 대한 i행과 j열을 제거해서 얻어지는 $(n-1)$차 행렬의 행렬식을 원소 a_{ij}의 소행렬식이라고 하고 M_{ij}로 표시한다.

행렬 $A = \begin{bmatrix} a_{11} & a_{12} & a_{13} \\ a_{21} & a_{22} & a_{23} \\ a_{31} & a_{32} & a_{33} \end{bmatrix}$의 소행렬식을 예를 들면 다음과 같다.

(1) M_{11}: 1행과 1열을 제거시킨 행렬식이므로

$$M_{11} = \begin{vmatrix} a_{22} & a_{23} \\ a_{32} & a_{33} \end{vmatrix} = a_{22}a_{33} - a_{23}a_{32}$$

(2) M_{12}: 1행과 2열을 제거시킨 행렬식이므로

$$M_{12} = \begin{vmatrix} a_{21} & a_{23} \\ a_{31} & a_{33} \end{vmatrix} = a_{21}a_{33} - a_{23}a_{31}$$

(3) M_{13}: 1행과 3열을 제거시킨 행렬식이므로

$$M_{11} = \begin{vmatrix} a_{21} & a_{22} \\ a_{31} & a_{32} \end{vmatrix} = a_{21}a_{32} - a_{22}a_{31}$$

8.4.6 행에 의한 여인수전개와 행렬식

A가 $n\times n$ 행렬일 때, $i(1\le i\le n)$ 행을 이용하여 A의 행렬식을 구하면

$$\det(A)=|A|=\sum_{j=1}^{n}(-1)^{i+j}a_{ij}M_{ij}$$

이다. 이와 같은 합을 i행에 의한 $|A|$의 여인수전개(cofactor expansion)라 한다. $|A|$를 계산하기 위해서는 어느 행을 사용해도 무방하다.

예 행렬 $A=\begin{bmatrix}-4 & 2 & -6\\ 1 & 5 & 1\\ -3 & 2 & 0\end{bmatrix}$의 행렬식 구하기.

(1) 제 1행을 이용하여 여인수전개를 하면

$$\begin{aligned}|A| &= \sum_{j=1}^{3}(-1)^{1+j}a_{1j}M_{1j}\\ &=(-1)^{1+1}a_{11}M_{11}+(-1)^{1+2}a_{12}M_{12}+(-1)^{1+3}a_{13}M_{13}\\ &=(-4)\begin{vmatrix}5 & 1\\ 2 & 0\end{vmatrix}-(2)\begin{vmatrix}1 & 1\\ -3 & 0\end{vmatrix}+(-6)\begin{vmatrix}1 & 5\\ -3 & 2\end{vmatrix}\\ &=(-4)(0-2)-2(0+3)-6(2+15)\\ &=-100\end{aligned}$$

(2) 제 3행을 이용하면

$$\begin{aligned}|A| &= \sum_{j=1}^{3}(-1)^{3+j}a_{3j}M_{3j}\\ &=(-1)^{3+1}a_{31}M_{31}+(-1)^{3+2}a_{32}M_{32}+(-1)^{3+3}a_{33}M_{33}\\ &=(-3)\begin{vmatrix}2 & -6\\ 5 & 1\end{vmatrix}-(2)\begin{vmatrix}-4 & -6\\ 1 & 1\end{vmatrix}+(0)\begin{vmatrix}-4 & 2\\ 1 & 5\end{vmatrix}\\ &=(-3)(2+30)-2(-4+6)-0\\ &=-100\end{aligned}$$

설명 1행을 이용하면 행렬 $A=\begin{bmatrix}a_{11} & a_{12} & a_{13}\\ a_{21} & a_{22} & a_{23}\\ a_{31} & a_{32} & a_{33}\end{bmatrix}$의 행렬식은 다음과 같다.

$$\det(A)=a_{11}\begin{vmatrix}a_{22} & a_{23}\\ a_{32} & a_{33}\end{vmatrix}-a_{12}\begin{vmatrix}a_{21} & a_{23}\\ a_{31} & a_{33}\end{vmatrix}+a_{13}\begin{vmatrix}a_{21} & a_{22}\\ a_{31} & a_{32}\end{vmatrix}$$

8.4.7 열에 의한 여인수전개와 행렬식

A가 $n\times n$ 행렬일 때, $j(1\le j\le n)$ 열을 이용하여 A의 행렬식을 구하면

$$\det(A)=|A|=\sum_{i=1}^{n}(-1)^{i+j}a_{ij}M_{ij}$$

이다. 이와 같이 행렬식을 구하는 것을 j 열에 의한 $|A|$의 여인수전개라 한다. $|A|$를 계산하기 위해서는 어느 열을 사용해도 무방하다.

설명 [8.4.6]과 [8.4.7]의 값은 같다. $|A|$를 계산할 때는 [8.4.6]의 예에서 알 수 있듯이 가능한 0인 요소가 많은 행이나 열을 선택하여 여인수전개하는 것이 계산을 적게 한다는 장점이 있다.

8.4.8 역행렬

A가 $n\times n$ 행렬일 때, $n\times n$ 행렬 B의 $(i,\ j)$성분을

$$b_{ij}=\frac{1}{|A|}(\quad 1)^{i+j}M_{ji}$$

로 두면 $B=A^{-1}$이다. 즉 A의 역행렬 A^{-1}의 $(i,\ j)$성분은 a_{ji}의 여인수를 A의 행렬식으로 나눈 값이다. 여기에서 b_{ij}와 M_{ji}(M_{ij}가 아님)의 첨자에 주의하도록 한다.

예 행렬 $A=\begin{bmatrix}1&2&5\\0&-1&2\\2&4&11\end{bmatrix}$의 역행렬을 구하면 다음과 같다.

먼저 제 1행을 이용하여 A의 행렬식을 구한다.

$$\begin{aligned}|A|&=\sum_{j=1}^{3}(-1)^{1+j}a_{1j}M_{1j}\\&=(-1)^{1+1}a_{11}M_{11}+(-1)^{1+2}a_{12}M_{12}+(-1)^{1+3}a_{13}M_{13}\\&=(1)\begin{vmatrix}-1&2\\4&11\end{vmatrix}-(2)\begin{vmatrix}0&2\\2&11\end{vmatrix}+(5)\begin{vmatrix}0&-1\\2&4\end{vmatrix}\\&=(1)(-11-8)-(2)(0-4)+(5)(0+2)\\&=-1\end{aligned}$$

다음에 A의 역행렬 $\{b_{ij}\}$의 9개 요소를 각각 계산하면

$$b_{11} = \frac{1}{|A|}(-1)^{1+1}M_{11} = \frac{1}{|A|}\begin{vmatrix} -1 & 2 \\ 4 & 11 \end{vmatrix} = \frac{1}{(-1)} \cdot (-19) = 19$$

$$b_{12} = \frac{1}{|A|}(-1)^{1+2}M_{21} = \frac{1}{|A|}(-1)\begin{vmatrix} 2 & 5 \\ 4 & 11 \end{vmatrix} = \frac{1}{(-1)} \cdot (-1)(2) = 2$$

$$b_{13} = \frac{1}{|A|}(-1)^{1+3}M_{31} = \frac{1}{|A|}\begin{vmatrix} 2 & 5 \\ -1 & 2 \end{vmatrix} = \frac{1}{(-1)} \cdot (9) = -9$$

$$b_{21} = \frac{1}{|A|}(-1)^{2+1}M_{12} = \frac{1}{|A|}(-1)\begin{vmatrix} 0 & 2 \\ 2 & 11 \end{vmatrix} = \frac{1}{(-1)} \cdot (-1)(-4) = -4$$

$$b_{22} = \frac{1}{|A|}(-1)^{2+2}M_{22} = \frac{1}{|A|}\begin{vmatrix} 1 & 5 \\ 2 & 11 \end{vmatrix} = \frac{1}{(-1)} \cdot (1) = -1$$

$$b_{23} = \frac{1}{|A|}(-1)^{2+3}M_{32} = \frac{1}{|A|}(-1)\begin{vmatrix} 1 & 5 \\ 0 & 2 \end{vmatrix} = \frac{1}{(-1)} \cdot (-1)(2) = 2$$

$$b_{31} = \frac{1}{|A|}(-1)^{3+1}M_{13} = \frac{1}{|A|}\begin{vmatrix} 0 & -1 \\ 2 & 4 \end{vmatrix} = \frac{1}{(-1)} \cdot (2) = -2$$

$$b_{32} = \frac{1}{|A|}(-1)^{3+2}M_{23} = \frac{1}{|A|}(-1)\begin{vmatrix} 1 & 2 \\ 2 & 4 \end{vmatrix} = \frac{1}{(-1)} \cdot (-1)(0) = 0$$

$$b_{33} = \frac{1}{|A|}(-1)^{3+3}M_{33} = \frac{1}{|A|}\begin{vmatrix} 1 & 2 \\ 0 & -1 \end{vmatrix} = \frac{1}{(-1)} \cdot (-1) = 1$$

이므로 역행렬은 다음과 같다.

$$A^{-1} = [b_{ij}] = \begin{bmatrix} 19 & 2 & -9 \\ -4 & -1 & 2 \\ -2 & 0 & 1 \end{bmatrix}$$

- 역행렬을 구한 후 $AA^{-1} = I$가 됨을 확인해 보자.

예제 8.4.5

행렬 $A = \begin{bmatrix} 3 & -2 & 2 \\ 1 & 2 & -3 \\ 4 & 1 & 2 \end{bmatrix}$의 행렬식을 (1) 제 1행, (2) 제 2행을 이용하여 각각 구하여라.

풀이 (1) 제 1행을 이용하여 여인수전개를 하면

$$\begin{aligned} |A| &= \sum_{j=1}^{3}(-1)^{1+j}a_{1j}M_{1j} \\ &= (-1)^{1+1}a_{11}M_{11} + (-1)^{1+2}a_{12}M_{12} + (-1)^{1+3}a_{13}M_{13} \end{aligned}$$

$$= (3)\begin{vmatrix} 2 & -3 \\ 1 & 2 \end{vmatrix} - (-2)\begin{vmatrix} 1 & -3 \\ 4 & 2 \end{vmatrix} + (2)\begin{vmatrix} 1 & 2 \\ 4 & 1 \end{vmatrix}$$

$$= (3)(4+3) + (2)(2+12) + (2)(1-8)$$

$$= 35$$

(2) 제 2행을 이용하여 여인수전개를 하면

$$|A| = \sum_{j=1}^{3} (-1)^{2+j} a_{2j} M_{2j}$$

$$= (-1)^{2+1} a_{21} M_{21} + (-1)^{2+2} a_{22} M_{22} + (-1)^{2+3} a_{23} M_{23}$$

$$= -(1)\begin{vmatrix} -2 & 2 \\ 1 & 2 \end{vmatrix} + (2)\begin{vmatrix} 3 & 2 \\ 4 & 2 \end{vmatrix} - (-3)\begin{vmatrix} 3 & -2 \\ 4 & 1 \end{vmatrix}$$

$$= -(-4-2) + (2)(6-8) + (3)(3+8)$$

$$= 35$$

예제 8.4.6

행렬 $A = \begin{bmatrix} 1 & 2 & 1 \\ 2 & -1 & 1 \\ 3 & 4 & 2 \end{bmatrix}$의 역행렬을 구하여라.

풀이 먼저 제 1행을 이용하여 행렬 A의 행렬식을 구하면

$$|A| = \sum_{j=1}^{3} (-1)^{1+j} a_{1j} M_{1j}$$

$$= (-1)^{1+1} a_{11} M_{11} + (-1)^{1+2} a_{12} M_{12} + (-1)^{1+3} a_{13} M_{13}$$

$$= (1)\begin{vmatrix} -1 & 1 \\ 4 & 2 \end{vmatrix} - (2)\begin{vmatrix} 2 & 1 \\ 3 & 2 \end{vmatrix} + (1)\begin{vmatrix} 2 & -1 \\ 3 & 4 \end{vmatrix}$$

$$= (-2-4) - 2(4-3) + (8+3)$$

$$= 3$$

이다. 다음에 A의 역행렬 $\{b_{ij}\}$의 9개 요소를 각각 계산하면

$$b_{11} = \frac{1}{|A|} M_{11} = \frac{1}{|A|}\begin{vmatrix} -1 & 1 \\ 4 & 2 \end{vmatrix} = \frac{1}{|A|} \cdot (-6)$$

$$b_{12} = \frac{1}{|A|}(-1) M_{21} = \frac{1}{|A|}(-1)\begin{vmatrix} 2 & 1 \\ 4 & 2 \end{vmatrix} = \frac{1}{|A|} \cdot (0)$$

$$b_{13} = \frac{1}{|A|} M_{31} = \frac{1}{|A|}\begin{vmatrix} 2 & 1 \\ -1 & 1 \end{vmatrix} = \frac{1}{|A|} \cdot (3)$$

$$b_{21} = \frac{1}{|A|}(-1)M_{12} = \frac{1}{|A|}(-1)\begin{vmatrix} 2 & 1 \\ 3 & 2 \end{vmatrix} = \frac{1}{|A|} \cdot (-1)$$

$$b_{22} = \frac{1}{|A|}M_{22} = \frac{1}{|A|}\begin{vmatrix} 1 & 1 \\ 3 & 2 \end{vmatrix} = \frac{1}{|A|} \cdot (1)$$

$$b_{23} = \frac{1}{|A|}(-1)M_{32} = \frac{1}{|A|}(-1)\begin{vmatrix} 1 & 2 \\ 3 & 4 \end{vmatrix} = \frac{1}{|A|} \cdot (2)$$

$$b_{31} = \frac{1}{|A|}M_{13} = \frac{1}{|A|}\begin{vmatrix} 2 & -1 \\ 3 & 4 \end{vmatrix} = \frac{1}{|A|} \cdot (11)$$

$$b_{32} = \frac{1}{|A|}(-1)M_{23} = \frac{1}{|A|}(-1)\begin{vmatrix} 1 & 2 \\ 3 & 4 \end{vmatrix} = \frac{1}{|A|} \cdot (2)$$

$$b_{33} = \frac{1}{|A|}M_{33} = \frac{1}{|A|}\begin{vmatrix} 1 & 2 \\ 2 & -1 \end{vmatrix} = \frac{1}{|A|} \cdot (-5)$$

이므로 A의 역행렬은 다음과 같다.

$$\begin{aligned} A^{-1} = [b_{ij}] &= \frac{1}{|A|}\begin{bmatrix} -6 & 0 & 3 \\ -1 & 1 & 2 \\ 11 & 2 & -5 \end{bmatrix} \\ &= \frac{1}{3}\begin{bmatrix} -6 & 0 & 3 \\ -1 & -1 & 1 \\ 11 & 2 & -5 \end{bmatrix} \\ &= \begin{bmatrix} -2 & 0 & 1 \\ -\frac{1}{3} & -\frac{1}{3} & \frac{1}{3} \\ \frac{11}{3} & \frac{2}{3} & -\frac{5}{3} \end{bmatrix} \end{aligned}$$

• 역행렬 검산: $$\begin{aligned} AA^{-1} &= \frac{1}{3}\begin{bmatrix} 1 & 2 & 1 \\ 2 & -1 & 1 \\ 3 & 4 & 2 \end{bmatrix}\begin{bmatrix} -6 & 0 & 3 \\ -1 & -1 & 1 \\ 11 & 2 & -5 \end{bmatrix} \\ &= \frac{1}{3}\begin{bmatrix} 3 & 0 & 0 \\ 0 & 3 & 0 \\ 0 & 0 & 3 \end{bmatrix} \\ &= \begin{bmatrix} 1 & 0 & 0 \\ 0 & 1 & 0 \\ 0 & 0 & 1 \end{bmatrix} = I \end{aligned}$$

연습문제 8.4

01 다음 행렬의 역행렬이 존재하면 그 역행렬을 구하여라.

(1) $A=\begin{bmatrix}4 & 3\\ 2 & 1\end{bmatrix}$ (2) $A=\begin{bmatrix}2 & 4\\ 3 & 6\end{bmatrix}$

(3) $A=\begin{bmatrix}-1 & 2\\ -4 & 7\end{bmatrix}$ (4) $A=\begin{bmatrix}1 & -2\\ -3 & 5\end{bmatrix}$

(5) $A=\begin{bmatrix}6 & 3\\ 5 & 2\end{bmatrix}$ (6) $A=\begin{bmatrix}3 & 4\\ 2 & 5\end{bmatrix}$

02 행렬 $A=\begin{bmatrix}x & 3\\ 4 & x-4\end{bmatrix}$의 역행렬이 존재하지 않을 때 x의 값을 구하여라.

03 행렬 $A=\begin{bmatrix}4 & 1\\ 1 & 4\end{bmatrix}$에 대하여 $A-xE$의 역행렬이 존재하지 않을 때 x의 값을 구하여라. 단, E는 2차 단위행렬이다.

04 행렬 $A=\begin{bmatrix}x & 1\\ y & 1\end{bmatrix}$이 $A=A^{-1}$를 만족할 때 상수 x, y의 값을 구하여라.

05 두 행렬 $A=\begin{bmatrix}2 & 4\\ 1 & 3\end{bmatrix}$, $B=\begin{bmatrix}4 & 2\\ 2 & 0\end{bmatrix}$에 대하여 역행렬을 이용하여 다음 식을 만족하는 행렬 X를 구하여라.

(1) $AX=B$ (2) $XA=B$

06 이차정사각행렬 A에 대하여 $A^2=\begin{bmatrix}1 & -3\\ 0 & 4\end{bmatrix}$, $A^3=\begin{bmatrix}1 & -7\\ 0 & 8\end{bmatrix}$일 때 행렬 A의 모든 성분의 합을 구하여라.

07 행렬 $A=\begin{bmatrix}1 & 3\\ 2 & 4\end{bmatrix}$에 대하여 $AXA=A$를 만족하는 행렬 X를 구하여라.

• 양변의 왼쪽과 오른쪽에 각각 A^{-1}를 곱한다. $A^{-1}A=AA^{-1}=E$이다.

8.5 연립일차방정식과 행렬

8.5.1 행렬을 이용한 연립일차방정식 표시법

미지수 x, y에 대한 연립일차방정식

$$\begin{cases} ax+by=p \\ cx+dy=q \end{cases}$$

를 행렬을 이용하여 나타내면 다음과 같다.

$$\begin{bmatrix} a & b \\ c & d \end{bmatrix}\begin{bmatrix} x \\ y \end{bmatrix}=\begin{bmatrix} p \\ q \end{bmatrix}$$

여기에서 $A=\begin{bmatrix} a & b \\ c & d \end{bmatrix}$, $X=\begin{bmatrix} x \\ y \end{bmatrix}$, $B=\begin{bmatrix} p \\ q \end{bmatrix}$로 하면 윗 식은

$$AX=B$$

로 간단하게 표현된다.

예 두 행렬이 같다는 것은 두 행렬의 대응하는 성분이 모두 같다는 것을 의미하므로 다음과 같이 연립일차방정식을 행렬을 이용하여 나타낼 수 있다.

$$\begin{cases} 4x-3y=1 \\ 2x+5y=6 \end{cases} \Leftrightarrow \begin{bmatrix} 4x-3y \\ 2x+5y \end{bmatrix}=\begin{bmatrix} 1 \\ 6 \end{bmatrix}$$

$$\Leftrightarrow \begin{bmatrix} 4 & -3 \\ 2 & 5 \end{bmatrix}\begin{bmatrix} x \\ y \end{bmatrix}=\begin{bmatrix} 1 \\ 6 \end{bmatrix}$$

8.5.2 역행렬을 이용한 연립일차방정식 풀이

x, y에 대한 연립일차방정식 $\begin{cases} ax+by=p \\ cx+dy=q \end{cases} \Leftrightarrow \begin{bmatrix} a & b \\ c & d \end{bmatrix}\begin{bmatrix} x \\ y \end{bmatrix}=\begin{bmatrix} p \\ q \end{bmatrix}$에서

(1) $ad-bc \neq 0$일 때, 오직 한 쌍의 해를 가지고 그 해는 다음과 같다.

$$\begin{bmatrix} x \\ y \end{bmatrix}=\begin{bmatrix} a & b \\ c & d \end{bmatrix}^{-1}\begin{bmatrix} p \\ q \end{bmatrix}=\frac{1}{ad-bc}\begin{bmatrix} d & -b \\ -c & a \end{bmatrix}\begin{bmatrix} p \\ q \end{bmatrix}$$

(2) $ad-bc=0$일 때, 해가 무수히 많거나 없다.

(ⅰ) $\frac{a}{c}=\frac{b}{d}=\frac{p}{q}$이면 해가 무수히 많다. (부정)

(ⅱ) $\frac{a}{c}=\frac{b}{d}\neq\frac{p}{q}$이면 해가 없다. (불능)

설명 x, y에 대한 연립일차방정식

$$\begin{cases} ax+by=p \\ cx+dy=q \end{cases} \Leftrightarrow \begin{bmatrix} a & b \\ c & d \end{bmatrix}\begin{bmatrix} x \\ y \end{bmatrix}=\begin{bmatrix} p \\ q \end{bmatrix} \quad \cdots ①$$

에서 행렬 $A=\begin{bmatrix} a & b \\ c & d \end{bmatrix}$, $X=\begin{bmatrix} x \\ y \end{bmatrix}$, $B=\begin{bmatrix} p \\ q \end{bmatrix}$로 하면 연립방정식 ①은

$$AX=B \quad \cdots ②$$

가 되므로 ①의 해를 구하는 것은 ②의 해를 구하는 것과 같다.

(1) $ad-bc\neq 0$이면 역행렬 A^{-1}가 존재하므로

$$A^{-1}AX=A^{-1}B \quad \therefore \ X=A^{-1}B$$

이다. 따라서 연립방정식 ①의 해는 다음과 같다.

$$\begin{bmatrix} x \\ y \end{bmatrix}=A^{-1}B=\begin{bmatrix} a & b \\ c & d \end{bmatrix}^{-1}\begin{bmatrix} p \\ q \end{bmatrix}=\frac{1}{ad-bc}\begin{bmatrix} d & -b \\ -c & a \end{bmatrix}\begin{bmatrix} p \\ q \end{bmatrix}$$

(2) $ad-bc=0$이면 역행렬 A^{-1}가 존재하지 않으며 해가 무수히 많거나 없다.

예 연립방정식 $\begin{cases} 2x-y=-4 \\ x+3y=5 \end{cases}$은 $\begin{bmatrix} 2 & -1 \\ 1 & 3 \end{bmatrix}\begin{bmatrix} x \\ y \end{bmatrix}=\begin{bmatrix} -4 \\ 5 \end{bmatrix}$로 쓸 수 있다. 여기에서

$$ad-bc=2\cdot 3-(-1)\cdot 1=7\neq 0$$

이므로 연립방정식의 해가 존재한다. 이때

$$\begin{bmatrix} x \\ y \end{bmatrix} = \frac{1}{7}\begin{bmatrix} 3 & 1 \\ -1 & 2 \end{bmatrix}\begin{bmatrix} -4 \\ 5 \end{bmatrix} = \frac{1}{7}\begin{bmatrix} -7 \\ 14 \end{bmatrix} = \begin{bmatrix} -1 \\ 2 \end{bmatrix}$$

이다. 따라서 주어진 방정식의 해는 $x=-1$, $y=2$이다.

예제 8.5.1

다음 연립방정식을 행렬을 이용하여 나타내어라.

(1) $\begin{cases} -x+4y=2 \\ 3x-7y=-5 \end{cases}$ (2) $\begin{cases} 2a-5b=3 \\ -4a+b \quad =7 \end{cases}$

풀이 (1) $\begin{bmatrix} -1 & 4 \\ 3 & -7 \end{bmatrix}\begin{bmatrix} x \\ y \end{bmatrix} = \begin{bmatrix} 2 \\ -5 \end{bmatrix}$ (2) $\begin{bmatrix} 2 & -5 \\ -4 & 1 \end{bmatrix}\begin{bmatrix} a \\ b \end{bmatrix} = \begin{bmatrix} 3 \\ 7 \end{bmatrix}$

예제 8.5.2

역행렬을 이용하여 다음 연립일차방정식을 풀어라.

(1) $\begin{cases} 2x+5y=4 \\ 3x+2y=-5 \end{cases}$ (2) $\begin{cases} 3x+y \quad =7 \\ 4x-5y=3 \end{cases}$

풀이 (1) 주어진 식은 $\begin{bmatrix} 2 & 5 \\ 3 & 2 \end{bmatrix}\begin{bmatrix} x \\ y \end{bmatrix} = \begin{bmatrix} 4 \\ -5 \end{bmatrix}$이므로

$$\begin{aligned} \begin{bmatrix} x \\ y \end{bmatrix} &= \begin{bmatrix} 2 & 5 \\ 3 & 2 \end{bmatrix}^{-1}\begin{bmatrix} 4 \\ -5 \end{bmatrix} = \frac{1}{-11}\begin{bmatrix} 2 & -5 \\ -3 & 2 \end{bmatrix}\begin{bmatrix} 4 \\ -5 \end{bmatrix} \\ &= -\frac{1}{11}\begin{bmatrix} 33 \\ -22 \end{bmatrix} = \begin{bmatrix} -3 \\ 2 \end{bmatrix} \end{aligned}$$

$\therefore\ x=-3,\ y=2$

(2) 주어진 식은 $\begin{bmatrix} 3 & 1 \\ 4 & -5 \end{bmatrix}\begin{bmatrix} x \\ y \end{bmatrix} = \begin{bmatrix} 7 \\ 3 \end{bmatrix}$이므로

$$\begin{aligned} \begin{bmatrix} x \\ y \end{bmatrix} &= \begin{bmatrix} 3 & 1 \\ 4 & -5 \end{bmatrix}^{-1}\begin{bmatrix} 7 \\ 3 \end{bmatrix} = \frac{1}{-19}\begin{bmatrix} -5 & -1 \\ -4 & 3 \end{bmatrix}\begin{bmatrix} 7 \\ 3 \end{bmatrix} \\ &= -\frac{1}{19}\begin{bmatrix} -38 \\ -19 \end{bmatrix} = \begin{bmatrix} 2 \\ 1 \end{bmatrix} \end{aligned}$$

$\therefore\ x=2,\ y=1$

예제 8.5.3

역행렬을 이용하여 x, y에 대한 다음 연립일차방정식을 풀어라.

$$\begin{cases}(a-2)x+ay=4\\ ax+(a+2)y=8\end{cases} \quad (\text{단, } a\text{는 상수})$$

풀이 주어진 방정식을 행렬로 나타내면

$$\begin{bmatrix}(a-2) & a\\ a & (a+2)\end{bmatrix}\begin{bmatrix}x\\ y\end{bmatrix}=\begin{bmatrix}4\\ 8\end{bmatrix}$$

이다. 여기에서

$$(a-2)(a+2)-a\cdot a=-4\neq 0$$

이므로 역행렬이 존재하고

$$\begin{bmatrix}x\\ y\end{bmatrix}=\begin{bmatrix}(a-2) & a\\ a & (a+2)\end{bmatrix}^{-1}\begin{bmatrix}4\\ 8\end{bmatrix}=\frac{1}{-4}\begin{bmatrix}(a+2) & -a\\ -a & (a-2)\end{bmatrix}\begin{bmatrix}4\\ 8\end{bmatrix}$$

$$=\begin{bmatrix}(a+2) & -a\\ -a & (a-2)\end{bmatrix}\begin{bmatrix}-1\\ -2\end{bmatrix}$$

$$=\begin{bmatrix}a-2\\ -a+4\end{bmatrix}$$

이다. 따라서 방정식의 해는 $x=a-2$, $y=-a+4$이다.

예제 8.5.4

[3원1차연립방정식] 역행렬을 이용하여 다음 연립방정식을 풀어라.

$$\begin{cases}x+2y+z=3\\ 2x-y+z=-2\\ 3x+4y+2z=4\end{cases}$$

풀이 주어진 식을 행렬로 나타내면 다음과 같다.

$$\begin{bmatrix}1 & 2 & 1\\ 2 & -1 & 1\\ 3 & 4 & 2\end{bmatrix}\begin{bmatrix}x\\ y\\ z\end{bmatrix}=\begin{bmatrix}3\\ -2\\ 4\end{bmatrix}$$

[예제 8.4.6]에서 $A=\begin{bmatrix}1 & 2 & 1\\ 2 & -1 & 1\\ 3 & 4 & 2\end{bmatrix}$의 역행렬은

$$A^{-1}=\frac{1}{3}\begin{bmatrix}-6 & 0 & 3\\ -1 & -1 & 1\\ 11 & 2 & -5\end{bmatrix}$$

이다. 따라서

$$\begin{bmatrix}x\\ y\\ z\end{bmatrix}=A^{-1}\begin{bmatrix}3\\ -2\\ 4\end{bmatrix}=\frac{1}{3}\begin{bmatrix}-6 & 0 & 3\\ -1 & -1 & 1\\ 11 & 2 & -5\end{bmatrix}\begin{bmatrix}3\\ -2\\ 4\end{bmatrix}$$

$$=\frac{1}{3}\begin{bmatrix}-18+0+12\\ -3+2+4\\ 33-4-20\end{bmatrix}$$

$$=\frac{1}{3}\begin{bmatrix}-6\\ 3\\ 9\end{bmatrix}=\begin{bmatrix}-2\\ 1\\ 3\end{bmatrix}$$

이다. 즉 주어진 연립방정식의 해는 $x=-2$, $y=1$, $z=3$이다.

연습문제 8.5

01 행렬을 이용하여 다음 연립일차방정식을 나타내어라.

(1) $\begin{cases} -2x+7y=1 \\ -4x+3y=8 \end{cases}$

(2) $\begin{cases} 4x=-7 \\ x-3y=5 \end{cases}$

(3) $\begin{cases} 3x+y=2 \\ 4y=-7 \end{cases}$

(4) $\begin{cases} 2x=-5+y \\ -3y=8-4x \end{cases}$

02 역행렬을 이용하여 x, y에 대한 다음 연립일차방정식을 풀어라.

(1) $\begin{cases} 2x+3y=-4 \\ 4x-y\ \ =6 \end{cases}$

(2) $\begin{cases} x+2y=1 \\ 3x+4y=-1 \end{cases}$

(3) $\begin{cases} 4x-3y=2 \\ -7x+5y=-3 \end{cases}$

(4) $\begin{cases} x+ay=0 \\ 2x+(6-a)y=3 \end{cases}$ (단, $a \neq 2$)

(5) $\begin{cases} ax+y=-1 \\ 3x+ay=2 \end{cases}$ (단, $a^2 \neq 3$)

(6) $\begin{cases} x\sin\alpha - y\cos\alpha = 0 \\ x\cos\alpha + y\sin\alpha = 1 \end{cases}$

- $\sin^2\theta + \cos^2\theta = 1$

03 x, y에 대한 연립일차방정식 $\begin{cases} (a-7)x-3y=1 \\ (a+1)x+ay=4 \end{cases}$이 오직 한 쌍의 해를 가질 조건을 구하여라. 단, a는 상수이다.

04 역행렬을 이용하여 다음 연립방정식을 만족하는 Y_1, Y_2를 구하여라. (단, $s \neq 2$, $s \neq -5$이다.)

$$(s+1)Y_1 - 4Y_2 = 3 \quad \cdots ①$$

$$-3Y_1 + (s+2)Y_2 = 4 \quad \cdots ②$$

- 라플라스 변환을 이용하여 미분방정식을 풀 때 이와 같은 모양이 나온다. 이와 같이 문자로 된 계수를 갖는 연립방정식은 역행렬을 이용하여 푸는 것이 편리하다.

연습문제
풀이 및 정답

연습문제 1.1

01 (1) $-16x$ (2) $4x$ (3) $-8x+12$ (4) $-36x+12$

02 (1) $3x-23$ (2) $-5x-1$ (3) $7x-\frac{4}{3}$ (4) $\frac{4x}{3}-\frac{1}{12}$

(5) $x-1$ (6) $-5x+\frac{15}{2}$ (7) $8x-14$ (8) $4x-3$

03 좌변$=10A+3=10(-3x+4)+3=-30x+43=ax+b$

$\therefore\ a=-30,\ b=43$

04 좌변과 우변의 x의 계수와 상수항을 각각 비교하면

$\frac{5}{3}-\frac{1}{2}=b,\ \frac{1}{3}-\frac{a}{2}=-b\ \ \therefore\ a=3,\ b=\frac{7}{6}$

연습문제 1.2

01 (1) $x=3$ (2) $x=-1$ (3) $x=-\frac{1}{2}$ (4) $x=-1$

(5) $x=-\frac{1}{6}$ (6) $x=\frac{10}{9}$

02 (1) $x=\frac{26}{7}$ (2) $x=1$ (3) $x=\frac{3}{2}$

03 (1) $x=-7$ (2) $x=5$ (3) $x=-\frac{18}{19}$

04 (1) $x=\frac{11}{4}$ (2) $x=\frac{20}{13}$

05 12, 14, 16

06 4m, 11m

07 넓이$=12\times8=96(\text{m}^2)$

연습문제 1.3

01 (1) 4^8 (2) a^5b^5 (3) x^6 (4) $-x^7y^7$

02 (1) x^{14} (2) x^{20} (3) 2^{16} (4) $3^{12}\times4^{10}$

03 (1) x^2 (2) $\frac{1}{x^5}$ (3) x^5 (4) 4

04 (1) x^6y^8 (2) $9x^8y^6$ (3) $-\frac{8x^{12}}{27y^6}$ (4) $\frac{9y^4}{4x^8}$

05 $3^{3x} \div 3^6 = 3^4$, $3x-6=4$ $\therefore x=\frac{10}{3}$

06 $(x^x)^{x^x} = (2^2)^{2^2} = (2^2)^4 = 2^8 = 2^k$ $\therefore k=8$

07 $\left\{\left(-\frac{9}{2}\right)^x\right\}^2 = \left\{\left(-\frac{3^2}{2}\right)^x\right\}^2 = \left\{\left(-\frac{3^2}{2}\right)^2\right\}^x = \left(\frac{3^4}{2^2}\right)^x = \frac{3^{4x}}{2^{2x}} = \frac{3^8}{y}$

$\therefore 4x=8$, $2^{2x}=y$ $\therefore x=2$, $y=2^4=16$

연습문제 1.4

01 (1) $-12a^3b^3$ (2) $-108a^6b^7$ (3) $-8a^7b^5$ (4) $4a^8b^{11}$

02 (1) $\frac{4}{3}x^2y$ (2) $-2x^4y$ (3) $\frac{8}{15}x^2y^2$ (4) $\frac{6}{xy}$

03 (1) $2x^4y^2$ (2) $10x^3y^5$ (3) $\frac{4}{27}x^5y^4$ (4) $-\frac{1}{3}x^4$

04 $\frac{1}{8^{15}} = \frac{1}{(2^3)^{15}} = \frac{1}{(2^5)^9} = \frac{1}{a^9}$

05 $3^{x+1} \times 3^{2x} = 3^{4(x-1)}$, $3x+1=4x-4$ $\therefore x=5$

06 $(2^3)^{2x-3} = (2^{-1})^{x+4}$, $2^{6x-9} = 2^{-x-4}$, $6x-9=-x-4$ $\therefore x=\frac{5}{7}$

07 넓이$=\frac{1}{2} \times 2xy^2 \times 3x^2y = 3x^3y^3$

08 주어진 수를 모두 2의 거듭제곱 꼴로 바꾼다.

$$(2^4)^2 \div (2^3)^3 \div (2^2)^x = 2^5$$
$$(2)^8 \div (2)^9 \div (2)^{2x} = 2^5$$
$$\therefore 8-9-2x=5 \quad \therefore x=-3$$

연습문제 1.5

01 (1) $-x+4y-9$ (2) $3x^2+x-6$ (3) $2x^3-5x^2+12x$ (4) $6x-4y+2$
(5) $-2x+12xy$ (6) $4xy-3y^2$ (7) $13x-13y$ (8) $-76x+34y+21$

02 $\frac{1}{5}xy=2$

03 $a+5b$

04 $3A-2B=4x+13y$

05 $2\times5-3\times(-4)=22$

06 $x=\frac{3}{2}y$를 대입하면

$$\frac{x}{x+y}-\frac{y}{x-y}=\frac{\frac{3}{2}y}{\frac{3}{2}y+y}-\frac{y}{\frac{3}{2}y-y}=\frac{\frac{3}{2}y}{\frac{5}{2}y}-\frac{y}{\frac{1}{2}y}=\frac{3}{5}-2=-\frac{7}{5}$$

07 준 식 $=9x-10y+z=9(2a-1)-10(3a-4)+(6a-5)=-6a+26$

연습문제 1.6

01 (1) $8x^2-2x-15$ (2) $-6x^2+11xy-4y^2$ (3) $x^2-4x-21$
(4) $8x^2-10x-3$ (5) $9x^2+30x+25$ (6) $16x^2-24x+9$
(7) $16x^2+40xy+25y^2$ (8) $x^2-14xy+49y^2$ (9) $9x^2+3x+\frac{1}{4}$
(10) $4x^2-\frac{4}{3}x+\frac{1}{9}$ (11) $9x^2-49y^2$ (12) $\frac{1}{4}x^2-\frac{9}{16}$

02 (1) $x^2+\frac{1}{x^2}=\left(x+\frac{1}{x}\right)^2-2=4^2-2=14$
(2) $x^4+\frac{1}{x^4}=\left(x^2+\frac{1}{x^2}\right)^2-2=14^2-2=194$

03 $\left(x-\frac{1}{x}\right)^2=x^2+\frac{1}{x^2}-2=3+\frac{1}{3}-2=\frac{4}{3}$

04 (1) $99^2=(100-1)^2=100^2-200+1=9801$
(2) $105^2=(100+5)^2=100^2+2\times100\times5+5^2=11025$

05 $x^2+y^2=(x+y)^2-2xy=(-1)^2-2\times(-5)=11$

06 (1) $(x-y)^2=(x+y)^2-4xy=3^2-4\cdot(-2)=17$
(2) $x^2+y^2=(x+y)^2-2xy=3^2-2\cdot(-2)=13$
$\therefore\ \frac{y}{x}+\frac{x}{y}=\frac{x^2+y^2}{xy}=-\frac{13}{2}$

연습문제 1.7

01 (1) $3x(x+4y)$ (2) $xy(1-2xy+3y)$ (3) $(x-a)(x-1)$
(4) $4xy(x-2y)$ (5) $(x-7)^2$ (6) $3(x+2)^2$
(7) $3(x-4y)(x+4y)$ (8) $(6-x)(6+x)$ (9) $(x+2)(x-4)$

(10) $(x+3)(x+4)$

02 $(2x+3)^2-(7x+15)=4x^2+5x-6=(4x-3)(x+2)$

$\therefore\ a+b=-3+2=-1$

03 $(3x\pm4)^2=9x^2+(k-4)x+16\quad\therefore\ k-4=\pm24\quad\therefore\ k=28,\ -20$

04 (1) $x^2+2ax+x-2a-2=2a(x-1)+(x^2+x-2)$

$$=2a(x-1)+(x-1)(x+2)$$
$$=(x-1)(x+2a+2)$$

(2) $x^2+2y^2+3xy-x-2y=x^2+(3y-1)x+2y^2-2y$

$$=x^2+(3y-1)x+2y(y-1)$$
$$=(x+2y)(x+y-1)$$

• 곱하여 $2y^2-2y$, 합하여 $3y-1$이 되는 두 인수 $2y$, $y-1$을 찾는다.

05 (1) $(a-2)(b-1)$ (2) $(a+1)(b-c)$

(3) $(a-b)(x-y)$ (4) $(x+1)^2(x-1)$

(5) $(x-a)(x-1)$ (6) $(x+y)(x-z)$

(7) $(x-2y+3)(x-2y+5)$ (8) $(x+1)(3x+5)$

(9) $(x-3y-1)(x+3y-1)$ (10) $(2x+3y+4)(2x+3y-4)$

06 $a^2+b^2-2ab-4a+4b=(a-b)^2-4(a-b)=9^2-4\times9=45$

07 $x^2-5x+1=0$을 x로 나누면 $x+\dfrac{1}{x}=5$

$\therefore\ x^2+x+\dfrac{1}{x}+\dfrac{1}{x^2}=\left(x+\dfrac{1}{x}\right)^2-2+\left(x+\dfrac{1}{x}\right)=5^2-2+5=28$

08 (1) $1005^2-995^2=(1005+995)(1005-995)=20{,}000$

(2) $\dfrac{2014^2-1}{2013}=\dfrac{(2014-1)(2014+1)}{2013}=2015$

09 $\dfrac{1}{2}\times\dfrac{21}{20}=\dfrac{21}{40}$

10 준 식$=(x^2-2xy+y^2)-4(x-y)+5=(x-y)^2-4(x-y)+5$

$=(4)^2-4\times4+5=5$

11 $2x+3y=A$로 치환하면

$$\text{준 식}=(A+4)(A-5)+8=A^2-A-12=(A+3)(A-4)$$
$$=(2x+3y+3)(2x+3y-4)$$

12 $\dfrac{1}{4}x^2-\dfrac{1}{3}xy+\dfrac{1}{9}y^2=\left(\dfrac{1}{2}x-\dfrac{1}{3}y\right)^2=0\quad\therefore\ \dfrac{1}{2}x=\dfrac{1}{3}y\quad\therefore\ x=\dfrac{2}{3}y$

$$\therefore \frac{x-y}{x+y}=\frac{\frac{2}{3}y-y}{\frac{2}{3}y+y}=\frac{-\frac{1}{3}y}{\frac{5}{3}y}=-\frac{1}{5}$$

13 $\left(x-\frac{1}{x}\right)^2=\left(x+\frac{1}{x}\right)^2-4=3^2-4=5 \quad \therefore \left(x-\frac{1}{x}\right)=\pm\sqrt{5}$

$x^2+\frac{1}{x^2}=\left(x-\frac{1}{x}\right)^2+2=3^2+2=7$

$\therefore x^4-\frac{1}{x^4}=\left(x^2+\frac{1}{x^2}\right)\left(x+\frac{1}{x}\right)\left(x-\frac{1}{x}\right)=7\times3\times(\pm\sqrt{5})=\pm21\sqrt{5}$

14 준 식$=(2x)^3+(3y)^3=(2x+3y)^3-3\times2x\times3y\times(2x+3y)$

$=2^3-18\times1\times2=-28$

연습문제 2.1

01 (1) $x=3,\ y=0$ (2) $x=y=-2$ (3) $x=3, y=0$ (4) $x=3, y=-2$
(5) $x=2, y=-4$ (6) $x=-4, y=3$ (7) $x=2, y=4$ (8) $x=1,\ y=1$

02 $x=4,\ y=-3$

03 $x=-1,\ y=2,\ k=7$

04 $x=k,\ y=3k$로 하면 $4k-3k=2 \ \therefore k=2,\ x=2,\ y=6$이므로

$$3\times2+2\times6=3a \quad \therefore a=6$$

05 주어진 식에서 x, y를 구하면 $x=a-2,\ y=a-4$이다. 따라서 $x+y=4$이므로

$$(a-2)+(a-4)=4 \quad \therefore a=5$$

06 밑을 2와 3으로 통일하여 두 식을 쓰면

$$\frac{2^{2m}}{2^{m+n}}=2^3,\quad \frac{3^{2m+2n}}{3^{5n}}=3^5$$

여기에서 지수법칙을 이용하고 양변의 지수를 비교하면

$$2m-(m+n)=3,\ 2m+2n-5n=5$$
$$\therefore m-n=3 \ \cdots①$$
$$2m-3n=5 \ \cdots②$$

두 식을 연립하면 $m=4,\ n=1$이 구해진다.

연습문제 2.2

01 볼트=400원, 너트=300원

02 2km/hr : 2km, 4km/hr : 8km

03 처음 자연수=26

04 닭=15, 토끼=12

05 직사각형의 넓이=$10\times 8=80$

06 5% 소금물=100(g), 8% 소금물=50(g)

07 $m+n=40$, $m=5n+4$ $\therefore$ $m=34$, $n=6$

08 가로와 세로를 각각 x(m), y(m)로 하면

$$2x+2y=16,\ 2(x-1)+2\times 2y=20$$

두 식을 연립하면 $x=5$(m), $y=3$(m)

09 $x-y=28$, $x=3y+4$ $\therefore$ $x=40$, $y=12$

연습문제 2.3

01 (1) $\sqrt{10}-3$ (2) 5 (3) a^2+3a+3 (4) $2-\sqrt{2}$

02 (1) $3\sqrt{3}-3$ (2) $\dfrac{\sqrt{2}}{2}$

03 (1) $-\sqrt{2}-\sqrt{7}$ (2) $\dfrac{2}{3}(4+\sqrt{10})$

04 (1) -13 (2) 4 (3) $5-5i$ (4) $-12+3i$

(5) 25 (6) $\dfrac{8}{5}$

05 $a=4$, $b=-1$

06 $33-9i$

07 $a=2$, $b=-3$

08 $a=10$, $b=-5$

09 $a=1$, $b=-1$ $(\leftarrow z^2=i)$

10 $2\sqrt{2}$

11 $-2+12i$

12 $3a+b=-2$, $-a+3b=4$ $\therefore$ $a=-1$, $b=1$

13 $\alpha^2+\beta^2=(\alpha+\beta)^2-2\alpha\beta=2^2-2\times(1+2)=-2$

14 $\left(\dfrac{1+i}{\sqrt{2}}\right)^2=\dfrac{1+2i-1}{2}=i,\ \left(\dfrac{1-i}{\sqrt{2}}\right)^2=\dfrac{1-2i-1}{2}=-i$

$\therefore$ 준 식$=i^5+(-i)^5=i^5-i^5=0$

15 준 식$=3i-6-9i=-6-6i$ $\therefore$ $a=b=-6$

16 (1) $\sqrt{5+2\sqrt{6}}=\sqrt{2+3+2\sqrt{2\times3}}=\sqrt{2}+\sqrt{3}$

(←곱해서 6, 더해서 5가 되는 두 수 2, 3을 찾는다.)

(2) $\sqrt{3-2\sqrt{2}}=\sqrt{2+1-2\sqrt{2\times1}}=\sqrt{2}-1$

(←곱해서 2, 더해서 3이 되는 두 수 1, 2를 찾는다.)

연습문제 2.4

01 (1) $x=3,\ 8$ (2) $x=-7$ (3) $x=5,\ -\frac{3}{2}$ (4) $x=\frac{1}{6},\ -\frac{5}{2}$

(5) $x=\pm\frac{5}{2}$ (6) $x=\frac{5\pm\sqrt{13}}{3}$ (7) $x=\frac{2\pm\sqrt{14}}{5}$ (8) $x=0,\ -1$

(9) $x=\frac{3\pm\sqrt{41}}{4}$ (10) $x=5\pm\sqrt{23}$

02 준 식$=(2x-3)(x-5)$ $\therefore$ $k=15$

03 $x=\frac{6\pm\sqrt{5}}{2}$

04 준 식은 $(x+2)^2=\frac{9}{2}$ $\therefore$ $A+2B=2+2\times\frac{9}{2}=11$

05 $\alpha^2-\sqrt{3}\alpha-1=0$ 에서 $\alpha-\frac{1}{\alpha}=\sqrt{3}$

$\therefore\ \alpha^2+\frac{1}{\alpha^2}=\left(\alpha-\frac{1}{\alpha}\right)^2+2=(\sqrt{3})^2+2=5$

06 k가 방정식을 만족하므로 방정식의 x에 k를 대입하면

$$k^2-4k+2k=0,\ k^2-2k=0,\ k(k-2)=0\ \therefore\ k=0,\ 2$$

07 $2x^2-8x=-3,\ x^2-4x=-\frac{3}{2},\ x^2-4x+4=-\frac{3}{2}+4$

$$\therefore\ (x-2)^2=\frac{5}{2}\ \therefore\ a=2,\ b=\frac{5}{2}$$

08 (1) ①에서 $y=5-x$를 ②에 대입한다. $\begin{cases}x=2\\y=3\end{cases},\ \begin{cases}x=3\\y=2\end{cases}$

(2) ①을 인수분해하면 $(x-2y)(x+3y)=0$이므로 $x=2y$ 또는 $x=-3y$이다. 이것을 ②에 대입한다. $\begin{cases}x=\pm2\\y=\pm1\end{cases},\ \begin{cases}x=\mp6i\\y=\pm2i\end{cases}$ (복호동순)

연습문제 2.5

01 $k^2-4(2k+5)=0$ ∴ $k=-2,\ 10$

02 $\alpha+\beta=-4,\ \alpha\beta=-1$

$$(\alpha-\beta)^2=(\alpha+\beta)^2-4\alpha\beta=16+4=20$$
$$\therefore\ \alpha-\beta=\sqrt{20}=2\sqrt{5}$$

03 (1) $\alpha^2+\beta^2=(\alpha+\beta)^2-2\alpha\beta=9-2=7$

(2) $\alpha^4+\beta^4=(\alpha^2+\beta^2)^2-2(\alpha\beta)^2=49-2=47$

04 $a=-4,\ b=1$

05 $a=-2,\ b=\frac{3}{2}$

06 $\frac{\alpha+\beta}{\alpha\beta}=7$

07 $n=6,\ 7$

08 $x(x-4)=21$ ∴ $x=7\,\text{cm}$

09 $\frac{1}{2}x\{(x+3)+(x+1)\}=8$ ∴ $x=2\,(\text{m})$

10 $(x+2)(x+4)=3x^2$ ∴ $x=4$

연습문제 3.1

01 (1) $x\geq 2$ (2) $x\leq 0$ (3) $x\geq 9$ (4) $x\leq\frac{8}{3}$

(5) $x>1$ (6) $x\leq -0.7$ (7) $x>\frac{1}{8}$ (8) $x\geq 5.2$

02 $x<a+2$ ∴ $a=1$

03 $2x-(x-5)<4x+2$의 해는 $x>1$이고,

$4x+k>3-2(x-1)$의 해는 $x>\frac{5-k}{6}$

∴ $\frac{5-k}{6}=1$ ∴ $k=-1$

04 $(k-1)x<-3(k-1)$

여기에서 $k-1<0$이므로 $x>-3$

05 부등호의 방향이 바뀌었으므로 $a<3$이고 이때 $x<\frac{b}{a-3}$가 된다. 그런데 부등식의 해가 $x<\frac{1}{4}$이므로 $\frac{b}{a-3}=\frac{1}{4}$이다.

① $b=1$이면 $\frac{1}{a-3}=\frac{1}{4}$에서 $a=7$이 되는데 이것은 $a<3$을 만족하지 않으므로 해가 아니다.

② $b=-1$일 때 $\frac{-1}{a-3}=\frac{1}{4}$에서 $a=-1$이고, 이것은 $a<3$을 만족한다. 따라서 구하는 a의 값은 -1이다.

06 (1) $-4 \le x \le 1$ (2) $x < -5$

07 $ax-2 > bx+3$에서 $(a-b)x > 5$

$\therefore x < \frac{5}{a-b}$ ($\because a-b<0$이므로 부등호의 방향이 바뀐다.)

08 $38 < (m-2)+m+(m+2) < 46$, $38 < 3m < 46$

$\therefore 12.66\cdots < m < 15.33\cdots$

$\therefore m=14$ ($\because m$은 짝수)

따라서 구하는 세 짝수는 12, 14, 16이다.

09 (1) $3+1 \le x+y \le 5+2$ $\therefore 4 \le x+y \le 7$

(2) $-6 \le -3y \le -3$ $\therefore 3-6 \le x-3y \le 5-3$ $\therefore -3 \le x-3y \le 2$

연습문제 3.2

01 (1) $x>2$, $x<-2$ (2) $2 \le x \le 4$ (3) $x=-2$ (4) 해가 없다.(불능)

02 $\alpha=-2$, $\beta=3$

03 $a=-2$, $b=-1$

04 ① $k>3$: $x>k$, $x<3$

② $k=3$: $x \ne 3$인 모든 수

③ $k<3$: $x>3$, $x<k$

05 $-4 \le k \le 4$

06 $-1-\sqrt{5} < x < -1+\sqrt{5}$ $\therefore x=-3, -2, -1, 0, 1$

07 $D/4=k^2+k(k-3) \ge 0$, $k(2k-3) \ge 0$ $\therefore k \ge \frac{3}{2}$, $k \le 0$

08 $f(x)=a(x-3)(x-7)$, $a>0$

$$f(2x+1)=4a(x-1)(x-3)<0 \quad \therefore 1<x<3$$

09 $h=45t-5t^2 \ge 70$, $5(t^2-9t+14) \le 0$, $5(t-2)(t-7) \le 0$ $\therefore 2 \le t \le 7$

즉, $h \ge 70$(m)가 되는 시간은 $2 \le t \le 7$이므로 $7-2=5$(초) 동안 물체가 70m 이상의 높이에 존재한다.

10 ①의 해는 $x \le 1$ 또는 $x \ge 2$, ②의 해는 $-3<x<4$

따라서 연립방정식의 해는 $-3<x \le 1$, $2 \le x < 4$

연습문제 3.3

01 $(\sqrt{2(a+b)}\,)^2-(\sqrt{a}+\sqrt{b}\,)^2=2(a+b)-(a+2\sqrt{a}\sqrt{b}+b)$

$$=a-2\sqrt{a}\sqrt{b}+b=(\sqrt{a}-\sqrt{b}\,)^2\geq 0$$

$\therefore (\sqrt{2(a+b)}\,)^2\geq(\sqrt{a}+\sqrt{b}\,)^2$

여기에서 $\sqrt{2(a+b)}>0$, $\sqrt{a}+\sqrt{b}>0$

$\therefore \sqrt{2(a+b)}\geq\sqrt{a}+\sqrt{b}$ (단, 등호는 $a=b$일 때 성립한다.)

02 $3^x+3^{-x}\geq 2\sqrt{3^x\times 3^{-x}}=2 \quad \therefore y_{\min}=2$

03 $\dfrac{a+b}{2}\geq\sqrt{ab}$, $\dfrac{10}{2}\geq\sqrt{ab} \quad \therefore 25\geq ab$

따라서 ab의 최댓값은 25이다.

04 피타고라스 정리에 의해 $a^2+b^2=6^2=36$이므로

$$a^2+b^2\geq 2\sqrt{a^2\times b^2}=2ab$$

$$36\geq 2ab \quad \therefore 18\geq ab$$

$\therefore$ 넓이의 최댓값 $S_{\max}=\dfrac{1}{2}ab=\dfrac{1}{2}\times 18=9.$

05 (1) 최솟값 2 : $a+\dfrac{1}{a}\geq 2\sqrt{a\times\dfrac{1}{a}}=2$

(2) 최솟값 12 : $4a+\dfrac{9}{a}\geq 2\sqrt{(4a)\times\dfrac{9}{a}}=2\sqrt{4\times 9}=2\sqrt{36}=2\times 6=12$

(3) 최솟값 4 : $(a+b)\left(\dfrac{1}{a}+\dfrac{1}{b}\right)=2+\dfrac{b}{a}+\dfrac{a}{b}$

$$\frac{b}{a}+\frac{a}{b}\geq 2\sqrt{\frac{b}{a}\times\frac{a}{b}}=2$$

(4) 최솟값 9 : $\left(a+\dfrac{1}{b}\right)\left(b+\dfrac{4}{a}\right)=ab+\dfrac{4}{ab}+5$

$$ab+\frac{4}{ab}\geq 2\sqrt{ab\times\frac{4}{ab}}=2\sqrt{4}=2\times 2=4$$

06 최솟값 4 : $a+\dfrac{1}{a-2}=a-2+\dfrac{1}{a-2}+2$

$$a-2+\frac{1}{a-2}\geq 2\sqrt{(a-2)\times\frac{1}{a-2}}=2$$

07 $x+\dfrac{1}{x}+\dfrac{3x}{x^2+1}=\dfrac{x^2+1}{x}+\dfrac{3x}{x^2+1}\geq 2\sqrt{\left(\dfrac{x^2+1}{x}\right)\times\left(\dfrac{3x}{x^2+1}\right)}\geq 2\sqrt{3}$

$\therefore$ 최솟값은 $2\sqrt{3}$

08 $(3^2+4^2)(x^2+y^2)\geq(3x+4y)^2$, $25\times 9\geq(3x+4y)^2$

$\therefore -15\leq 3x+4y\leq 15$

09 $\dfrac{b+c}{a}+\dfrac{c+a}{b}+\dfrac{a+b}{c}=\left(\dfrac{b}{a}+\dfrac{c}{a}\right)+\left(\dfrac{c}{b}+\dfrac{a}{b}\right)+\left(\dfrac{a}{c}+\dfrac{b}{c}\right)$

$$=\left(\frac{b}{a}+\frac{a}{b}\right)+\left(\frac{c}{b}+\frac{b}{c}\right)+\left(\frac{a}{c}+\frac{c}{a}\right)$$

$$\geq 2\sqrt{\frac{b}{a}\times\frac{a}{b}}+2\sqrt{\frac{c}{b}\times\frac{b}{c}}+2\sqrt{\frac{a}{c}\times\frac{c}{a}}$$

$$=2+2+2=6$$

$\therefore\ \dfrac{b+c}{a}+\dfrac{c+a}{b}+\dfrac{a+b}{c}$의 최솟값은 6이다.

10 $(a+b+c)\left(\dfrac{1}{a}+\dfrac{1}{b+c}\right)=\{a+(b+c)\}\left(\dfrac{1}{a}+\dfrac{1}{b+c}\right)$

$$=1+\frac{a}{b+c}+\frac{b+c}{a}+1$$

$$=2+\frac{a}{b+c}+\frac{b+c}{a}$$

여기에서 $a>0$, $b>0$, $c>0$이므로 산술평균과 기하평균의 관계에 의해

$$2+\frac{a}{b+c}+\frac{b+c}{a}\geq 2+2\sqrt{\frac{a}{b+c}\times\frac{b+c}{a}}=4$$

$\therefore$ 주어진 식의 최솟값은 4이다.

연습문제 4.1

01 (1) $-1\leq y\leq 5$ (2) $1\leq y\leq 5$

02 (1) $-2\leq x\leq 1$ (2) $0\leq x\leq 2$

03 $a=-2,\ b=5$

04 (1) $y=x^2+3$ (2) $y=x^2+2x+3$ (3) $y=x^2+4$

05 $x=-2$

06 $\dfrac{x-1}{2}=X$로 하면 $f(X)=2(2X+1)+3\ \therefore\ f(2)=13$

07 $x+3=X$로 하면 $f(X)=(X-3)^2+2(X-3)+3\ \therefore\ f(1)=3$

08 $\dfrac{x-1}{2}=X$로 하면 $x-1=2X\ \therefore\ f(X)=2X^4-4X^2+3$이므로 $f(2)=19$

09 (1) $y=-2x+6$ (2) $y=x^2-2$

10 역함수의 정의로부터 $f^{-2}(2)+f^{-1}(5)=1+3=4$

11 $h(x)=2x-1$

12 (1) 7 (2) 4 (3) 5 (4) 4

13 $a=1,\ b=-2$

14 $1=2a+b$, $0=3a+b$ $\therefore$ $a=-1$, $b=3$

15 $\dfrac{-x}{x+1}$: $f^{-1}(x)=x-1$

16 $x-1=1$에서 $x=2$ $\therefore$ $f^{-1}(1)=2$ $\therefore$ $g\left(f^{-1}(1)\right)=g(2)=3$

17 $f(x)=x^2-2x-4=x$, $(x-4)(x+1)=0$ $\therefore$ $x=4$, 교점 $(4,\ 4)$

연습문제 4.2

01 (1) $y=-2x+1$

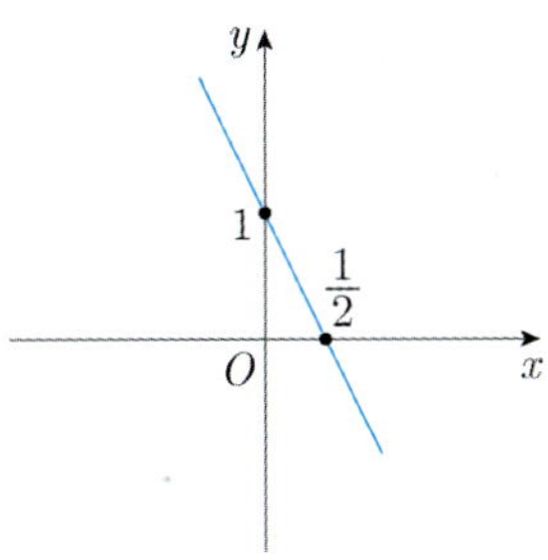

(2) $y=-\dfrac{3}{2}x+3$

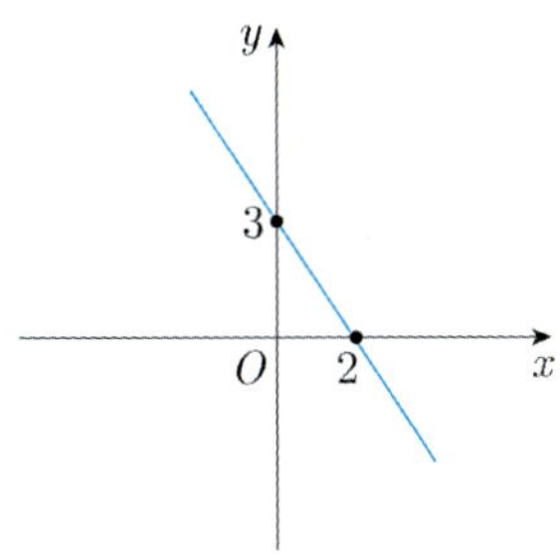

(3) $y=2x-1$

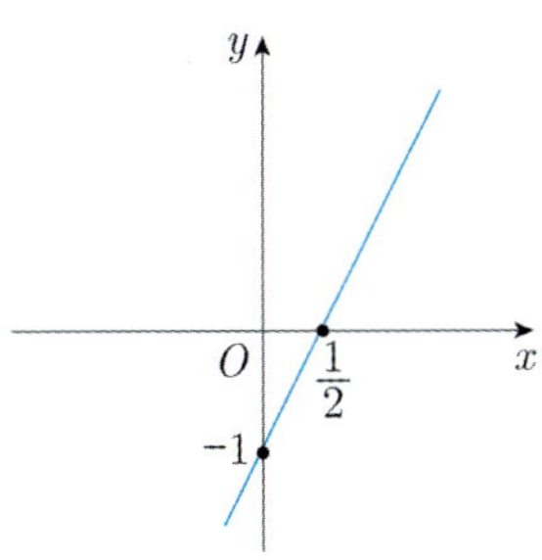

(4) $y=x+3$

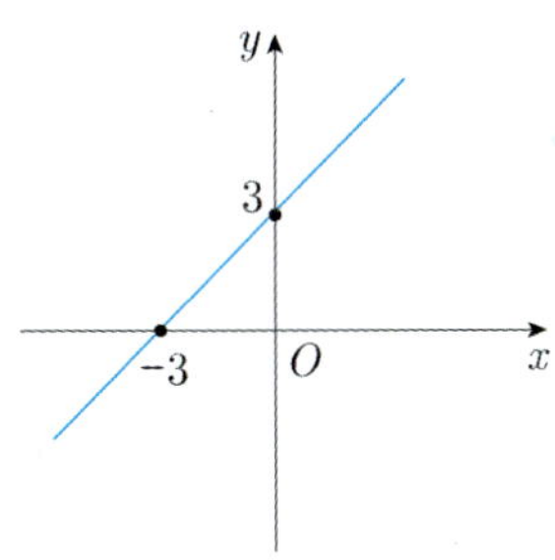

02 (1) 꼭짓점 $(0,\ -4)$, 대칭축 $x=0$

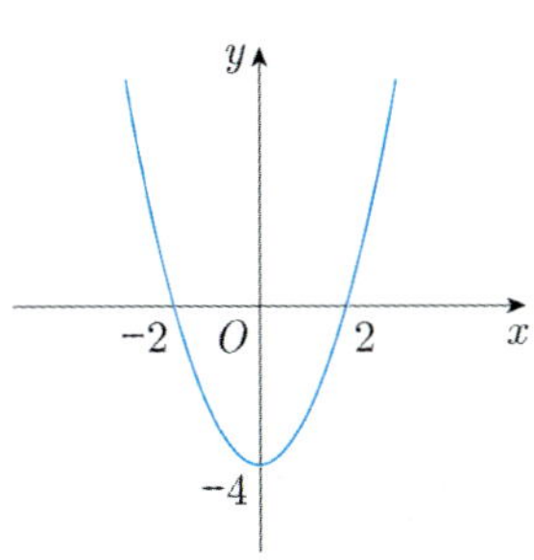

(2) 꼭짓점$(0,\ 9)$, 대칭축 $x=0$

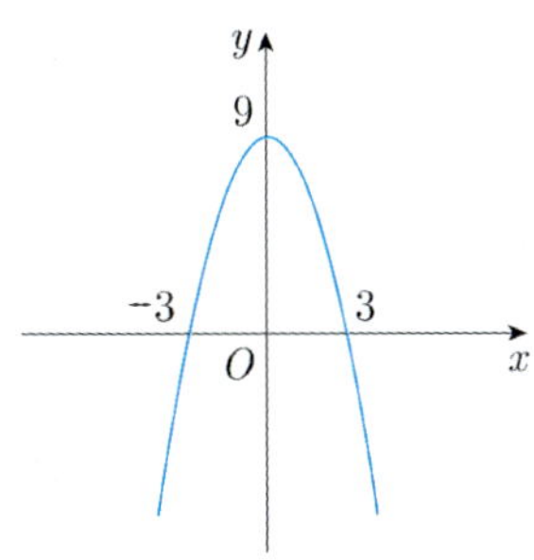

(3) $y=\left(x-\frac{3}{2}\right)^2+\frac{3}{4}$

꼭짓점$\left(\frac{3}{2}, \frac{3}{4}\right)$, 대칭축 $x=\frac{3}{2}$

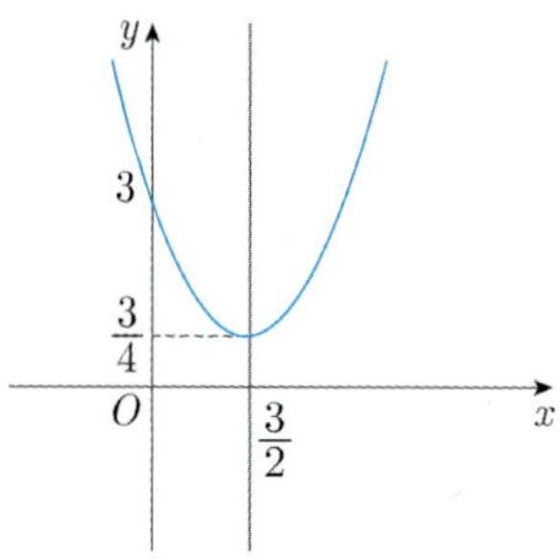

(4) $y=-(x-2)^2-1$

꼭짓점$(2, -1)$, 대칭축 $x=2$

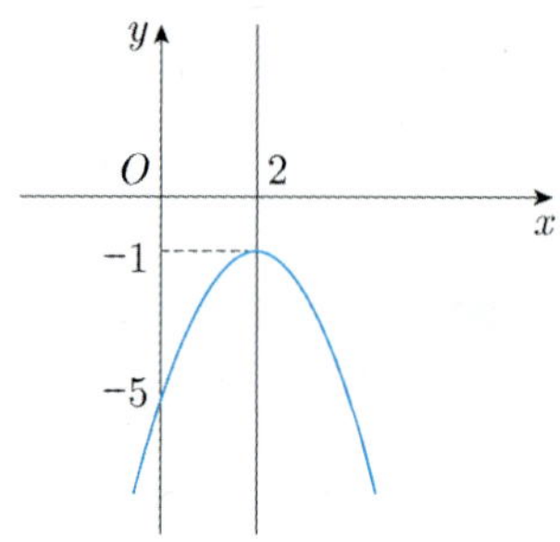

03 (1) 최댓값 4, 최솟값 0 (2) 최댓값 11, 최솟값 -5

05 $y-2=(x-1)^2+b(x-1)+c \quad \therefore b=6, c=5$

06 $-x^2+2x+2=kx+3$에서 $x^2+(k-2)x+1=0$

$$D=(k-2)^2-4>0 \quad \therefore k<0, k>4$$

07 $x^2+2x=kx-2$에서 $x^2+(2-k)x+2=0$

$$D=(2-k)^2-4\times 2<0 \quad \therefore 2-2\sqrt{2}<k<2+2\sqrt{2}$$

08 $2x^2-x-2=x-2$에서 $x=0, 1$이므로 점 $(0, -2)$, $(1, -1)$을 지난다.

$\therefore a=1, b=-2$

10 교점 $(-1, 1)$, $(2, 4)$, 넓이 $S=3$

연습문제 4.3

01 (1) $y=\frac{1}{3x-2}+2$

점근선 $x=\frac{2}{3}$, $y=2$

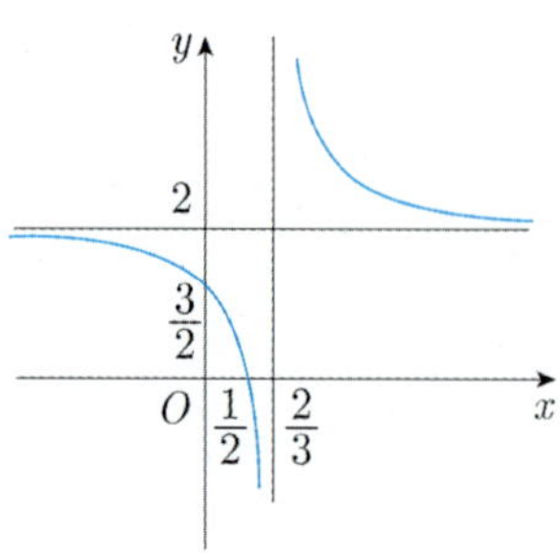

(2) $y=-\frac{1}{2x-1}+3$

점근선 $x=\frac{1}{2}$, $y=3$

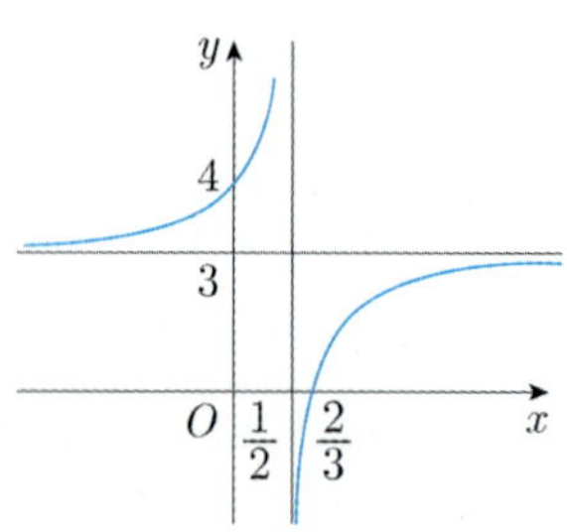

02 (1) $y=\dfrac{-x+4}{5x-3}$ (2) $y=\dfrac{-x+3}{2x-2}$

03 (1) $y=\sqrt{(x-3)}+2$

$x \geq 3,\ y \geq 2$

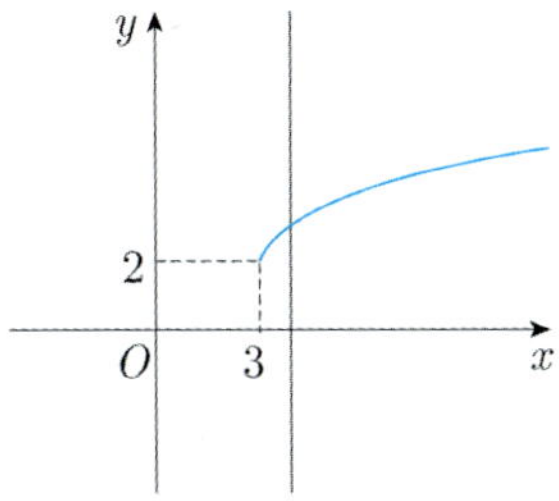

(2) $y=-\sqrt{2(x-2)}+1$

$x \geq 2,\ y \leq 1$

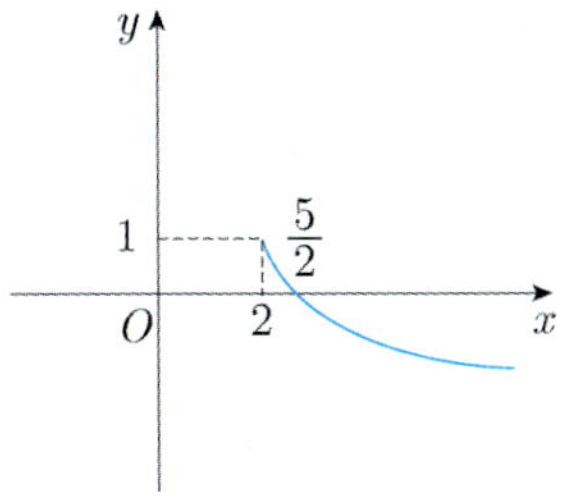

04 (1) $y=x^2+2,\ x \geq 0, y \geq 2$ (2) $y=x^2-2x-1,\ x \geq 1, y \geq -2$

05 $k=1$: $\dfrac{k}{\left(\dfrac{k}{x+1}\right)+1}=\dfrac{x+1}{x+2}$

06 $k< -2$: $y=\sqrt{-x+2}$ 와 $y=x+k$의 그래프를 그려본다. $y=x+k$의 그래프는 기울기 1, x절편 $-k$, y절편 k이다.

07 $k=\dfrac{9}{4}$: $y=\sqrt{x+2}$ 와 $y=x+k$의 그래프를 그리고, $\left(\sqrt{x+2}\right)^2=(x+k)^2$에서 판별식을 이용한다.

08 $x=0$에서 최솟값이므로 $k=1$, $x=-3$에서 최댓값 3.

연습문제 4.4

01 (1) $(x+2)^2+(y-3)^2=16$ (2) $x^2+y^2=r^2$

02 $(x-2)^2+(y-1)^2=1$

03 $(x-2)^2+(y-1)^2=2^2$

- 2, 3번 문제는 그래프를 그려보면 반지름을 알 수 있다.

04 $(x-2)^2+(y-3)^2=13$

05 (1) $(x-1)^2+(y+2)^2=5$, 중심 $(1,-2)$, 반지름 $\sqrt{5}$

(2) $x^2+y^2+4x-2y+\dfrac{1}{2}=0$, $(x+2)^2+(y-1)^2=\dfrac{9}{2}$, 중심 $(-2,1)$, 반지름 $\dfrac{3}{\sqrt{2}}$

06 주어진 원의 방정식은 $(x-1)^2+(y+2)^2=4^2$이다. 이 식을 전개하여 계수를 비교하면 $A=-2$, $B=4$, $C=-11$.

07 $(x+2)^2+(y-3)^2=10$

08 $(x-3)^2+(y-1)^2=5$

09 중심이 x축 위에 있는 원의 방정식은 $(x-a)^2+y^2=r^2$으로 쓸 수 있다. 점 $(0,\ 1)$, $(2,\ -3)$을

지나므로 대입하면

$$a^2+1=r^2 \cdots ①$$
$$(2-a)^2+9=r^2 \cdots ②$$

①-②에서 a를 구하고 다음에 r^2을 구한다.

$$a=3,\ r^2=10$$

이고, 구하는 원의 방정식은 다음과 같다.

$$(x-3)^2+y^2=10.$$

10 $x^2+y^2+Ax+By+C=0$.
세 점 (1, 0), (1, 1), (2, −1)을 지나므로 이 값들을 대입하면

$$1+A+C=0,\ 2+A+B+C=0,\ 5+2A-B+C=0$$
$$\therefore\ A=-5,\ B=-1,\ C=4.$$

따라서 구하는 원의 방정식은 다음과 같다.

$$x^2+y^2-5x-y+4=0.$$

11 x축에 접하므로 원의 반지름은 $|a+1|$이다. 따라서 원의 방정식은

$$(x-a)^2+(y-a-1)^2=(a+1)^2$$

이고, 여기에서 점 (1, 0)을 지나므로

$$(1-a)^2+(0-a-1)^2=(a+1)^2$$
$$(1-a)^2+(a+1)^2=(a+1)^2$$
$$(1-a)^2=0 \quad \therefore\ a=1$$

이다. 이 값을 대입하면 구하는 원의 방정식은 $(x-1)^2+(y-2)^2=4$이다.

연습문제 5.1

01 (1) $a=-16$, $d=4$, 일반항 $a_n=4n-20$, 제 20항까지의 합

$$S_{20}=\frac{n\{2a+(n-1)d\}}{2}=\frac{20\{2\times(-16)+(20-1)\times4\}}{2}=440$$

(2) $a=\frac{1}{2}$, $d=\frac{3}{2}$, 일반항 $a_n=\frac{3}{2}n-1$, 제 20항까지의 합

$$S_{20}=\frac{n\{2a+(n-1)d\}}{2}=\frac{20\{2\times(1/2)+(20-1)\times(3/2)\}}{2}=295$$

(3) $a=40$, $d=-2$, 일반항 $a_n=-2n+42$, 제 20항까지의 합

$$S_{20}=\frac{n\{2a+(n-1)d\}}{2}=\frac{20\{2\times(40)+(20-1)\times(-2)\}}{2}=420$$

(4) $a=7$, $d=-8$, 일반항 $a_n=-8n+15$, 제 20항까지의 합

$$S_{20}=\frac{n\{2a+(n-1)d\}}{2}=\frac{20\{2\times(7)+(20-1)\times(-8)\}}{2}=-1380$$

02 등차중항 $x=\frac{-4+10}{2}=3$, 공차 $d=3-(-4)=7$이므로 $y=10+d=17$

03 (1) $a_2=a+d=-1$, $a_{10}=a+9d=23$ $\therefore$ $a=-4$, $d=3$, $a_n=3n-7$

(2) $a_n=3n-7=293$ $\therefore$ $n=100$

(3) $S_7=\frac{n\{2a+(n-1)d\}}{2}=\frac{7\{2\times(-4)+(7-1)\times3\}}{2}=35$

$$S_{20}=\frac{n\{2a+(n-1)d\}}{2}=\frac{20\{2\times(-4)+(20-1)\times3\}}{2}=490$$

$$S=S_{20}-S_7=490-35=455$$

04 $a_n=a+(n-1)d$로 하면

$a_2+a_5=-2$에서 $(a+d)+(a+4d)=-2$ $\therefore$ $2a+5d=-2$ $\cdots$①

$a_3+a_8=6$에서 $(a+2d)+(a+7d)=6$ $\therefore$ $2a+9d=6$ $\cdots$②

②−①에서 $4d=8$ $\therefore$ $d=2$, $a=-6$이므로 $a_{20}=-6+(20-1)\cdot2=32$

05 $a_n=3n+198=300$에서 항 수 $n=34$

$$\therefore\ S=201+204+\cdots+300=\frac{34(201+300)}{2}=8517$$

06 (1) 일반항 $a_n=-3n+103<0$에서 $n>34.3\cdots$이므로 처음으로 음수가 되는 항은 제 35항.

(2) 제 35항에서 음수가 되므로 제 34항까지의 합이 최대가 된다.

$$S_{\max}=S_{34}=\frac{n\{2a+(n-1)d\}}{2}=\frac{34\{2\times100+(34-1)\times(-3)\}}{2}=1717$$

07 $a_3 = a+d = 13$, $S_5 = \dfrac{5\{2a+(5-1)d\}}{2} = 85$에서 $a+2d=17$

두 식을 연립하면 첫째 항 $a=9$, 공차 $d=4$, 일반항 $a_n = 4n+5$

08 첫째 항이 -19, 공차가 2인 등차수열에서 첫째 항부터 제 n항까지의 합

$$S_n = \frac{n[2 \cdot (-19) + (n-1) \cdot 2]}{2} = n^2 - 20n = (n-10)^2 - 100$$

따라서 $n=10$, 즉 제 10항까지의 합이 최소이고 그때의 최솟값은 100이다.

연습문제 5.2

01 (1) $a_n = \dfrac{1}{8} \cdot 2^{n-1} = \dfrac{1}{2^3} \cdot 2^{n-1} = 2^{n-4}$ (2) $a_n = 3 \cdot \left(-\dfrac{1}{3}\right)^{n-1}$

02 $r = \dfrac{1}{\sqrt{2}}$, $x=4$

03 (1) $S_{10} = \dfrac{a(1-r^n)}{1-r} = \dfrac{1\left\{1-\left(\dfrac{1}{3}\right)^{10}\right\}}{1-1/3} = \dfrac{3}{2}\left(1-\dfrac{1}{3^{10}}\right)$

(2) $S_{10} = \dfrac{a(r^n-1)}{r-1} = \dfrac{\sqrt{2}\{(\sqrt{2})^{10}-1\}}{\sqrt{2}-1} = \dfrac{\sqrt{2}(32-1)}{\sqrt{2}-1} = 31(2+\sqrt{2})$

04 등차중항 식에서 $2b = a+30$ ⋯① 등비중항 식에서 $a^2 - 2b$ ⋯②

①을 ②에 대입하면

$$a^2 = a+30$$
$$(a+5)(a-6) = 0$$
$$\therefore a = 6 \ (\because a > 0)$$

이고, 이 값을 ①에 대입하면 $b = \dfrac{6+30}{2} = 18$이다.

05 $x \neq 0$일 때 $S_n = \dfrac{a(r^n-1)}{r-1} = \dfrac{1\{(x+1)^n-1\}}{(x+1)-1} = \dfrac{(x+1)^n-1}{x}$

$x=0$일 때 $S_n = 1+1+\cdots+1 = n$

06 $S_n = \dfrac{a(1-r^n)}{1-r} = \dfrac{a-ar^n}{1-r} = \dfrac{a-r(ar^{n-1})}{1-r} = \dfrac{a-rl}{1-r} = \dfrac{rl-a}{r-1}$

07 $S_n = a(1+r) + a(1+r)^2 + \cdots + a(1+r)^{n-1} + a(1+r)^n$

$= \dfrac{a(1+r)\{(1+r)^n-1\}}{(1+r)-1} = \dfrac{a(1+r)\{(1+r)^n-1\}}{r}$

연습문제 5.3

01 (1) $\sum_{k=1}^{5}3$ (2) $\sum_{k=1}^{n}2^{k-1}$ (3) $\sum_{k=1}^{22}(2k+3)$ (4) $\sum_{k=1}^{n}(2k-1)$

02 (1) -40 (2) 50

03 (1) 250 (2) 3135

04 $\sum_{k=1}^{n-1}(k^2-1)=\sum_{k=1}^{n}(k^2-1)-(n^2-1)$이므로

$$\begin{aligned}\sum_{k=1}^{n}(k^2+1)-\sum_{k=1}^{n-1}(k^2-1)&=\sum_{k=1}^{n}(k^2+1)-\left[\sum_{k=1}^{n}(k^2-1)-(n^2-1)\right]\\&=\sum_{k=1}^{n}\{(k^2+1)-(k^2-1)\}+(n^2-1)\\&=\sum_{k=1}^{n}2+(n^2-1)=n^2+2n-1\end{aligned}$$

05 (1) $$\begin{aligned}\sum_{k=1}^{n}\frac{1}{(2k-1)(2k+1)}&=\frac{1}{2}\sum_{k=1}^{n}\left(\frac{1}{2k-1}-\frac{1}{2k+1}\right)\\&=\frac{1}{2}\left(1-\frac{1}{2n+1}\right)=\frac{n}{2n+1}\end{aligned}$$

(2) $$\begin{aligned}\sum_{k=1}^{n}\frac{1}{\sqrt{k}+\sqrt{k+1}}&=\sum_{k=1}^{n}(\sqrt{k+1}-\sqrt{k})\\&=\sqrt{n+1}-1\end{aligned}$$

$$:\ \frac{1}{\sqrt{k+1}+\sqrt{k}}=\frac{(\sqrt{k+1}-\sqrt{k})}{(\sqrt{k+1}+\sqrt{k})(\sqrt{k+1}-\sqrt{k})}=(\sqrt{k+1}-\sqrt{k})$$

06 $a_n=\dfrac{1}{(2n+1)^2-1}=\dfrac{1}{4n(n+1)}=\dfrac{1}{4}\left(\dfrac{1}{n}-\dfrac{1}{n+1}\right)$

$$\therefore\ \sum_{k=1}^{20}a_k=\frac{1}{4}\sum_{k=1}^{20}\left(\frac{1}{k}-\frac{1}{k+1}\right)=\frac{1}{4}\left(1-\frac{1}{20+1}\right)=\frac{5}{21}$$

07 일반항의 분모를 유리화하면

$$\begin{aligned}\frac{1}{\sqrt{k+1}+\sqrt{k+2}}&=\frac{(\sqrt{k+1}-\sqrt{k+2})}{(\sqrt{k+1}+\sqrt{k+2})(\sqrt{k+1}-\sqrt{k+2})}\\&=\sqrt{k+2}-\sqrt{k+1}\end{aligned}$$

$$\begin{aligned}\therefore\ \sum_{k=1}^{30}\frac{1}{\sqrt{k+1}+\sqrt{k+2}}&=\sum_{k=1}^{30}(\sqrt{k+2}-\sqrt{k+1})\\&=(\sqrt{3}-\sqrt{2})+(\sqrt{4}-\sqrt{3})+\cdots(\sqrt{32}-\sqrt{31})\\&=\sqrt{32}-\sqrt{2}\\&=4\sqrt{2}-\sqrt{2}\\&=3\sqrt{2}\end{aligned}$$

연습문제 5.4

01 (1) $\frac{5}{3}$ (2) 0 (3) 4

(4) $\frac{1}{\sqrt{n+1}-\sqrt{n}}=\frac{(\sqrt{n+1}+\sqrt{n})}{(\sqrt{n+1}-\sqrt{n})(\sqrt{n+1}+\sqrt{n})}=\sqrt{n+1}+\sqrt{n}$

$\therefore\ \infty$ (발산)

02 (1) $|r|<1\ \therefore\ 0$

(2) $\lim_{n\to\infty}\frac{\left(\frac{5}{4}\right)^n}{1+\left(\frac{1}{4}\right)^n}=\frac{\infty}{1+0}=\infty$ (발산)

(3) $\lim_{n\to\infty}\frac{\left(\frac{4}{7}\right)^n-2\cdot 1}{1+\left(\frac{3}{7}\right)^n}=\frac{0-2}{1+0}=-2$

(4) $\lim_{n\to\infty}\frac{3\cdot 1+\left(\frac{2}{3}\right)^n}{\sqrt{1+\left(\frac{1}{9}\right)^n}}=\frac{3+0}{\sqrt{1+0}}=3\ \left(\leftarrow 3^n=\sqrt{9^n}\right)$

03 $\lim_{n\to\infty}\frac{1}{\sqrt{n^2+an}-n}=\lim_{n\to\infty}\frac{\sqrt{n^2+an}+n}{(\sqrt{n^2+an}-n)(\sqrt{n^2+an}+n)}$

$=\lim_{n\to\infty}\frac{\sqrt{n^2+an}+n}{an}$

$=\lim_{n\to\infty}\frac{\sqrt{1+\frac{a}{n}}+1}{a}$

$=\frac{\sqrt{1+0}+1}{a}=\frac{2}{a}=\frac{1}{3}$

$\therefore\ a=6$

04 (1) $-1<\frac{2x-3}{5}\leq 1\ \therefore\ -1<x\leq 4$

(2) $-1<\frac{x^2-x}{2}\leq 1\ \therefore\ -1\leq x\leq 2$

: 모든 실수 x에 대하여 $x^2-x+2=\left(x-\frac{1}{2}\right)^2+\frac{3}{4}>0$이다.

05 $\lim_{n\to\infty}\frac{an^2-n+4}{3n^2+2n+1}=\lim_{n\to\infty}\frac{a-\frac{1}{n}+\frac{4}{n^2}}{3+\frac{2}{n}+\frac{1}{n^2}}=\frac{a}{3}=7\ \therefore\ a=21$

06 $\lim_{n\to\infty}\frac{an^2+bn+3}{2n+1}=\lim_{n\to\infty}\frac{an+b+\frac{3}{n}}{2+\frac{1}{n}}$이므로 극한값이 존재하기 위해서는 $a=0$이고 이때의 극한값은 $\frac{b}{2}$이다. 따라서 $\frac{b}{2}=5$에서 $b=10$이다.

- 극한값이 존재하기 위해서는 (분모의 차수) ≥ (분자의 차수)이고, 0이 아닌 극한값을 갖기 위해서는 (분모의 차수)=(분자의 차수)이다.

연습문제 6.1

01 (1) $\frac{1}{\sqrt[6]{2}}$ (2) $2\sqrt{2}$ (3) $a^{\frac{17}{24}}$

(4) $a^{\frac{15}{8}}$ (5) $\sqrt{2}\,a^{\frac{5}{4}}b^{\frac{5}{6}}$ (6) $a^{\frac{7}{6}}b^{\frac{1}{4}}$

02 $a=\frac{19}{12},\ b=\frac{9}{8}$

03 $k=\frac{9}{8}$

04 (1) $\sqrt{7}$ (2) 23

05 $\sqrt{2\sqrt[3]{4\sqrt[4]{8}}}=2^{\frac{1}{2}+\frac{1}{2}\times\frac{2}{3}+\frac{1}{2}\times\frac{1}{3}\times\frac{3}{4}}=2^{\frac{23}{24}}$ $\therefore k=\frac{23}{24}$

06 $\frac{3}{2}$: 준 식에서 $3^x=\sqrt{2}$를 구한다.

07 (1) $\frac{a^x+a^{-x}}{a^x-a^{-x}}=\frac{a^{2x}+1}{a^{2x}-1}=\frac{3+1}{3-1}=\frac{4}{2}=2$

(2) $\frac{a^{3x}+a^{-3x}}{a^x-a^{-x}}=\frac{a^{4x}+a^{-2x}}{a^{2x}-1}=\frac{(a^{2x})^2+\frac{1}{a^{2x}}}{a^{2x}-1}=\frac{3^2+\frac{1}{3}}{3-1}=\frac{14}{3}$

연습문제 6.2

01 (1) 12 (2) $\frac{19}{6}$ (3) $\frac{1}{3}$ (4) $\frac{5}{2}$

(5) $\frac{1}{2}$ (6) $\frac{7}{2}$ (7) 4 (8) $\frac{5}{2}$

(9) $\frac{1}{2}$ (10) $\frac{16}{15}$

02 $\dfrac{2+a}{3(1+2a)}$

03 $2a+b-2$

04 9

05 $\dfrac{2}{3}$

06 10

07 0.699

08 -3.3

09 $2^{\frac{1}{16}}$

10 16

11 $\dfrac{2a+b}{a+2b}$ $\left(\log_{10}2=\dfrac{1}{a},\ \log_{10}3=\dfrac{1}{b}\right)$

12 $\dfrac{b}{2(a+b)}$

13 $y=\log_3 27+\log_3(-x+1)-2$

$=3+\log_3(-x+1)-2$

$=\log_3(-x+1)+1$

정의역 $\{x \mid x<1\}$, 치역은 실수 전체의 집합, 점근선 $x=1$

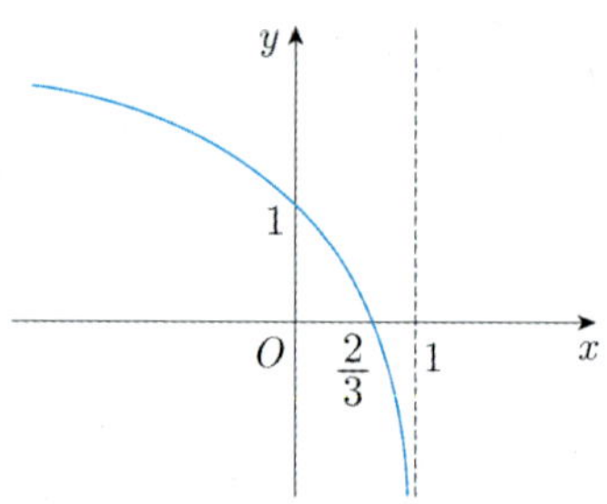

14 로그의 정의에 의해 $a=\log_2 x$, $b=\log_2 y$, $c=\log_2 z$

$\therefore \log_2\left(\dfrac{x^2y^3}{z^4}\right)=2\log_2 x+3\log_2 y-4\log_2 z=2a+3b-4c$

15 $\log_a k=2$에서 $\dfrac{1}{\log_k a}=2$ $\therefore \log_k a=\dfrac{1}{2}$

$\log_b k=3$에서 $\dfrac{1}{\log_k b}=3$ $\therefore \log_k b=\dfrac{1}{3}$

$\therefore \log_{ab} k=\dfrac{1}{\log_k ab}=\dfrac{1}{\log_k a+\log_k b}=\dfrac{1}{\dfrac{1}{2}+\dfrac{1}{3}}=\dfrac{6}{5}$

16 $\log_6 12 = \dfrac{\log_5 12}{\log_5 6} = \dfrac{\log_5(2^2 \times 3)}{\log_5(2 \times 3)} = \dfrac{2\log_5 2 + \log_5 3}{\log_5 2 + \log_5 3} = \dfrac{2a+b}{a+b}$

17 $10^a = 2$, $10^b = 3$에서 $a = \log 2$, $b = \log 3$이므로

$$\log_{12} 18 = \frac{\log 18}{\log 12} = \frac{\log(2 \times 3^2)}{\log(2^2 \times 3)} = \frac{\log 2 + 2\log 3}{2\log 2 + \log 3} = \frac{a+2b}{2a+b}$$

18 $\dfrac{1}{2}$: $x = \dfrac{4(\sqrt{5}-1)}{(\sqrt{5}+1)(\sqrt{5}-1)} = \sqrt{5}-1$, $x^3+1 = (x+1)(x^2-x+1)$

19 $\alpha = \log_4(9-4\sqrt{5}) = \dfrac{\log_2(9-4\sqrt{5})}{\log_2 4} = \dfrac{1}{2}\log_2(9-4\sqrt{5})$

$$= \frac{1}{2}\log_2(\sqrt{5}-2)^2 = \log_2(\sqrt{5}-2)$$

$\therefore\ 2^\alpha + 2^{-\alpha} = 2^{\log_2(\sqrt{5}-2)} + \dfrac{1}{2^{\log_2(\sqrt{5}-2)}} = (\sqrt{5}-2) + \dfrac{1}{(\sqrt{5}-2)}$

$$= \sqrt{5}-2+\frac{(\sqrt{5}+2)}{(\sqrt{5}-2)(\sqrt{5}+2)} = \sqrt{5}-2+(\sqrt{5}+2) = 2\sqrt{5}$$

20 $\displaystyle\sum_{k=2}^{100}\log\left(1-\frac{1}{k}\right) = \sum_{k=2}^{100}\log\left(\frac{k-1}{k}\right) = \log\frac{1}{2}+\log\frac{2}{3}+\log\frac{3}{4}+\cdots+\log\frac{99}{100}$

$$= \log\left(\frac{1}{2}\times\frac{2}{3}\times\frac{3}{4}\times\cdots\times\frac{99}{100}\right)$$

$$= \log\left(\frac{1}{100}\right) = \log 10^{-2} = -2$$

연습문제 6.3

01 (1) $-\dfrac{11}{8}$　(2) $\dfrac{10}{3}$　(3) $0,\ \dfrac{2}{5}$　(4) $0,\ -\dfrac{4}{3}$

(5) $\dfrac{1\pm\sqrt{11}}{2}$　(6) 3, 5　(7) 1, 4　(8) 0, 2

(9) 2　(10) 1

02 $x = -1,\ 2,\ -3$ (3개)

03 $1,\ -3$

04 $1,\ 2\log_3 2$

05 -2 ($\leftarrow 3^x = \dfrac{1}{9}$)

06 $0,\ \log_3(2\pm\sqrt{3})$

($\leftarrow$ $3^x+3^{-x} = X$로 하면 $9^x+9^{-x} = X^2-2$이므로 준 식은 $X^2-6X+8=0$)

07 $7^x = X$로 하면 준 식은 $X^2-4X+1=0$이다. 이 방정식의 해를 X_1, X_2로 하면 근과 계수와의 관계에 의해 $X_1X_2=1$이므로

$$7^\alpha \cdot 7^\beta = 1 \quad \therefore \alpha+\beta=0.$$

또는 $X=2\pm\sqrt{3}$이므로 $7^\alpha=2+\sqrt{3}$, $7^\beta=2-\sqrt{3}$에서 구해도 된다.

08 $(x^x)^x = x^{x^2}$이므로 준 식은 $x^{5x-6}=x^{x^2}$이다.

(i) $x=1$일 때 준 식은 성립한다.

(ii) $x\neq1$일 때, $5x-6=x^2$

$$\therefore (x-2)(x-3)=0 \quad \therefore x=2,\ 3$$

$\therefore$ 준 식의 해는 $x=1, 2, 3$이다.

연습문제 6.4

01 (1) $\frac{7}{2}$ (2) 2, -7 (3) $\pm\sqrt{3}$ (4) $\sqrt{3}$

(5) 6 (6) $2+\sqrt{5}$ (7) $2\pm\sqrt{5}$ (8) 1, -3

(9) 5 (10) 3, 6

02 54

03 -3

04 두 근을 α, 2α라 하면

$$\log_2\alpha=\alpha+k \ \cdots ①,\quad \log_2 2\alpha=2\alpha+k \ \cdots ②$$

②−①을 하면 $\log_2 2=\alpha$ $\therefore \alpha=1$이므로 두 근은 1, 2이고 $k=-1$이다.

05 두 근을 k, $4k$라 하면

$$\log_4 k = ak \ \cdots ①$$
$$\log_4(4k)=a\times(4k)$$
$$\therefore 1+\log_4 k=4ak \ \cdots ②$$

②−①을 하면 $3ak=1$ $\therefore ak=\frac{1}{3}$이므로 이 값을 식 ①에 대입하면

$$\log_4 k=\frac{1}{3} \quad \therefore k=\sqrt[3]{4}$$

이다. 따라서 $ak=\frac{1}{3}$에서 $a=\frac{1}{3k}=\frac{1}{3\sqrt[3]{4}}$이다.

06 4 ($\leftarrow \log_2\alpha + \log_2\beta = 8$)

07 $\log_3 x = X$로 하면 $\log_3\frac{81}{x} = \log_3 81 - \log_3 x = \log_3 3^4 - \log_3 x = 4 - X$이므로 주어진 방정식은 다음과 같이 쓸 수 있다.

$$X(4-X) = k$$
$$X^2 - 4X + k = 0 \quad \cdots(*)$$

따라서 식 (*)가 실근을 가져야 하므로

$$D/4 = 2^2 - k \geq 0 \quad \therefore\ k \leq 4$$

연습문제 7.1

01 (1) Ⅱ (2) Ⅲ (3) Ⅰ (4) Ⅰ

02 (1) $\frac{3\pi}{4}$ (2) 3π (3) $210°$ (4) $300°$

03 (1) $l = 10\pi(\text{cm})$, $S = 60\pi(\text{cm}^2)$ (2) $l = 3\pi(\text{cm})$, $S = \frac{45}{2}\pi(\text{cm}^2)$

04 $S = 5\pi(\text{cm}^2)$

05 $r = 3(\text{cm})$, $\theta = \frac{4\pi}{3}$

06 $S = \frac{25}{16}(\text{cm}^2)$, $r = \frac{5}{4}(\text{cm})$, $\theta = 2(\text{rad})$

07 $\frac{2\pi}{3} - 2$

08 $\overline{CH} = h$, $\tan 30° = \frac{h}{2+h} = \frac{1}{\sqrt{3}}$ $\therefore\ h = \frac{2}{\sqrt{3}-1} = \sqrt{3}+1$

09 $\overline{BD} = \sqrt{3}\,x = 20 - x$ $\therefore\ x = \frac{20}{\sqrt{3}+1} = 10(\sqrt{3}-1)$

$\therefore\ \overline{AB} = 20(\sqrt{3}-1)$

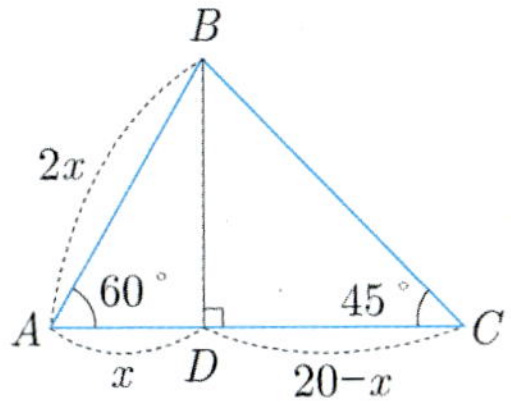

10 $\overline{BH} = 4\sin 30° = 4 \times \frac{1}{2} = 2$, $\overline{CH} = 4\cos 30° = 4 \times \frac{\sqrt{3}}{2} = 2\sqrt{3}$

따라서 $\overline{AH}=3\sqrt{3}-\overline{CH}=\sqrt{3}$ 이므로 $\triangle ABH$에 피타고라스 정리를 적용하면 다음과 같이 x가 구해진다.

$$x=\sqrt{(\overline{AH})^2+(\overline{BH})^2}=\sqrt{(\sqrt{3})^2+(2)^2}=\sqrt{7}$$

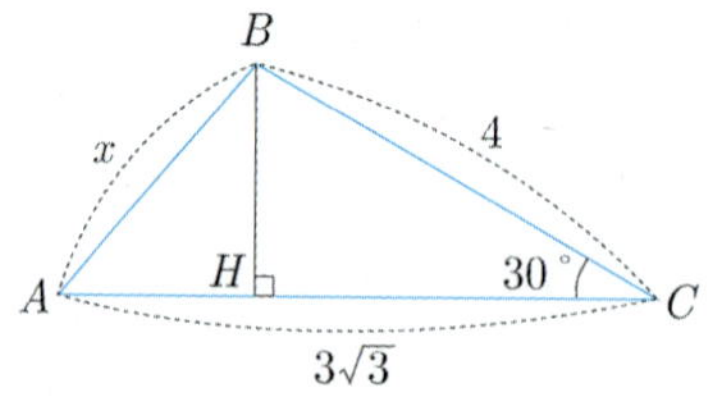

11 ΔABD는 이등변삼각형이므로 $\overline{BD}=2(\text{cm})$이다.

(1) $\overline{AB}=\sqrt{6}+\sqrt{2}\,(\text{cm})$, $\overline{BC}=1(\text{cm})$, $\overline{CD}=\sqrt{3}\,(\text{cm})$

(2) $\sin 15°=\dfrac{\sqrt{6}-\sqrt{2}}{4}$, $\cos 15°=\dfrac{\sqrt{6}+\sqrt{2}}{4}$, $\tan 15°=2-\sqrt{3}$

연습문제 7.2

01 순서대로 $(\sin\theta, \cos\theta, \tan\theta)$

(1) $\left(\dfrac{2}{\sqrt{13}}, \dfrac{3}{\sqrt{13}}, \dfrac{2}{3}\right)$　(2) $\left(\dfrac{1}{\sqrt{5}}, -\dfrac{2}{\sqrt{5}}, -\dfrac{1}{2}\right)$

(3) $\left(-\dfrac{1}{\sqrt{5}}, -\dfrac{2}{\sqrt{5}}, \dfrac{1}{2}\right)$　(4) $\left(-\dfrac{3}{\sqrt{13}}, \dfrac{2}{\sqrt{13}}, -\dfrac{3}{2}\right)$

02 순서대로 $(\sin\theta, \cos\theta, \tan\theta)$

(1) $\left(\dfrac{1}{2}, -\dfrac{\sqrt{3}}{2}, -\dfrac{1}{\sqrt{3}}\right)$　(2) $\left(\dfrac{1}{\sqrt{2}}, \dfrac{1}{\sqrt{2}}, 1\right)$

(3) $\left(-\dfrac{\sqrt{3}}{2}, -\dfrac{1}{2}, \sqrt{3}\right)$　(4) $\left(-\dfrac{1}{2}, -\dfrac{\sqrt{3}}{2}, \dfrac{1}{\sqrt{3}}\right)$

03 $\sin\theta=-\dfrac{2}{\sqrt{13}}$, $\cos\theta=-\dfrac{3}{\sqrt{13}}$

04 $-\sqrt{\dfrac{8}{5}}=-\dfrac{2\sqrt{10}}{5}$

05 $(\tan^2\theta-\sec^2\theta)(\tan^2\theta+\sec^2\theta)=-(\tan^2\theta+\sec^2\theta)$

$$=(1-\sec^2\theta)-\sec^2\theta=1-2\sec^2\theta$$

06 (1) $\pm\sqrt{5}$　(2) 7

07 $\dfrac{1-\tan^2\theta}{\sec^2\theta+2\tan\theta}=\dfrac{1-\tan^2\theta}{(1+\tan^2\theta)+2\tan\theta}=\dfrac{(1+\tan\theta)(1-\tan\theta)}{(1+\tan\theta)^2}=\dfrac{1-\tan\theta}{1+\tan\theta}$

08 $\dfrac{\csc\theta}{\sec\theta-\tan\theta}+\dfrac{\csc\theta}{\sec\theta+\tan\theta}=\dfrac{\csc\theta(\sec\theta+\tan\theta)+\csc\theta(\sec\theta-\tan\theta)}{\sec^2\theta-\tan^2\theta}$

$$=\frac{2\csc\theta\sec\theta}{\sec^2\theta-\tan^2\theta}=\frac{2\cdot\dfrac{1}{\sin\theta}\cdot\dfrac{1}{\cos\theta}}{1}$$

$$=\frac{2}{\sin\theta\cos\theta}$$

연습문제 7.3

01 (1) 주기 π, 최댓값 4, 최솟값 -2

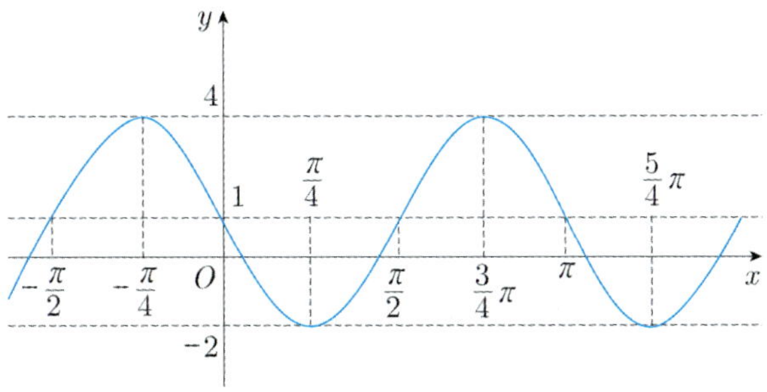

(2) 주기 4π, 최댓값 1, 최솟값 -3

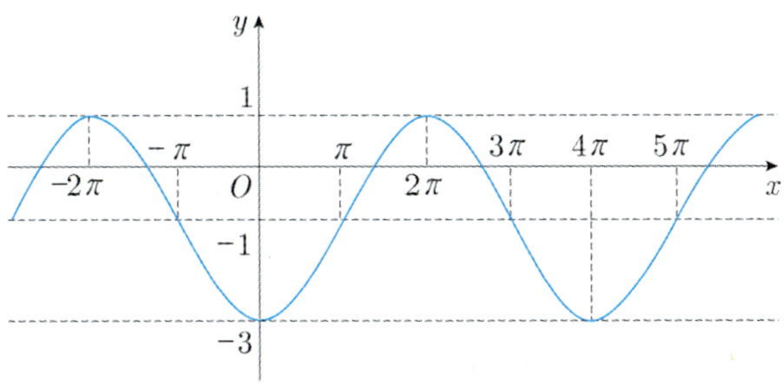

02 주기 $\dfrac{\pi}{2}$

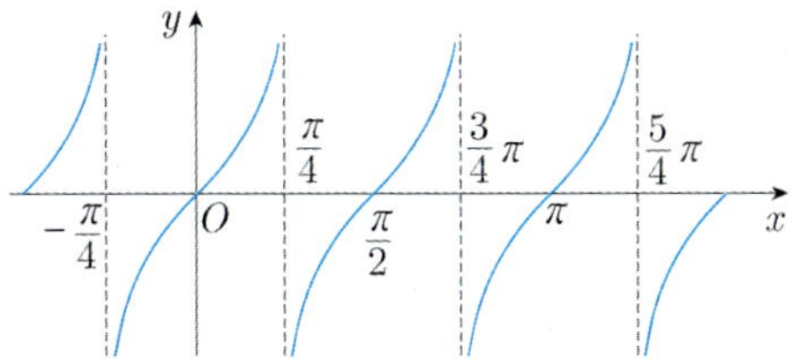

03 주기 2, 최댓값 3, 최솟값 -1

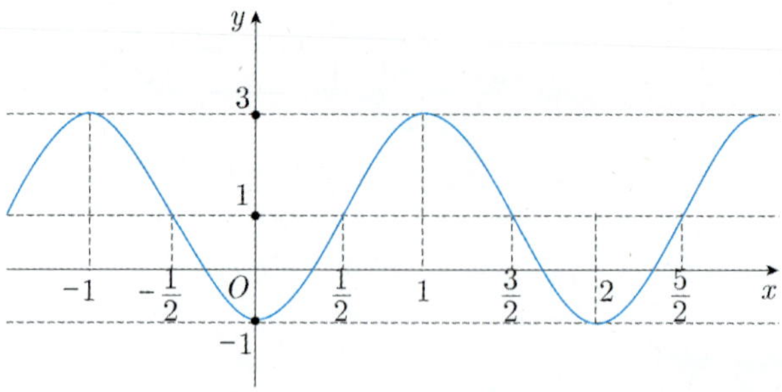

04 (1) $y=2\sin(3x-4\pi)+5$　　(2) $y=3\cos\left(\frac{1}{4}x+\frac{3}{4}\pi\right)+3$

05 $A=\frac{1}{2}$, $C=3$, $\omega=\pi$

06 $\omega=\frac{\pi}{2}$, $\alpha=-2\pi$

07 최댓값 6, 최솟값 $\frac{2}{3}$

08 최댓값 4, 최솟값 $\frac{7}{4}$

연습문제 7.4

01 $2\sqrt{2}$

02 $\sqrt{6}+\sqrt{2}$

03 $2\sqrt{2}$

04 2

05 $\frac{\pi}{6}$, $\frac{5\pi}{6}$

06 $\frac{\sqrt{23}}{4}$ $\left(\leftarrow \cos A=\frac{3}{4\sqrt{2}}\right)$

07 $\sqrt{41\pm20\sqrt{3}}$

08 $\angle B=45°$, $S=\frac{9+3\sqrt{3}}{4}$

09 $\sqrt{3}+1$

10 $\angle C=90°$이므로 $a^2+b^2=c^2$, $\sin C=1$

$\therefore\ \sin^2 A+\sin^2 B=\left(\frac{a}{c}\right)^2+\left(\frac{b}{c}\right)^2=\frac{a^2+b^2}{c^2}=\frac{c^2}{c^2}=1$

$\therefore \sin^2 A+\sin^2 B=\sin^2 C$

11 사인법칙에 의해 주어진 조건은 $a\times\left(\frac{a}{2R}\right)^2=b\times\left(\frac{b}{2R}\right)^2$ 이므로

$$a^3-b^3=0$$
$$(a-b)(a^2+ab+b^2)=0$$

여기에서 $a^2+ab+b^2=(a+\frac{1}{2}b)^2+\frac{3}{4}b^2>0$

$\therefore$ $a=b$인 이등변삼각형

12 $a=13$, $b=8$, $c=7$로 하면 제 2 코사인법칙에서

$$\cos A=\frac{b^2+c^2-a^2}{2bc}=\frac{8^2+7^2-13^2}{2\times 8\times 7}=-\frac{1}{2}$$
$$\therefore\ A=120°$$

연습문제 7.5

01 (1) $\frac{\sqrt{6}-\sqrt{2}}{4}$　　(2) $\frac{\sqrt{6}+\sqrt{2}}{4}$

02 $\sin\frac{\pi}{8}=\frac{\sqrt{2-\sqrt{2}}}{2}$, $\cos\frac{\pi}{8}=\frac{\sqrt{2+\sqrt{2}}}{2}$

03 (1) $\frac{2+\sqrt{3}}{4}$　　(2) $\frac{\sqrt{6}+\sqrt{2}}{2}$

04 -1

05 (1) $\frac{1}{3}$　　(2) $-\frac{2\sqrt{2}}{3}$

06 (1) $\frac{1}{2}$　　(2) $\frac{1}{2}$

07 진폭 $\frac{\sqrt{5}}{2}$, 주기 1, 진동수 1

08 $\cos 2\alpha=-\frac{7}{25}$, $\tan\frac{\alpha}{2}=2$

09 $\tan 2\alpha=-2\sqrt{2}$, $\cos 2\alpha=-\frac{1}{3}$, $\sin 2\alpha=\frac{2\sqrt{2}}{3}$

10 (1) $\cos(\alpha+\beta)\cos(\alpha-\beta)=\frac{1}{2}(\cos 2\alpha+\cos 2\beta)$

$$=\frac{1}{2}(2\cos^2\alpha-1+1-2\sin^2\beta)$$

$$=\cos^2\alpha-\sin^2\beta=\cos^2\beta-\sin^2\alpha$$

(2) $\sin(\alpha+\beta)\sin(\alpha-\beta)=-\dfrac{1}{2}(\cos 2\alpha-\cos 2\beta)$

$$=-\frac{1}{2}(1-2\sin^2\alpha-1+2\sin^2\beta)$$

$$=\sin^2\alpha-\sin^2\beta=\cos^2\beta-\cos^2\alpha$$

11 (1) $\dfrac{\cos(\alpha+\beta)-\cos(\alpha-\beta)}{\cos(\alpha+\beta)+\cos(\alpha-\beta)}=\dfrac{-2\sin\alpha\sin\beta}{2\cos\alpha\cos\beta}$

$$=-\left(\frac{\sin\alpha}{\cos\alpha}\right)\left(\frac{\sin\beta}{\cos\beta}\right)=-\tan\alpha\tan\beta$$

(2) $\dfrac{\sin(\alpha+\beta)-\sin(\alpha-\beta)}{\sin(\alpha+\beta)+\sin(\alpha-\beta)}=\dfrac{2\cos\alpha\sin\beta}{2\sin\alpha\cos\beta}$

$$=\left(\frac{\cos\alpha}{\sin\alpha}\right)\left(\frac{\sin\beta}{\cos\beta}\right)$$

$$=\frac{1}{\tan\alpha}\times\tan\beta=\frac{\tan\beta}{\tan\alpha}$$

12 11. (2)에서 $\dfrac{\tan\alpha}{\tan\beta}=\dfrac{\sin(\alpha+\beta)+\sin(\alpha-\beta)}{\sin(\alpha+\beta)-\sin(\alpha-\beta)}=\dfrac{2/3+1/2}{2/3-1/2}=7$

13 최솟값 $2-\sqrt{5}$, 최댓값 $2+\sqrt{5}$:

$$y=\sin^2x+4\sin x\cos x+3\cos^2x=(\sin^2x+\cos^2x)+2\cos^2x+2\times 2\sin x\cos x$$

$$=1+2\times\frac{1+\cos 2x}{2}+2\sin 2x$$

$$=2+2\sin 2x+\cos 2x$$

$$=2+\sqrt{5}\sin(2x+\alpha)$$

$$\therefore\ 2-\sqrt{5}\le y\le 2+\sqrt{5}$$

14 $y=3\sin x-4\cos x=5\sin(x-\alpha)$, 단, $\cos\alpha=\dfrac{3}{4}$, $\sin\alpha=\dfrac{4}{5}$

$$\therefore\ -5\le y\le 5$$

15 $y=\cos x-\cos\left(x+\dfrac{\pi}{3}\right)=\cos x-\left(\dfrac{1}{2}\cos x-\dfrac{\sqrt{3}}{2}\sin x\right)$

$$=\frac{\sqrt{3}}{2}\sin x+\frac{1}{2}\cos x$$

$$=\sin\left(x+\frac{\pi}{6}\right)$$

$\therefore\ x+\dfrac{\pi}{6}=\dfrac{\pi}{2}$ 일 때 최댓값을 가지므로 $\alpha=\dfrac{\pi}{2}-\dfrac{\pi}{6}=\dfrac{\pi}{3}$

$\therefore\ \sin\left(\alpha+\dfrac{\pi}{3}\right)=\sin\left(\dfrac{2\pi}{3}\right)=\sin\dfrac{\pi}{3}=\dfrac{\sqrt{3}}{2}$

16 $\angle DAE = \alpha$라 하면 직각삼각형 ADE에서 $\tan\alpha = \dfrac{3}{5}$이다.

그리고 직각삼각형 ABC에서 $\tan(\alpha+\beta) = \dfrac{4}{3}$이므로

$$\frac{\tan\alpha + \tan\beta}{1 - \tan\alpha\tan\beta} = \frac{4}{3}$$

$$\frac{\frac{3}{5} + \tan\beta}{1 - \frac{3}{5}\tan\beta} = \frac{4}{3}$$

$$\frac{3 + 5\tan\beta}{5 - 3\tan\beta} = \frac{4}{3}$$

$$9 + 15\tan\beta = 20 - 12\tan\beta$$

$$\therefore\ \tan\beta = \frac{11}{27}$$

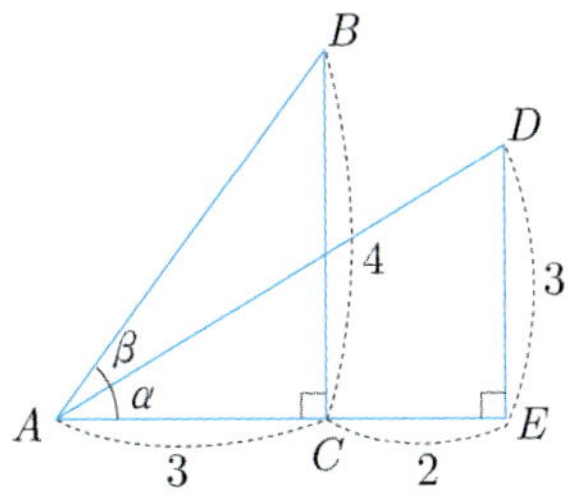

연습문제 7.6

01 (1) $\dfrac{\pi}{6},\ \dfrac{5\pi}{6}$ (2) $\dfrac{3\pi}{4},\ \dfrac{5\pi}{4}$ (3) $\dfrac{2\pi}{3},\ \dfrac{5\pi}{3}$ (4) $\dfrac{\pi}{3},\ \dfrac{4\pi}{3}$

02 (1) $0,\ \dfrac{\pi}{6},\ \pi,\ \dfrac{7\pi}{6},\ 2\pi$ (2) $\dfrac{2\pi}{3},\ \pi,\ \dfrac{4\pi}{3}$

(3) $\dfrac{\pi}{4},\ \dfrac{2\pi}{3},\ \dfrac{4\pi}{3},\ \dfrac{7\pi}{4}$ (4) $\dfrac{\pi}{4},\ \dfrac{5\pi}{4},\ \dfrac{2\pi}{3},\ \dfrac{5\pi}{3}$

03 (1) $\dfrac{n\pi}{2} + (-1)^n \cdot \dfrac{\pi}{10} + \dfrac{\pi}{6}$ (2) $2n\pi \pm \dfrac{\pi}{2},\ n\pi + (-1)^n \cdot \dfrac{\pi}{6}$

(3) $n\pi + \{(-1)^n - 1\} \cdot \dfrac{\pi}{4}$ (4) $\dfrac{n\pi}{2} + (-1)^n \cdot \dfrac{\pi}{12} + \dfrac{\pi}{6}$

04 (1) $x = 0,\ 2\pi,\ \dfrac{2\pi}{3},\ \dfrac{4\pi}{3}$ (2) $x = 0,\ \pi,\ \dfrac{\pi}{6},\ \dfrac{5\pi}{6}$

05 $\sqrt{3}\cos x - \sin x = 2\cos\left(x + \dfrac{\pi}{6}\right) = 1\ \ \therefore\ \cos\left(\alpha + \dfrac{\pi}{6}\right) = \dfrac{1}{2}$

$\therefore\ \tan\left(\alpha+\frac{\pi}{6}\right)=\sqrt{3}$

06 $\sin\left(x+\frac{\pi}{4}\right)+\cos\left(x+\frac{\pi}{4}\right)=\sqrt{2}\cos x=1 \quad \therefore\ \cos x=\frac{1}{\sqrt{2}} \quad \therefore\ x=\frac{\pi}{4},\ \frac{7\pi}{4}$

연습문제 8.1

01 (1) 2×2 행렬 (2) 2×4 행렬 (3) 1×5 행렬

02 (1) 5 (2) 6 (3) $a_{31}=4$ (4) $a_{33}=7$

03 (1) $A=\begin{bmatrix}2&0&-2\\3&1&-1\end{bmatrix}$ (2) $A=\begin{bmatrix}1&0&0\\0&1&0\end{bmatrix}$

04 $a_{11}=2\cdot1+1+k=5$에서 $k=2$이므로 $x=6,\ y=7,\ z=8$

05 $A=\begin{bmatrix}1&1&1\\1&2&2\\1&2&3\end{bmatrix}$

06 $a=2,\ b=3,\ c=4,\ d=-1$

07 $a=2,\ b=-3,\ x=-2$

연습문제 8.2

01 (1) $A-O=A=\begin{bmatrix}4&-1\\-2&3\end{bmatrix}$ (2) $O-B=-B=\begin{bmatrix}-3&5\\-4&2\end{bmatrix}$

(3) $-(-C)=C=\begin{bmatrix}-1&3\\2&4\end{bmatrix}$

(4) $A-(B-C)=A-B+C=\begin{bmatrix}4-3-1&-1+5+3\\-2-4+2&3+2+4\end{bmatrix}=\begin{bmatrix}0&7\\-4&9\end{bmatrix}$

02 (1) $A=\begin{bmatrix}3&-5\\1&11\end{bmatrix}$ (2) $\begin{bmatrix}3&-6&4\\-5&2&-1\end{bmatrix}$

03 $X=\begin{bmatrix}2&-1\\4&5\end{bmatrix}-\begin{bmatrix}1&4\\-2&7\end{bmatrix}-\begin{bmatrix}-4&2\\-3&6\end{bmatrix}=\begin{bmatrix}5&-7\\9&-8\end{bmatrix}$

04 $X=-A+B=\begin{bmatrix}3&10\\1&-6\end{bmatrix} \quad \therefore\ 3+10+1-6=8$

05 $A+B=\begin{bmatrix}4&2\\1&3\end{bmatrix}\ \cdots①\quad A-B=\begin{bmatrix}1&3\\5&-4\end{bmatrix}\ \cdots②$

$$①+②:2A=\begin{bmatrix}4&2\\1&3\end{bmatrix}+\begin{bmatrix}1&3\\5&-4\end{bmatrix} \quad \therefore\ A=\frac{1}{2}\begin{bmatrix}5&5\\6&-1\end{bmatrix}$$

$$①-②:2B=\begin{bmatrix}4&2\\1&3\end{bmatrix}-\begin{bmatrix}1&3\\5&-4\end{bmatrix} \quad \therefore\ B=\frac{1}{2}\begin{bmatrix}3&-1\\-4&7\end{bmatrix}$$

따라서 A의 각 성분의 합은 $\frac{1}{2}\times(5+5+6-1)=\frac{15}{2}$

B의 각 성분의 합은 $\frac{1}{2}\times(3-1-4+7)=\frac{5}{2}$

06 행렬의 각 성분을 구하여 비교한다.

$$2x+y=-1,\ x+0=-2,\ 0+3y=9,\ x+2y=4$$
$$\therefore\ x=-2,\ y=3$$

연습문제 8.3

01 (1) $[-7]$ (2) $\begin{bmatrix}-8 & -4\\ 6 & 3\end{bmatrix}$ (3) $[10\ \ -14]$

(4) $\begin{bmatrix}-12\\ -3\end{bmatrix}$ (5) $\begin{bmatrix}8 & 12\\ -1 & -6\end{bmatrix}$ (6) $\begin{bmatrix}7 & 2\\ 5 & -9\end{bmatrix}$

02 $3=1+2a,\ 5=1+2b,\ a+2b=2+3a,\ 2a+3b=2+3b$

$\therefore\ a=1,\ b=2$

03 $A^2=AA=\begin{bmatrix}1 & -2\\ 1 & -1\end{bmatrix}\begin{bmatrix}1 & -2\\ 1 & -1\end{bmatrix}=\begin{bmatrix}-1 & 0\\ 0 & -1\end{bmatrix}=-I$

$\therefore\ A^4=A^2A^2=(-I)(-I)=I^2=I$

$\therefore\ A^{1995}=(A^4)^{498}A^3=A^3=A^2A=-IA=-A=\begin{bmatrix}-1 & 2\\ -1 & 1\end{bmatrix}$

04 $A^2=AA=\begin{bmatrix}0 & -1\\ 1 & 1\end{bmatrix}\begin{bmatrix}0 & -1\\ 1 & 1\end{bmatrix}=\begin{bmatrix}-1 & -1\\ 1 & 0\end{bmatrix}$

$A^3=A^2A=\begin{bmatrix}-1 & -1\\ 1 & 0\end{bmatrix}\begin{bmatrix}0 & -1\\ 1 & 1\end{bmatrix}=\begin{bmatrix}-1 & 0\\ 0 & -1\end{bmatrix}=-I$

$\therefore\ A^{13}=(A^3)^4A=(-I)^4A=A=\begin{bmatrix}0 & -1\\ 1 & 1\end{bmatrix}$

05 $AB+BA=(A^2+B^2)-(A-B)^2=\begin{bmatrix}5 & 1\\ 2 & 1\end{bmatrix}-\begin{bmatrix}4 & 2\\ 2 & 3\end{bmatrix}=\begin{bmatrix}1 & -1\\ 0 & -2\end{bmatrix}$

$\therefore\ (A+B)^2=(A^2+B^2)+(AB+BA)=\begin{bmatrix}5 & 1\\ 2 & 1\end{bmatrix}+\begin{bmatrix}1 & -1\\ 0 & -2\end{bmatrix}=\begin{bmatrix}6 & 0\\ 2 & -1\end{bmatrix}$

06 $A+B=O$에서 $B=-A$이다. 따라서 $AB=I$에서 $A(-A)=I$

$\therefore\ A^2=-I\ \ \therefore\ A^4=I$

$\therefore\ A^{101}=(A^4)^{25}A=(E)^{25}A=A,\ B^{101}=(-A)^{101}=-(A^{101})=-A$

$\therefore\ A^{101}-B^{101}=A-(-A)=2A$

$\therefore\ k=2$

07 $A=\begin{bmatrix}-x & 1 & 2\\ 0 & x^2 & 3\end{bmatrix}\begin{bmatrix}2 & 1\\ 1 & 0\\ -3 & 4\end{bmatrix}=\begin{bmatrix}-2x-5 & -x+8\\ x^2-9 & 12\end{bmatrix}$

$$\therefore\ f(x)=(-2x-5)+(-x+8)+(x^2-9)+12$$
$$=x^2-3x+6=\left(x-\frac{3}{2}\right)^2+\frac{15}{4}$$

따라서 $f(x)$는 $x=\dfrac{3}{2}$에서 최솟값 $\dfrac{15}{4}$를 갖는다.

연습문제 8.4

01 (1) $A^{-1}=-\dfrac{1}{2}\begin{bmatrix}1 & -3\\ -2 & 4\end{bmatrix}=\begin{bmatrix}-\dfrac{1}{2} & \dfrac{3}{2}\\ 1 & -2\end{bmatrix}$

(2) $ad-bc=2\cdot6-4\cdot3=0$이므로 역행렬이 존재하지 않는다.

(3) $A^{-1}=\dfrac{1}{1}\begin{bmatrix}7 & -2\\ 4 & -1\end{bmatrix}=\begin{bmatrix}7 & -2\\ 4 & -1\end{bmatrix}$

(4) $A^{-1}=-\dfrac{1}{1}\begin{bmatrix}5 & 2\\ 3 & 1\end{bmatrix}=\begin{bmatrix}-5 & -2\\ -3 & -1\end{bmatrix}$

(5) $A^{-1}=-\dfrac{1}{3}\begin{bmatrix}2 & -3\\ -5 & 6\end{bmatrix}=\begin{bmatrix}-\dfrac{2}{3} & 1\\ \dfrac{5}{3} & -2\end{bmatrix}$

(6) $A^{-1}=\dfrac{1}{7}\begin{bmatrix}5 & -4\\ -2 & 3\end{bmatrix}=\begin{bmatrix}\dfrac{5}{7} & -\dfrac{4}{7}\\ -\dfrac{2}{7} & \dfrac{3}{7}\end{bmatrix}$

02 $x(x-4)-3\cdot4=x^2-4x-12=(x-6)(x+2)=0\quad\therefore\ x=-2,\ 6$

03 $A-xI=\begin{bmatrix}4 & 1\\ 1 & 4\end{bmatrix}-\begin{bmatrix}x & 0\\ 0 & x\end{bmatrix}=\begin{bmatrix}4-x & 1\\ 1 & 4-x\end{bmatrix}\quad\therefore\ (4-x)^2-1=0\quad\therefore\ x=3,5$

04 $A=A^{-1}$의 양변에 A를 곱하면 $A^2=I$가 된다. 따라서

$$A^2=\begin{bmatrix}x & 1\\ y & 1\end{bmatrix}\begin{bmatrix}x & 1\\ y & 1\end{bmatrix}=\begin{bmatrix}x^2+y & x+1\\ xy+y & y+1\end{bmatrix}=\begin{bmatrix}1 & 0\\ 0 & 1\end{bmatrix}$$
$$\therefore\ x^2+y=1,\ x+1=0,\ xy+y=0,\ y+1=1$$
$$\therefore\ x=-1,\ y=0$$

05 $A^{-1}=\dfrac{1}{2}\begin{bmatrix}3 & -4\\ -1 & 2\end{bmatrix}$

(1) $X=A^{-1}B=\dfrac{1}{2}\begin{bmatrix}3 & -4\\ -1 & 2\end{bmatrix}\begin{bmatrix}4 & 2\\ 2 & 0\end{bmatrix}=\begin{bmatrix}3 & -4\\ -1 & 2\end{bmatrix}\begin{bmatrix}2 & 1\\ 1 & 0\end{bmatrix}=\begin{bmatrix}2 & 3\\ 0 & -1\end{bmatrix}$

(2) $X=BA^{-1}=\dfrac{1}{2}\begin{bmatrix}4 & 2\\ 2 & 0\end{bmatrix}\begin{bmatrix}3 & -4\\ -1 & 2\end{bmatrix}=\begin{bmatrix}2 & 1\\ 1 & 0\end{bmatrix}\begin{bmatrix}3 & -4\\ -1 & 2\end{bmatrix}=\begin{bmatrix}5 & -6\\ 3 & -4\end{bmatrix}$

06 $A^3=A^2A$에서 양변의 왼쪽에 $(A^2)^{-1}$를 곱하면

$$A=(A^2)^{-1}A^3=\frac{1}{4}\begin{bmatrix}4&3\\0&1\end{bmatrix}\begin{bmatrix}1&-7\\0&8\end{bmatrix}=\frac{1}{2}\begin{bmatrix}4&-4\\0&8\end{bmatrix}=\begin{bmatrix}1&-1\\0&2\end{bmatrix}$$

07 양변의 왼쪽과 오른쪽에 각각 A^{-1}를 곱한다. $A^{-1}A=AA^{-1}=I$이다.

$$A^{-1}(AXA)A^{-1}=A^{-1}(A)A^{-1},\ (A^{-1}A)X(AA^{-1})=A^{-1}(AA^{-1})$$

$$\therefore\ X=A^{-1}=-\frac{1}{2}\begin{bmatrix}4&-3\\-2&1\end{bmatrix}=\begin{bmatrix}-2&\frac{3}{2}\\1&-\frac{1}{2}\end{bmatrix}$$

연습문제 8.5

01 (1) $\begin{bmatrix}-2&7\\-4&3\end{bmatrix}\begin{bmatrix}x\\y\end{bmatrix}=\begin{bmatrix}1\\8\end{bmatrix}$ (2) $\begin{bmatrix}4&0\\1&-3\end{bmatrix}\begin{bmatrix}x\\y\end{bmatrix}=\begin{bmatrix}-7\\5\end{bmatrix}$

(3) $\begin{bmatrix}3&1\\0&4\end{bmatrix}\begin{bmatrix}x\\y\end{bmatrix}=\begin{bmatrix}2\\-7\end{bmatrix}$ (4) $\begin{bmatrix}2&-1\\4&-3\end{bmatrix}\begin{bmatrix}x\\y\end{bmatrix}=\begin{bmatrix}-5\\8\end{bmatrix}$

02 (1) $x=1,\ y=-2$ (2) $x=-3,\ y=2$

(3) $x=-1,\ y=-2$ (4) $x=\frac{a}{a-2},\ y=-\frac{1}{a-2}$

(5) $x=-\frac{a+2}{a^2-3},\ y=\frac{2a+3}{a^2-3}$ (6) $x=\cos\alpha,\ y=\sin\alpha$

03 $(a-7)\cdot a-(-3)\cdot(a+1)=a^2-4a+3=(a-1)(a-3)\neq 0$

$\therefore\ a\neq 1,\ a\neq 3$

04 식 ①, ②를 행렬로 표현하면 $\begin{bmatrix}(s+1)&-4\\-3&(s+2)\end{bmatrix}\begin{bmatrix}Y_1\\Y_2\end{bmatrix}=\begin{bmatrix}3\\4\end{bmatrix}$이므로 다음과 같이 Y_1, Y_2가 구해진다.

$$\begin{bmatrix}Y_1\\Y_2\end{bmatrix}=\frac{1}{|A|}\begin{bmatrix}(s+2)&4\\3&(s+1)\end{bmatrix}\begin{bmatrix}3\\4\end{bmatrix}=\frac{1}{|A|}\begin{bmatrix}3(s+2)+16\\9+4(s+1)\end{bmatrix}=\frac{1}{|A|}\begin{bmatrix}3s+22\\4s+13\end{bmatrix}$$

$$|A|=(s+1)(s+2)-(-4)\cdot(-3)=s^2+3s-10$$

$$\therefore\ Y_1=\frac{3s+22}{s^2+3s-10},\ Y_2=\frac{4s+13}{s^2+3s-10}$$

찾아보기

MATHEMATICS

처음부터 배우는

대학기초수학

제2판

지은이 유주식 · 서태원
펴낸이 조경희
펴낸곳 경문사
펴낸날 2014년 3월 5일 1판 1쇄
2020년 3월 2일 2판 1쇄
2022년 2월 28일 2판 2쇄
등 록 1979년 11월 9일 제1979–000023호
주 소 04057, 서울특별시 마포구 와우산로 174
전 화 (02)332–2004 팩스 (02)336–5193
이메일 kyungmoon@kyungmoon.com

값 22,000원

ISBN 979–11–6073–327–3